Dr. Ulrich M i d d e l m a n n

Planung der Anlageninstandhaltung

dargestellt an Beispielen aus der Stahlindustrie

Die wachsende Bedeutung der Instandhaltung in Industrieunternehmen ist eine Folge der zunehmenden Mechanisierung und Automatisierung von Fertigungsanlagen. Zur Steuerung der Instandhaltung werden praktikable Maßstäbe benötigt.

In dieser Untersuchung werden Aufbau und Anwendungsmöglichkeiten eines operationalen Planungs- und Kontrollsystems für Instandhaltungsleistungen dargestellt. Dieses System gibt Hinweise für die Beantwortung wichtiger Fragestellungen im Instandhaltungsbetrieb:

— *Die Bedarfsermittlung der Instandhaltungsleistungen für Fertigungsanlagen in Abhängigkeit ihrer wesentlichen Einflußgrößen.*
— *Die mittelfristige Dimensionierung und Strukturierung der Instandhaltungskapazität für einen erwarteten Instandhaltungsbedarf.*
— *Die Beurteilung von kürzerfristigen Anpassungsmaßnahmen dieser Instandhaltungskapazität an konjunkturbedingte Bedarfsschwankungen.*

Das Rechensystem bietet außerdem die Grundlage für eine beschäftigungsabhängige Budgetierung der Instandhaltungsaufwendungen in den Fertigungsbetrieben. Die Möglichkeiten einer Kostenkontrolle in den Instandhaltungsbetrieben durch Soll-/Istvergleiche und Abweichungsanalysen werden aufgezeigt.

Das Teilsystem zur Bedarfsermittlung der Instandhaltungsleistungen für Fertigungsanlagen basiert auf empirischen Untersuchungen in der Stahlindustrie. Für das Teilsystem zur Deckung des Instandhaltungsbedarfs wird ein allgemeingültiges methodisches Konzept vorgestellt.

Mit der vorliegenden Untersuchung soll die aktuelle wissenschaftliche Diskussion über die Probleme der Anlagenwirtschaft bereichert und zugleich für die Praxis ein systematischer Weg zur wirtschaftlichen Betriebsführung im Instandhaltungsbereich aufgezeigt werden.

**Betriebswirtschaftlicher Verlag
Dr. Th. Gabler, Wiesbaden**

Ulrich Middelmann

Planung der Anlageninstandhaltung

Ulrich Middelmann

Planung
der Anlageninstandhaltung

dargestellt an Beispielen aus der Stahlindustrie

Betriebswirtschaftlicher Verlag Dr. Th. Gabler · Wiesbaden

ISBN 978-3-409-34431-9   ISBN 978-3-322-91729-4 (eBook)
DOI 10.1007/978-3-322-91729-4

Geleitwort

Mit dieser Studie wird ein bedeutsamer Beitrag zur Entwicklung eines operationalen Planungs- und Kontrollsystems für Instandhaltungsleistungen vorgelegt. Die empirische Basis bilden die vielgestaltigen Produktionsbedingungen und wechselnden Beschäftigungslagen der westdeutschen Stahlindustrie. Das konzipierte Rechenmodell ist als Bestandteil eines umfassenden betriebswirtschaftlichen Informationssystems zu betrachten, das in den letzten Jahren in enger Zusammenarbeit zwischen Wissenschaft und Stahlindustrie entwickelt worden ist[1].

Die wachsende wirtschaftliche Bedeutung der Instandhaltung in Industrieunternehmen ist eine Folge der zunehmenden Mechanisierung und Automatisierung von Fertigungsanlagen. In anlagenintensiven Industriezweigen sind heute bis zu 20 v. H. der Belegschaft mit Instandhaltungsmaßnahmen beschäftigt. Die gestellten Leistungsanforderungen sind meistens recht vielgestaltig. Routineaufträge im Zuge der Anlageninspektion und -wartung stehen laufend im Wechselspiel mit verschiedenartigen Kleinreparaturen und gelegentlichen Großreparaturen. Auf dieses Anforderungsspektrum hin ist die Kapazität des Instandhaltungsbereichs unter Berücksichtigung von Fremddiensten qualitativ und quantitativ auszulegen. Dabei ist als Ziel die Erhaltung und Wiederherstellung der Einsatzfähigkeit der Fertigungsanlagen zum jeweiligen Bedarfszeitpunkt mit möglichst niedrigen Kosten zu betrachten.

Der Verfasser gibt seiner Untersuchung zwei Schwerpunkte. Zum einen zeigt er einen Weg zur mittel- und kurzfristigen Bedarfsschätzung für mechanische und elektrische Instandhaltungsleistungen in bestimmten Fertigungsbetrieben auf. Nachdem bisherige Versuche, die technischen Einflüsse auf den Verschleiß von Fertigungsanlagen - insbesondere von einzelnen Anlagenbauteilen - analytisch oder statistisch zu erfassen, nicht zu befriedigenden Ergebnissen geführt haben, sieht der Verfasser in statistischen Globalanalysen für ganze

---

1) Richtlinien für das Betriebliche Rechnungswesen der Eisen- und Stahlindustrie. Hrsg. Wirtschaftsvereinigung Eisen- und Stahlindustrie, Düsseldorf 1976.

Betriebseinheiten eine Methode, für einen wesentlichen Teil der Instandhaltungsarbeiten regelmäßige Beziehungen zwischen dem Instandhaltungsbedarf und der Beschäftigung von Hauptbetrieben abzuleiten. Die so gefundenen Instandhaltungs-Bedarfsfunktionen können wichtige Anhaltspunkte für die Dimensionierung von Instandhaltungsbetrieben und für die Planung des Personal- und Materialeinsatzes in Abhängigkeit von der Auslastung der Hauptbetriebe liefern.

Die Anwendungsmöglichkeiten des im einzelnen beschriebenen Rechensystems bilden den zweiten Schwerpunkt der Untersuchung. Hierbei steht die Anpassung der Potentialfaktoren im Instandhaltungsbetrieb an kurz- und mittelfristige Veränderungen des Instandhaltungsbedarfs der Fertigungsbetriebe, der immerhin mit rd. 85 % der Gesamtinstandhaltung angegeben wird, im Vordergrund. Auf der Basis eines periodenbezogenen Plankostensystems kann insbesondere über die kurzfristig variablen Eigen- und Fremddienstanteile sowie über Normal- und Überstunden bzw. Kurzarbeitsstunden mit der Zielsetzung der Kostenoptimierung disponiert werden. Das Rechensystem bietet außerdem die Basis für eine beschäftigungsabhängige Budgetierung der Instandhaltungsaufwendungen in den Fertigungsbetrieben. Die Möglichkeiten einer Kostenkontrolle in den Instandhaltungsbetrieben durch Soll-/Istvergleiche und Abweichungsanalysen werden aufgezeigt.

Insgesamt gesehen kann die vorliegende Untersuchung als ein begrüßenswerter Beitrag der angewandten Betriebswirtschaftslehre betrachtet werden, der die aktuelle wissenschaftliche Diskussion über die Probleme der Anlagenwirtschaft bereichert und zugleich der Praxis einen systematischen Weg für die wirtschaftliche Betriebsführung im Instandhaltungsbereich aufzeigt. Erste Anwendungserfahrungen haben ergeben, daß dieser Weg fruchtbar und in verschiedener Richtung ausbaufähig ist. Weitere Forschungsprojekte sind daher in Zusammenarbeit mit der Industrie vorgesehen.

Dr. M. Brunner
Betriebswirtschaftliches Institut
der Eisenhüttenindustrie

Prof. Dr. G. Laßmann
Ruhr-Universität Bochum

Vorwort

Zahlreiche Personen haben diese Untersuchung unterstützt:

Herrn Professor Dr. Gert Laßmann danke ich besonders herzlich für die Anregung zu dieser Untersuchung und die intensive wissenschaftliche Betreuung und Förderung. Mein Dank gilt ebenso Herrn Professor Dr. Alfred Kuhn für die sorgfältige Durchsicht und die sich daraus ergebenden Hinweise und Ergänzungen.

Die vorliegende Untersuchung entstand während meiner Tätigkeit im Betriebswirtschaftlichen Institut der Eisenhüttenindustrie, Düsseldorf. Der Geschäftsführung des Instituts danke ich für die Gelegenheit zur Durchführung dieser Untersuchung. Insbesondere Herrn Dr. Manfred Brunner gebührt mein Dank für seine große Bereitschaft, in zahlreichen Gesprächen offene Probleme zu diskutieren und nach Lösungsmöglichkeiten zu suchen.

Dem Vorstand der Fried. Krupp Hüttenwerke AG gilt besonderer Dank für die großzügige Möglichkeit, umfangreiches empirisches Datenmaterial in den Instandhaltungsbetrieben auszuwerten. Sachverständige aus verschiedenen Betrieben, vor allem die Herren Direktor Dipl.-Ing. Hanskarl von Unger und Dr. mont. Eugen Braun gaben zahlreiche Anregungen und Hinweise. Ihnen gilt mein herzlicher Dank.

Dem Dr. Th. Gabler Verlag bin ich für die schnelle und sorgfältige Drucklegung zu Dank verpflichtet.

Düsseldorf, im Mai 1977   Ulrich Middelmann

Inhaltsverzeichnis

Abbildungsverzeichnis

Grundlegung

I. Problemstellung

Das Unternehmensgeschehen kann als Umwandlungsprozeß von Einsatzgrößen in Ertragsgrößen aufgefaßt werden[1]. Diese Einsatz- und Ertragsgrößen können aus immateriellen (z. B. Informationen) oder materiellen (Sachgüter) Realgütern oder Nominalgütern (Geld) bestehen[2].

Zur Umwandlung der Einsatzgrößen in Ertragsgrößen existieren für die Unternehmungsleitung in der Regel zahlreiche realisierbare Handlungsalternativen[3]. Rational begründete Entscheidungen zugunsten einer bestimmten Vorgehensweise erfolgen zielgerichtet.

Als Orientierungsgröße dient das jeweilige Zielsystem[4] der Unternehmung, welches den anzustrebenden Zustand beschreibt.

---

1) Vgl. zu dieser Auffassung Ulrich, H., Die Unternehmung als produktives soziales System, 2. Aufl., Bern-Stuttgart 1970, S. 46; ferner Steffen, R., Analyse industrieller Elementarfaktoren in produktionstheoretischer Sicht, Berlin 1973, S. 13.
2) Vgl. Hahn, D., Planungs- und Kontrollrechnung - PuK -, Integrierte ergebnis- und liquiditätsorientierte Planungs- und Kontrollrechnung als Führungsinstrument in Industrieunternehmungen mit Massen- und Serienfertigung, Wiesbaden 1974, S. 6.
3) Handlungsalternativen ergeben sich sowohl im Hinblick auf den Gesamtunternehmenszweck (z.B. Herstellung von Kühlschränken oder Waschmitteln) als auch in bezug auf die Erreichung betrieblicher Teilziele (z. B. Stranggießanlage oder Blockbrammenwalzwerk).
4) Zum Begriff Zielsystem und der Abgrenzung zu Einzelzielen vgl. Ulrich, H., Die Unternehmung als produktives soziales System, a. a. O., S. 190; vgl. ferner Bidlingmaier, J., Zielkonflikte und Zielkompromisse im unternehmerischen Entscheidungsprozeß, Wiesbaden 1968; Eisele, W., Aspekte integrierter Formalziel- und Sachzielplanung im Lichte eines Gewinnplanungssystems, in: BFuP, 25. Jg. (1973), S. 593 f.; Schmidt-Sudhoff, U., Unternehmerziele und unternehmerisches Zielsystem, Wiesbaden 1967, S. 22 f.; Szyperski, N., Das Setzen von Zielen - Primäre Aufgabe der Unternehmensleitung, in: ZfB, 41. Jg. (1971), S. 639-670.

Mit der Entscheidung für eine bestimmte Handlungsalternative werden bestimmte zukünftige Maßnahmen, die zur Zielerreichung notwendig sind, im voraus festgelegt.

Im Rahmen der strategischen Planung werden vor allem Überlegungen zur Programm- und Potentialfaktorplanung vorgenommen. Es werden Zielvorstellungen für einen Zeitraum von mindestens fünf Jahren konkretisiert.

Für einen gut überschaubaren Zeitraum von einem Jahr werden durch operationale Planungen die Einzelmaßnahmen vorbereitet und festgelegt, die unter den jeweils herrschenden Marktbedingungen notwendig sind, um die im Rahmen der strategischen Planung formulierten Ziele zu erreichen. Die Durchführung dieser geplanten Einzelmaßnahmen "ist mit wirtschaftlichen Auswirkungen verbunden, die sich in Kosten und/oder Erlösen und damit letztlich in (Perioden-)Erfolg niederschlagen. Dieser ist daher als Vergleichsgröße für unternehmerische Handlungsmöglichkeiten von großer Bedeutung"[1].

Zur Aufgabe eines entscheidungsorientierten[2] Rechnungswesens gehört der Aufbau von Rechenmodellen, die die Erfolgswirksamkeit realisierbarer Handlungsalternativen erkennen lassen. Als Instrument zur Beurteilung der Erfolgswirksamkeit von Handlungsalternativen in einem Zeitraum von drei bis zwölf Perioden (Monaten) kann die kurzfristige Periodenerfolgsrechnung dienen, in der die Erfolgskomponenten Kosten und Erlöse gegenübergestellt werden. Die kurzfristige Periodenerfolgsrechnung ist zur Beurteilung von Handlungsalternativen besonders geeignet, wenn die wesentlichen Variablen, durch die absatzwirtschaftliche[3] und produktionswirtschaftliche[4] Maßnahmenalternativen gekennzeichnet sind, erfaßt und deren Ursache-Wirkungszusammenhänge in funktionale Beziehungen gebracht werden können. Die mit Hilfe dieser Funktionen berechne-

---

1) Laßmann, G., Die Kosten- und Erlösrechnung als Instrument der Planung und Kontrolle in Industriebetrieben, Düsseldorf 1968, S. 26; zur Bedeutung von Vergleichsgrößen von Handlungsalternativen im Hinblick auf ihren Zielerreichungsgrad vgl. Berthel, J., Zur Operationalisierung von Unternehmungs-Zielkonzeptionen, in: ZfB, 43. Jg. (1973), S. 31; vgl. ferner Huch, B., Zur Organisation eines operablen Rechnungswesens im betrieblichen Entscheidungsprozeß, in: ZfB, 42. Jg. (1972), S. 770.
2) Vgl. Heinen, E., Der entscheidungsorientierte Ansatz der Betriebswirtschaftslehre, in: ZfB, 41. Jg. (1971), S. 429 ff.
3) Z. B. alternative Verkaufsmengen differenziert nach Erlösstellen.
4) Z. B. alternative Erzeugungsprogramme und Produktionswege.

te Höhe des Periodenerfolgs dient als praktisch brauchbare Näherungslösung, um die jeweiligen Handlungsalternativen beurteilen zu können.

Wartmann[1] und Laßmann[2] haben ausgehend von diesen Überlegungen und aufbauend auf den Arbeiten von Pichler[3], Gutenberg[4] und Heinen[5], eine Plankostenrechnung im Sinne einer Grundrechnung entwickelt, die für Zwecke der Planung, Kontrolle und Kalkulation geeignet ist. In diesem Rechensystem sind Ursache-Wirkungsbeziehungen zwischen den wirtschaftlich relevanten Kostengüterverbrauchsgrößen und wesentlichen quantifizierbaren Einflußgrößen enthalten, in Form mathematischer Funktionen erfaßt und unter Verwendung der Matrizenrechnung zu einem Funktionensystem verknüpft. Mit diesem Funktionensystem ist die Berechnung der ökonomischen Auswirkungen alternativer Handlungsweisen auf den Periodenerfolg (monatsbezogener Erfolg) möglich.

Auf der Basis dieser methodischen Grundkonzeption wurden für zahlreiche Betriebe der Eisenhüttenindustrie Systeme von Planverbrauchsfunktionen (dort Richtgrößenfunktionen genannt) aufgebaut[6]. Hiermit wurde der Grundstein für ein aussagefähiges Planungs- und

---

1) Vgl. Wartmann, R. , Steuern, Lenken, Planen. Möglichkeiten in einem gemischten Hüttenwerk, in: Hoesch, Berichte aus Forschung und Entwicklung unserer Werke, Bd. 1, Heft 2 (1966), S. 20-24.

2) Vgl. Laßmann, G. , Die Kosten- und Erlösrechnung als Instrument der Planung und Kontrolle in Industriebetrieben, Düsseldorf 1968.

3) Vgl. Pichler, O. , Kostenrechnung und Matrizenkalkül, in: Ablauf- und Planungsforschung, 2. Jg. (1961), Heft 3/4, S. 29 ff.

4) Vgl. Gutenberg, E. , Grundlagen der Betriebswirtschaftslehre, Bd. 1, Die Produktion, 13. Aufl. , Berlin-Heidelberg-New York 1967.

5) Vgl. Heinen, E. , Betriebswirtschaftliche Kostenlehre, Bd. I, Begriff und Theorie der Kosten, 2. Aufl. , Wiesbaden 1965.

6) Vgl. u. a. Franke, R. , Betriebsmodelle, Bd. 9 der Bochumer Beiträge zur Unternehmensführung und Unternehmensforschung, hrsg. von H. Besters, W. Busse von Colbe, A. Jaeger, G. Laßmann, W. Schubert und R. Wartmann, Düsseldorf 1972; vgl. auch Wittenbrink, H. , Ein Betriebswirtschaftliches Modell zur kurzfristigen Planung, Dokumentation und Kontrolle eines Feinblechstahlwalzwerkes, Diss. Bochum 1972; vgl. ferner Kolb, J. , Die Erlösrechnung als Bestandteil eines Periodenerfolgsmodells, Diss. Bochum 1976; vgl. Freiling, C. , Planungs- und Kontrollrechnung der Rasselstein AG, Neuwied, in: Hahn, D. , Planungs- und Kontrollrechnung - PuK -, Wiesbaden 1974, S. 595-638.

Kontrollsystem geschaffen, das sowohl für Teilbereiche der Unternehmung als auch für ein unternehmerisches Gesamtmodell verwendet werden kann.

Die Funktionensysteme wurden zunächst für Hauptbetriebe aufgebaut und ermöglichen die Planung der periodenbezogenen Werkstoffkosten und wichtiger Verarbeitungskosten. Für eine in der Eisenhüttenindustrie sehr bedeutsame Kostenart, die Instandhaltungskosten[1], wurden jedoch bisher keine funktionalen Beziehungen ermittelt. Dies gilt sowohl für die Berechnung des Instandhaltungsbedarfs auf der Basis von Kostengrößen in den Fertigungsbetrieben (Instandhaltungskosten der verbrauchenden Betriebe) als auch für die Kosten der Erstellung von Instandhaltungsleistungen in den Instandhaltungsbetrieben (Instandhaltungskosten der leistenden Instandhaltungsbetriebe).

Nach herkömmlicher Praxis wie auch in den bisher entwickelten Rechensystemen auf der Grundlage von Funktionen werden bei der kurzfristigen Periodenerfolgsrechnung der Fertigungsbetriebe die Instandhaltungskosten als Rate verrechnet[2]. Diese Raten sind das

---

1) Zur Bedeutung der Instandhaltungskosten vgl. Kunz, R., Der Instandhaltungsbetrieb aus der Sicht der Unternehmensleitung, in: Stahl und Eisen, 91. Jg. (1971), S. 959-961; Höhne, E., Die Instandhaltungs- und Reparaturkosten, in: Stahl und Eisen, 76. Jg. (1956), S. 1273-1283; vgl. Mertens, P., Die gegenwärtige Situation der betriebswirtschaftlichen Instandhaltungstheorie, in: ZfB, 38. Jg. (1968), S. 806 f. Ein Zahlenbeispiel verdeutlicht die Bedeutung: Der geschätzte Instandhaltungsaufwand in der Bundesrepublik Deutschland betrug 1974 ca. 70 Mrd. DM. Das sind 7 % des Bruttosozialproduktes von 1.000 Mrd. DM in 1974. Auf die Eisenhüttenindustrie entfielen ca. 4 Mrd. DM an Instandhaltungskosten.
2) Vgl. Laßmann, G., Die Kosten- und Erlösrechnung als Instrument der Planung und Kontrolle in Industriebetrieben, a.a.O., S. 99, hier führt Laßmann im einzelnen aus: "Da für die Erfolgsermittlung in den Unternehmen derartige Verrechnungssätze (die Raten des Instandhaltungsbudgets; Anmerkung des Verfassers) bisher als sinnvoll betrachtet worden sind und sich die Unternehmer bei ihren Entscheidungen an dem dabei entstehenden Periodenerfolg ausgerichtet haben, ist es gerechtfertigt, sie in entsprechender Weise in das Rechenmodell einzubeziehen". Vgl. auch Wittenbrink, H., Ein betriebswirtschaftliches Modell zur kurzfristigen Planung, Dokumentation und Kontrolle eines Feinstahlwerkes, a.a.O., S. 95; hier bemerkt Wittenbrink: "Verursachungsgerechte Abhängigkeiten können erst im Zusammenhang mit einer vorbeugenden Instandhaltungsplanung gefunden werden, ... Die hiermit angesprochene komplexe Aufgabe geht allerdings über den Rahmen dieser Untersuchung hinaus".

Ergebnis einer Budgetrechnung, bei der - ausgehend vom Vorjahresbudget - die erwartete Erzeugungsmenge der Betriebe, der geschätzte zukünftige Instandhaltungsbedarf sowie die erwartete Erfolgs- und Finanzsituation berücksichtigt werden. Das Budget wird im allgemeinen in einen zur Erzeugung proportional abhängigen und einen unabhängigen (periodenbezogenen) Anteil aufgespalten. In der monatlichen Erfolgsrechnung wird der zwölfte Teil des Jahresbudgets in Form einer Monatsrate verrechnet[1].

Bei der Ermittlung des Jahresbudgets und der daraus resultierenden Monatsraten wird die in der betrieblichen Wirklichkeit vorhandene technologische und dispositionsbedingte Einflußgrößenstruktur der Instandhaltungskosten nur unzureichend erfaßt. Dies gilt sowohl für die die Instandhaltungsleistungen verbrauchenden Fertigungsbetriebe als auch die leistenden Instandhaltungsbetriebe.

Bei einem relativ konstanten Preisniveau und weitgehend gleichbleibender Auslastung der Fertigungsanlagen mag diese Form der Budgetrechnung der Unternehmensleitung und der Leitung der Instandhaltungsbetriebe als ausreichendes Steuerungs- und Orientierungsmittel gedient haben[2]. Die veränderten technischen und wirtschaftlichen Bedingungen erfordern jedoch Anpassungsmaßnahmen an ständig wechselnde Gestaltungssituationen[3], so daß die Aussagefähigkeit des betrieblichen Rechnungswesens auch für die Instandhaltungskosten verbessert werden muß. Bei dieser Form der Budgetrechnung gibt nicht nur die mangelnde Einbeziehung aller wesentlichen Einflußgrößen Anlaß zur Kritik. Ebenso ist der statische Charakter der Budgetrechnung hervorzuheben, der sich insbesondere auf die Beibehaltung der Budgetvorgabe während des Planungszeitraumes (ein

---

1) Zur Entwicklung der Budgetrechnung für Instandhaltungskosten im Eisenhüttenbereich vgl. Kremser, W., Budgetierung der Ausgaben für die Anlagenerhaltung und objektweise Erfassung des Instandhaltungs- und Reparaturaufwandes, in: Lehrgang für Betriebswirte 1966/67, gesammelte Referate, hrsg. vom Betriebswirtschaftlichen Institut der Eisenhüttenindustrie, Düsseldorf 1966, S. 193-201.
2) Vgl. Heckmann, N., Das Rechnungswesen der Eisenhüttenindustrie im Wandel seiner unternehmenspolitischen Aufgabe, in: ZfbF, 19. Jg. (1967), S. 163; vgl. Felscher, A., Kostenerfassung und Budget, Vortrag in der Berichtsreihe: Die Anlagentechnik in der Stahlindustrie, Veranstaltung Nr. 693-73 im Haus der Technik, Essen 1973, S. 14.
3) Vgl. Meffert, H., Zum Problem der betriebswirtschaftlichen Flexibilität, in: ZfB, 39. Jg. (1969), S. 780.

Jahr) trotz variabler Erzeugungsmengen bezieht[1]. Auch die bei der
Bedarfsdeckung vorhandenen Einflüsse auf die Höhe der Instandhaltungskosten, wie z. B. die vorhandenen Handlungsalternativen in bezug auf Eigenleistung oder Fremdvergabe, werden bei der gegenwärtigen Form der Budgetrechnung von Instandhaltungskosten kaum erfaßt.

Die unzureichende Berücksichtigung der wesentlichen Einflußgrößen
auf die Höhe der Instandhaltungskosten führt in den Instandhaltungsbetrieben dazu, daß keine sinnvollen Zielvorgaben ermittelt werden
können. In den Hauptbetrieben wird schließlich die Aussagefähigkeit
der kurzfristigen Erfolgsrechnung zur Beurteilung von alternativen
Vorgehensweisen beeinträchtigt, da die Instandhaltungskosten ein
wesentlicher Bestandteil der Kostenkomponente innerhalb der Erfolgsrechnung sind.

Untersucht man den Beitrag der betriebswirtschaftlichen Theorie
zur Lösung dieser Probleme, so ist festzustellen, daß eine systematische Aufdeckung der Einflußgrößenstruktur sowohl im Hinblick
auf die Bedarfsmengen und -qualitäten an Instandhaltungsleistungen
aus der Sicht der Fertigungsanlagen als auch in bezug auf den Verbrauch an Einsatzfaktoren in den Instandhaltungsbetrieben weitgehend fehlt. Heinen[2] bemerkt hierzu, daß "die Verwendung ökono-
mischer Verbrauchsfunktionen für die Abnutzung von Potentialfaktor - Betriebsmitteln .... ein noch offenes Problem der Produktionstheorie" darstellt und deutet damit u. a. die Schwierigkeiten an,
den Instandhaltungsbedarf von Fertigungsanlagen als Teilaspekt des
Potentialfaktorverbrauchs durch Funktionen zu erfassen. Obwohl der
reale betriebliche Tatbestand "Potentialfaktorverbrauch" bereits
ausführlich in der Produktions- und Kostentheorie[3] behandelt wur-

---

1) Zum Charakter der Budgetrechnung vgl. Lücke, W., Finanzplanung und Finanzkontrolle, Wiesbaden 1962, S. 10; vgl. ebenso Käfer, K., Standardkostenrechnung, 2. Aufl., Zürich 1969, S. 247 f.
2) Heinen, E., Betriebswirtschaftliche Kostenlehre, Band I, Begriff
   und Theorie der Kosten, 3. Aufl., Wiesbaden 1970, S. 255.
3) Vgl. Albach, H., Zur Verbindung von Produktionstheorie und Investitionstheorie, in: Zur Theorie der Unternehmung, Festschrift
   zum 65. Geburtstag von Erich Gutenberg, hrsg. von Helmut Koch,
   Wiesbaden 1962, S. 137-203; vgl. Jacob, H., Produktionsplanung
   und Kostentheorie, in: Zur Theorie der Unternehmung, Festschrift
   zum 65. Geburtstag von Erich Gutenberg, hrsg. von Helmut Koch,
   Wiesbaden 1962, S. 205 ff.; vgl. Laßmann, G., Die Produktionsfunktion und ihre Bedeutung für die betriebswirtschaftliche Kostentheorie, Köln-Opladen 1958, S. 25 ff.; vgl. Schneider, D.,
   Grundfragen zur Verbindung von Produktions- und Investitionstheorie, unveröffentlichte Habil.-Schrift, Frankfurt/Main 1965.

de, wurden bisher auf dieser erklärungstheoretischen Grundlage
keine anwendungsreifen Rechenmodelle zur bedarfsgerechten Planung und verursachungsgerechten Kontrolle der Instandhaltungskosten entwickelt.

II. Zielsetzung

In dieser Untersuchung soll in Anlehnung an das methodische Vorgehen von Wartmann und Laßmann die Konzeption eines geschlossenen Rechenmodells zur Planung und Kontrolle der Instandhaltungsleistungen auf der Basis von Plankosten aufgebaut werden. Das Rechenmodell soll als Bestandteil eines umfassenden Unternehmens-Gesamtmodells verwendet werden können.

Das Rechenmodell soll für k u r z f r i s t i g e Planungs- und Kontrollrechnungen verwendet werden. Unter kurzfristig wird in Anlehnung an die bisherige Planungspraxis für Instandhaltungskosten (Rate: monatlich; Budget: jährlich) ein Bezugszeitraum von einer Periode (Monat) bis zu zwölf Perioden verstanden.

Das Rechenmodell hat den Charakter eines komparativ-statischen Ermittlungsmodells[1]. Für die Planung und Kontrolle der Instandhaltungsleistungen auf der Basis von Plankosten wird zwischen der Bedarfsermittlung der Instandhaltungsleistungen für die Fertigungsanlagen und der Bedarfsdeckung durch die Instandhaltungsbetriebe unterschieden. Folgerichtig werden "originäre Instandhaltungskosten" als Ergebnis des Verbrauchs an Einsatzfaktoren in den Instandhaltungsbetrieben abgegrenzt gegenüber den "verrechneten Instand-

---

1) Zur Einordnung des Ermittlungsmodells in vorhandene Modellklassifikationen vgl. Kosiol, E., Modellanalyse als Grundlage unternehmerischer Entscheidungen, in: ZfbF, 13. Jg. (1961), S. 323; vgl. ferner Szyperski, N., Planungswissenschaft und Planungspraxis, welchen Beitrag kann die Wissenschaft zur besseren Beherrschung von Planungsproblemen leisten?, in: ZfB, 44. Jg. (1974), S. 671; eine Abgrenzung zu Optimierungsmodellen findet man u. a. bei Ferner, W., Einige anwendungsorientierte Probleme bei Optimierungsrechnungen, in: Der Betrieb, 26. Jg. (1973), Nr. 24/25, S. 1181; ebenso vgl. Franke, R., Betriebsmodelle, a. a. O., S. 16.

haltungskosten" (Instandhaltungsleistungen bewertet mit Verrechnungspreis/Leistungseinheit), die bei den Fertigungsanlagen entsprechend der Inanspruchnahme von Instandhaltungsleistungen anfallen.

Die Unterscheidung zwischen Bedarfsermittlung und Bedarfsdeckung soll dazu dienen, die verschiedenartigen Einflüsse auf die Höhe der Instandhaltungskosten getrennt zu berücksichtigen.

Die Höhe des Instandhaltungsbedarfs der Fertigungsanlagen wird wesentlich durch die konstruktive Gestaltung und die gewählten Materialarten der Anlagenelemente sowie die produktionsbedingte und zeitliche Inanspruchnahme der Fertigungsanlagen beeinflußt.

Die konstruktive Gestaltung und Wahl der Materialarten wird während der Projektierungs- bzw. Herstellungsphase der Fertigungsanlagen vorgenommen. Sie bestimmen den spezifischen Bedarf an Instandhaltungsleistungen. Dieser bleibt während der Nutzungsphase konstant, sofern die technologische Struktur der Fertigungsanlage unverändert bleibt. Die unterschiedliche Belastung der Fertigungsanlagen durch ein wechselndes Produktionsprogramm verändert die produktionsbedingte Inanspruchnahme und bewirkt somit einen im Zeitablauf variablen Bedarf an Instandhaltungsleistungen.

Bisher wurde in der betriebswirtschaftlichen Literatur[1] versucht, durch detaillierte Kausalanalysen[2] den Ursache-Wirkungszusammenhang zwischen dem Instandhaltungsbedarf und den aufgezeigten Einflußgrößen in mathematische Gesetzmäßigkeiten zu bringen. Dieses methodische Vorgehen scheiterte bisher an der unzureichenden Informationsbeschaffung und -verarbeitung. In dieser Untersuchung wird versucht, statistisch abgesicherte Regelmäßigkeiten im Ursache-Wirkungsverhalten global zu erfassen. "Global" bezieht sich auf die Abgrenzung des Betrachtungsobjekts. Im Gegensatz zum anlagenelementbezogenen Vorgehen wird hier die gesamte Fertigungsanlage im Sinne einer produktionstechnischen Einheit als Verschleißobjekt betrachtet. Zur Erfassung dieser Regelmäßigkeiten werden

---

1) Vgl. z.B. Rinne, H., Strategien der Instandhaltung (Ein Beitrag zur statistischen Theorie der Zuverlässigkeit), Meisenheim 1972; vgl. Wolff, M., Optimale Instandhaltungspolitiken in einfachen Systemen, Berlin-Heidelberg-New York 1970.
2) Hiermit sind die zahlreichen Untersuchungen gemeint, empirisch abgesicherte Lebensdauerhäufigkeitsverteilungen für den anlagenelementbezogenen Verschleiß zu finden (vgl. Fußnote 1).

umfangreiche empirische Untersuchungen über den Instandhaltungsbedarf und seine wesentlichen Einflußgrößen durchgeführt und an Beispielen der Eisenhüttenindustrie dargestellt[1].

Mit dem Bedarf an Instandhaltungsleistungen der Fertigungsanlagen
ist dem Instandhaltungsbetrieb das Leistungsprogramm zur wirtschaftlichen Deckung gegeben. Die zur Bedarfsdeckung erforderlichen Einsatzfaktoren im Instandhaltungsbetrieb werden im wesentlichen durch folgende Einflußarten bestimmt:

- Instandhaltungsbedarf der Fertigungsanlagen
- Kapazitätsstruktur des Instandhaltungsbetriebs unter besonderer
  Berücksichtigung von Eigenfertigung oder Fremdbezug
- Beschäftigungsgrad des Instandhaltungsbetriebs
- Arbeitsweise im Instandhaltungsbetrieb.

Über das Mengengerüst hinaus wird die Höhe der Instandhaltungskosten durch die Preise der Einsatzfaktoren bestimmt.

Als Entscheidungshilfe für die wirtschaftliche Kombination der zur
Bedarfsdeckung erforderlichen Einsatzfaktoren wird ein Funktionensystem für den Instandhaltungsbetrieb konzipiert, das Beziehungen
zwischen den Einsatzfaktoren und den entsprechenden Einflußgrößen
sowie den Faktorpreisen enthält. Primäre Zielgröße des Funktionensystems sind die periodischen Instandhaltungskosten des Instandhaltungsbetriebs. Mit ihrer Hilfe können die wirtschaftlichen Auswirkungen relevanter Handlungsalternativen im Instandhaltungsbetrieb
(z. B. unterschiedliche Anteile an Eigenfertigung und Fremdvergabe)
beurteilt werden. Ebenso soll dieses Funktionensystem für Kalkulationszwecke geeignet sein. Im Rahmen der Kalkulationsrechnungen
werden kostenorientierte Verrechnungspreise pro Leistungseinheit
der Instandhaltungsbetriebe ermittelt. Die Verrechnungspreise/Lei-
stungseinheit dienen zur bedarfsgerechten Weiterverrechnung der
originären Instandhaltungskosten in die Ergebnisrechnungen der
Hauptbetriebe.

---

1) Vgl. hierzu Laßmann, G. , Die Kosten- und Erlösrechnung als Instrument der Planung und Kontrolle in Industriebetrieben, a. a. O. ,
   S. 63. Laßmann fordert, daß Modelle "auf einer breiten Basis von
   empirischen Erkenntnissen" stehen sollen. Auch Szyperski stellt
   fest: "Das Erarbeiten einer Planungstheorie setzt nämlich mindestens voraus, daß die Wissenschaft als Beobachter der Planungspraxis aktiv werden kann . . . . . Planungstechnologische Aussagen setzen einen noch engeren Kontakt zwischen Planungswissenschaft und -praxis voraus". Szyperski, N. , Planungswissenschaft und Planungspraxis, a. a. O. , S. 682.

Die Bedarfsermittlung von Instandhaltungsleistungen der Fertigungsanlagen und das Funktionensystem zur Beurteilung der wirtschaftlichen Bedarfsdeckung im Instandhaltungsbetrieb werden zu einem
Rechenmodell verknüpft. Dieses Rechenmodell soll dazu dienen,
ausgehend von disponierbaren Einflußgrößen (z. B. Erzeugungsmengen) für verschiedene Handlungsalternativen in den Hauptbetrieben
den jeweiligen Instandhaltungsbedarf zu errechnen. Ausgehend von
einem erwarteten Instandhaltungsbedarf soll über die kostenoptimale
Deckung des Instandhaltungsbedarfs entschieden werden[1]. Die Wahl
der kostengünstigsten Handlungsalternative zur Deckung der Instandhaltungsleistungen wird auf der Grundlage der erwarteten Periodenkosten im Instandhaltungsbetrieb vorgenommen. Hierbei können sowohl alternative Faktorpreise als auch unterschiedliche Dispositionen bezüglich der Eigenleistungs- bzw. Fremdvergabeanteile in ihrer
Wirkung auf die Periodenkosten berücksichtigt werden. Das Rechenmodell kann darüber hinaus zur Überwachung der wirtschaftlichen
Durchführung der Instandhaltungsleistungen in den Instandhaltungsbetrieben verwendet werden. Zu diesem Zweck werden systematische Soll-Ist-Vergleiche und ursachenbezogene Abweichungsanalysen
durchgeführt. Die detaillierte Zerlegung der Gesamtabweichung in
ihre Bestandteile soll Hinweise auf die Abweichungsursachen und
ihre Entstehung nach Verantwortungsgesichtspunkten geben. Der getrennte Ausweis von Abweichungen infolge Bedarfsveränderungen,
Veränderungen der Kapazitätsstruktur in den Instandhaltungsbetrieben oder Verschiebungen der Preise für die primären oder sekun-
dären Einsatzfaktoren sollen der verbesserten Entscheidungsfindung
in den Instandhaltungsbetrieben dienen.

---

1) Vgl. zur grundsätzlichen Vorgehensweise auch die Bemerkungen
   von Redeker: "Eine Berechnung der zu erwartenden Erhaltungs-
   kosten ausgehend von den geplanten Leistungseinheiten, wie z. B.
   Produktionseinheiten, Arbeitsstunden, Fertigungsausstoß..., ist
   möglich, soweit statistische Werte der Vorjahre eine Prognose
   zulassen". Redeker, G., Planung der Anlagenerhaltung, in: AG-
   PLAN-Handbuch zur Unternehmensplanung, herausgegeben in Zusammenarbeit mit der Arbeitsgemeinschaft Planung - AGPLAN -
   E. V., von Josef Fuchs u. Karl Schwantag, Berlin 1970, 1. Band,
   S. 38 u. 39. Vgl. hierzu auch Berka, G., Wirtschaftliche Instandhaltung, Vortrag in der Berichtsreihe: Die Anlagentechnik in der
   Stahlindustrie, Veranstaltung Nr. 693-73 im Haus der Technik,
   Essen 1973, S. 3. Berka stellt hier die Forderung, die Budgetierung durch ein Plankostensystem abzulösen. Man muß "aus den
   an die Produktion verrechneten - ... - Richtwerte ermitteln, die
   die technischen Grundwerte für eine daraus zu entwickelnde Richt-
   kostenrechnung bilden sollen".

Zusätzlich sind die "verrechneten Instandhaltungskosten" wesentlicher Bestandteil der Gesamtkosten in der Erfolgsrechnung der Fertigungsbetriebe. Durch die verbesserten Planungsmöglichkeiten der Instandhaltungskosten auf der Basis von Funktionen kann für die Hauptbetriebe die Aussagefähigkeit der kurzfristigen Erfolgsrechnung gesteigert und damit eine objektivere Entscheidungsbasis zur Beurteilung alternativer Handlungsweisen in den Hauptbetrieben erreicht werden.

Instandhaltungskosten sind die Folge eines bestimmten Verbrauchsverhaltens bei dem Potentialfaktor Fertigungsanlage. Für den Aufbau eines Ermittlungsmodells auf der Basis funktionaler Zusammenhänge ist es zweckmäßig, zunächst den realen betrieblichen Tatbestand "Potentialfaktorverbrauch" zu erklären. Legt man einen allgemeinen Verbrauchsbegriff zugrunde, so umfaßt er nicht nur die Erscheinungsformen des technischen Verbrauchs im Sinne des Anlagenverschleißes, sondern auch die Verminderung der wirtschaftlichen Leistungsfähigkeit einer Fertigungsanlage im Vergleich zu anderen moderneren Anlagen z. B. infolge technischen Fortschritts. Die zur Verminderung oder Beseitigung des Verbrauchs erforderlichen Maßnahmen (Instandhaltungs-, Modernisierungs-, Ersatz- oder Erweiterungsmaßnahmen) tragen im weitesten Sinne den Charakter von Investitionen. Ihre ökonomischen Auswirkungen werden zunächst periodenbezogen durch die Kostenart: Anlagenkosten berücksichtigt. Für die Zwecke der kurzfristigen Periodenerfolgsrechnung und die Instandhaltungsplanung wird jedoch eine Abgrenzung in "Instandhaltungskosten" und "Abschreibungskosten" notwendig.

Mit der Beschreibung des Verbrauchsverhaltens, der Definition des erweiterten Verbrauchsbegriffs sowie der Abgrenzung der ökonomischen Auswirkungen des Verbrauchsverhaltens soll die erklärungstheoretische Basis für den Aufbau des Ermittlungsmodells gelegt werden[1].

Das Ermittlungsmodell ist ausschließlich zur Beantwortung kurzfristig - periodischer Fragestellungen konzipiert. Ausgangsbasis sind bestehende Fertigungsanlagen mit einem spezifischen Leistungsbedarf sowie die laufende Nutzung vorhandener Instandhal-

---

1) Vgl. zu dieser Vorgehensweise Laßmann, G., Die Produktionsfunktion und ihre Bedeutung für die betriebswirtschaftliche Kostentheorie, a. a. O., S. 5; vgl. ferner Schneider, D., Grundfragen der Verbindung von Produktions- und Investitionstheorie, unveröffentlichte Habil. -Schrift, Frankfurt/Main 1965, S. 11.

tungskapazitäten. Langfristige Aspekte bei der Abschätzung des Instandhaltungsbedarfs geplanter Fertigungsanlagen und die daraus resultierenden Vorgehensweisen zur Erbringung von Instandhaltungsleistungen, wie sie im Rahmen von Investitionsrechnungen auftreten, sind nicht der eigentliche Gegenstand dieser Untersuchung, wenngleich in Einzelfällen sinnvolle Orientierungshilfen aus den kurzfristigen Überlegungen abgeleitet werden können. Auf diese Fragestellungen wird jedoch nicht näher eingegangen.

Hauptteil

I. Kostentheoretische Grundlagen für den Aufbau von Potentialfaktorverbrauchsfunktionen

A. Bisherige Aussagen der Kostentheorie zum Potentialfaktorverbrauch

1. Der gegenwärtige Entwicklungsstand der Kostentheorie

Der Aufbau funktionaler Beziehungen zwischen dem Faktoreinsatz und Faktorausstoß betrieblicher Produktionsprozesse wäre ohne die ständige Fortentwicklung der Produktions- und Kostentheorie undenkbar gewesen. Ein wesentliches Ergebnis der produktions- und kostentheoretischen Überlegungen war die Erklärung ökonomisch relevanter Beziehungen zwischen dem Faktoreinsatz und -ausstoß sowie die formal-mathematische Beschreibung dieser Beziehungen durch Produktionsfunktionen[1]. Zunächst ergaben sich jedoch Schwierigkeiten bei der Anwendung dieser Erkenntnisse in der betrieblichen Praxis. In den traditionellen Ansätzen betriebswirtschaftlicher Kostenfunktionen wird die Beschäftigung als einzige Bestimmungsgröße der Gesamtkosten einer Produktionsperiode angesehen[2]. Hierbei wird unterstellt, daß mögliche andere Kosteneinflußgrößen von der Beschäftigung abhängig sind. Die weiterführende Analyse der Kosten ergibt eine Aufgliederung der Kosten nach ihrer Abhängigkeit von

---

1) Vgl. Kloock, J., Zur gegenwärtigen Diskussion der betriebswirtschaftlichen Produktionstheorie und Kostentheorie, in: ZfB, 39. Jg. (1969), 1. Ergänzungsheft, S. 51; vgl. ferner Gutenberg, E., Offene Fragen der Produktions- und Kostentheorie, in: ZfbF, 8. Jg. (1956), S. 429; vgl. ferner Vormbaum, H., Die Produktionsfunktion in betriebswirtschaftlicher Sicht, in: Industrielle Produktion, hrsg. von K. Agthe, H. Blohm und E. Schnaufer, Baden-Baden und Bad Homburg v. d. H. 1967, S. 59.

2) Vgl. Schmalenbach, E., Kostenrechnung und Preispolitik, 8. Aufl., Köln/Opladen 1963, S. 41 ff.; vgl. ferner Kürpick, H., Die Lehre von den fixen Kosten, Köln und Opladen 1965, S. 7.

Beschäftigungsschwankungen in beschäftigungsfixe und beschäftigungsvariable Kostenanteile[1]. Empirische Untersuchungen hierzu führten jedoch nicht zu befriedigenden Ergebnissen[2]. Dies zeigt sich deutlich bei den Untersuchungen in der Eisen- und Stahlindustrie, wo es "nicht bei allen Verbrauchsfaktoren starre Proportionalitäten zwischen Erzeugungsmengen und Verbrauchsmengen gibt"[3], so z. B. beim Faktor Werkstoff, der sich durch flexible Einsatzverhältnisse auszeichnet.

Erst die Erkenntnis, daß neben der Erzeugungsmenge zahlreiche andere Kosteneinflußgrößen die Kostenhöhe bestimmen, führt zum Bestreben, Funktionensysteme zu entwickeln, in denen die Vielzahl der Einflußgrößen berücksichtigt wird. Hiermit gelingt es, den Kostengüterverbrauch der meisten Kostenarten entsprechend seinem Verhalten in der betrieblichen Praxis zu beschreiben. Bezogen auf den Produktionsbereich erfassen diese Funktionen die technologisch und dispositiv bedingten Abhängigkeiten, die normalerweise zwischen den wichtigsten Einflußgrößen und den Kostengüterverbräuchen für die Erzeugung eines bestimmten Produktionsprogramms bestehen. Diese Abhängigkeiten werden durch Verbrauchs- und Leistungsstandards ausgedrückt. Alternativ erwogene Maßnahmen lassen sich durch alternativ anzusetzende Mengen der Einflußgrößen oder durch Änderung der Standards quantifizieren. Die mit geplanten Maßnahmen verbundenen Kostengüterverbräuche werden unter Verwendung dieser Funktionen dadurch ermittelt, daß die mit den erwogenen Maßnahmen verbundenen Einflußgrößenmengen in die Funktionen eingesetzt werden. Durch die Bewertung des errechneten Verbrauchsmengengerüstes mit alternativen Preisfaktoren[4] können die mit den jeweils erwogenen Maßnahmen verbundenen Kosten - ausgedrückt in DM pro Periode - berechnet werden.

Betrachtungsgegenstand der Produktionstheorie sind die quantitativen Beziehungen, die im Rahmen der wirtschaftlichen Prozesse im Unternehmen zwischen den eingesetzten und den erzeugten Real-

---

1) Vgl. zu dieser Entwicklung Kilger, W., Flexible Plankostenrechnung, 5. Aufl., Köln und Opladen 1972, S. 46 f. und die dort angegebene Literatur.
2) Vgl. hierzu Laßmann, G., Gestaltungsformen der Kosten- und Erlösrechnung im Hinblick auf Planungs- und Kontrollaufgaben, in: Die Wirtschaftprüfung, Heft 1/2 1973, S. 4.
3) Laßmann, G., Die Kosten- und Erlösrechnung als Instrument der Planung und Kontrolle in Industriebetrieben, a. a. O., S. 40.
4) Unter Preisfaktoren werden Marktpreise (zur Bewertung primärer Kostengüterverbräuche) und Verrechnungspreise (zur Bewertung sekundärer Kostengüterverbräuche) verstanden.

gütern bestehen[1]. Zu ihrer Aufgabe gehört die Erklärung und Gestaltung der Mengenkomponente der Kosten. Damit ist sie eine notwendige Grundlage der Kostentheorie. Die Weiterentwicklung der Produktions- und Kostentheorie beschränkte sich bisher im wesentlichen auf den Bereich der Repetierfaktoren. Hierbei handelt es sich um beliebig teilbare Faktoren, die im Produktionsprozeß unmittelbar (z. B. Werkstoff) oder mittelbar (z. B. Strom) untergehen. Dagegen ist für den Verbrauch der Potentialfaktoren, insbesondere der Fertigungsanlage, bisher weder eine ausreichende Quantifizierung noch eine zufriedenstellende Formulierung relevanter Gesetzmäßigkeiten gelungen[2]. Erschwerend wirkte sich aus, daß die Voraussetzungen zum Aufbau von Funktionen, die den Repetierfaktorverbrauch erfassen, nicht in gleicher Weise beim Potentialfaktorverbrauch gegeben sind. Die Gründe für die unzureichende Entwicklung von Lösungsansätzen zur Erklärung des Potentialfaktorverbrauchs soll eine ausführliche Analyse der Verbrauchsmerkmale beim Potentialfaktor Fertigungsanalge aufdecken.

2. Besondere Verbrauchermerkmale beim Potentialfaktor Fertigungsanlage

Im Gegensatz zu den Repetierfaktoren, die beim betrieblichen Kombinationsprozeß teilweise unmittelbar, teilweise mittelbar in die erzeugten Produkte eingehen, verkörpern Potentialfaktoren Leistungspotentiale, die über mehr als eine Periode zur Leistungserstellung zur Verfügung stehen[3]. Zu den Potentialfaktoren gehören alle Einrichtungen und Anlagen, welche die technischen Voraussetzungen betrieblicher Leistungserstellung bilden, sowie die Arbeiter in der Erfüllung ihrer ausführungsbedingten Tätigkeiten. Der Faktor

---

1) Vgl. Schweitzer, M., Küpper, H.-U., Produktions- und Kostentheorie der Unternehmung, Reinbek bei Hamburg 1974, S. 26.
2) Vgl. Schneider, D., Kostentheorie und verursachungsgerechte Kostenrechnung, in: ZfbF, 13. Jg. (1961), S. 688; vgl. ferner Heinen, E., Betriebswirtschaftliche Kostenlehre, Band I, a. a. O., S. 255.
3) Vgl. Albach, H., Zur Verbindung von Produktionstheorie und Investitionstheorie, a. a. O., S. 141; vgl. Bruhn, E.-E., Die Bedeutung der Potentialfaktoren für die Unternehmenspolitik, Betriebswirtschaftliche Schriften, Heft 15, Berlin 1965, S. 6 und S. 74; Laßmann, G., Die Produktionsfunktion und ihre Bedeutung für die betriebswirtschaftliche Kostentheorie, a. a. O., S. 22 f.

Arbeiter wird von der weiteren Behandlung ausgeklammert[1]. Der
Faktor Einrichtungen und Anlagen umfaßt sowohl die direkt am Pro-
duktionsprozeß beteiligten Fertigungsanlagen als auch die mittelbar
beteiligten Hallen, Gebäude,und Grundstücke, die in gewisser Weise
die äußeren Voraussetzungen für den Produktionsprozeß bilden. Im
Vordergrund dieser Analyse steht das Verbrauchsverhalten der Fertigungsanlagen. Kennzeichnende Merkmale für den Einsatz dieser
Fertigungsanlagen sind ihre quantitative, qualitative und zeitliche
Kapazität sowie Elastizität[2]. Die wirtschaftliche Bedeutung der
Fertigungsanlagen spiegelt sich jedoch nicht allein in den Kapazi-
täts- und Elastizitätsdaten wider. Ebenso wichtig ist das Verbrauchsverhalten der zur Verrichtung der vorgesehenen Funktionen erforderlichen Faktorarten und -mengen. Das Verbrauchsverhalten wird
durch die spezifischen Verbrauchsstandards der einzelnen Faktorarten charakterisiert. Die spezifischen Verbrauchsstandards sind
gleichsam die Maßgrößen für die konstruktive Gestaltung und das
funktionale Zusammenwirken der einzelnen technischen Bestandteile
einer Fertigungsanlage.

Die Kostentheorie hat vor allem in ihrer Erklärungsfunktion wesentliche Impulse durch die mengenorientierte Produktionstheorie er-
fahren. Diese auf den konkreten Mengenverzehr ausgerichtete Betrachtungsweise erwies sich als ausreichende Grundlage zur Erklärung und funktionalen Erfassung des Repetierfaktorverbrauchs, da
hier "Tatsache und Ausmaß des Verzehrs sich in sinnlich wahrnehmbaren Merkmalen"[3] äußern. Homogene Teileinheiten der Repetierfaktoren gehen vollständig in das erzeugte Gut ein. Der Versuch,
diese Wesensmerkmale des Repetierfaktorverbrauchs auch beim
Verbrauchsverhalten der Potentialfaktoren zu finden und auf dieser
Grundlage Verbrauchsfunktionen zu formulieren, erweist sich als
problematisch, da ein für den Potentialfaktorverbrauch typischer
Mengenverzehr nicht stattfindet. Vielmehr stellt die Fertigungsanlage produktionstechnisch eine unteilbare Einheit dar[4], deren "Lei-

---

1) Ausführliche Darstellungen der Wesensmerkmale des Potentialfaktors Arbeiter sind zu finden bei: Vgl. Steffen, R., Analyse industrieller Elementarfaktoren in produktionstheoretischer Sicht,
   a.a.O., S. 78 ff.; vgl. ferner Bruhn, E.-E., Die Bedeutung der
   Potentialfaktoren für die Unternehmenspolitik, a.a.O., S. 151 ff.
2) Vgl. Steffen, R., Analyse industrieller Elementarfaktoren in produktionstheoretischer Sicht, a.a.O., S. 41 ff.
3) Vgl. Heinen, E., Betriebswirtschaftliche Kostenlehre, Band I,
   a.a.O., S. 191.
4) Vgl. Steffen, R., Analyse industrieller Elementarfaktoren in produktionstheoretischer Sicht, a.a.O., S. 36.

stungspotential in einer Produktionsperiode nicht restlos aufgezehrt wird"[1]. Durch die produktionsbedingte Inanspruchnahme ändert sich jedoch die stofflich-technische Beschaffenheit der Fertigungsanlage. Diese Tatsache kann in Einzelfällen einen mengenmäßigen Verzehr von Potentialfaktorbestandteilen (z. B. Abrieb) hervorrufen. Dieser mengenmäßige Verzehr ist jedoch kein geeignetes Mengengerüst für eine anschließende Kostenermittlung.

Der Potentialfaktorverbrauch äußert sich jedoch nicht allein in der Veränderung der stofflich-technischen Beschaffenheit sowie in den daraus resultierenden Instandhaltungsmaßnahmen. Die Erfahrung zeigt, daß mit der Technologie einer Fertigungsanlage, die einen wesentlichen Einfluß auf den spezifischen Verbrauch der einzelnen Faktorarten hat, selten ein endgültiger nicht weiterzuentwickelnder Zustand erreicht ist. Vielmehr vollzieht sich, bedingt durch technischen Fortschritt, im Zeitablauf eine Entwicklung in der Technologie einer Fertigungsanlage, die den mittelbaren wie unmittelbaren spezifischen Verbrauch der meisten am Produktionsprozeß beteiligten Faktorarten wesentlich beeinflussen kann. Die Veränderung im spezifischen Verbrauchsverhalten der einzelnen Faktorarten einer bestimmten Fertigungsanlage gegenüber dem Verbrauchsverhalten einer anderen, höher entwickelten Fertigungsanlage, soll auch in die Überlegungen zum Potentialfaktorverbrauch einbezogen werden.

Eine weitere Besonderheit beim Verbrauchsverhalten der Fertigungsanlagen ist durch den zeitlichen Zusammenhang zwischen Ursache und Wirkung dieses Faktorverbrauches gegeben. "Die Produktionstheorie in ihrer traditionellen Form untersucht lediglich die Bedingungen der Produktion in einer einzigen Produktionsperiode"[2]. Zur Erklärung des Repetierfaktorverbrauches genügte diese einperiodische Betrachtungsweise, da Ursache (die erzeugte Produktionsmenge) und Wirkung (der Verbrauch an Faktoreinsatzmengen) zeitlich in einer Periode zusammenfallen. Beim Potentialfaktorverbrauch ist dieser in einer Periode zusammenfallende Ursache-Wirkungszusammenhang nicht generell vorhanden. So können sich Veränderungen in der stofflich-technischen Beschaffenheit der Fertigungsanlagen über mehrere Perioden hinziehen, bis sie zu einer

---

1) Vgl. Albach, H. , Zur Verbindung von Produktionstheorie und Investitionstheorie, a.a.O. , S. 141.
2) Albach, H. , Zur Verbindung von Produktionstheorie und Investitionstheorie, a.a.O. , S. 143; vgl. hierzu ferner Schneider, D. , Grundlagen einer finanzwirtschaftlichen Theorie der Produktion, in: Produktionstheorie und Produktionsplanung, Festschrift zum 65. Geburtstag von Karl Hax, hrsg. von Adolf Moxter, Dieter Schneider, Waldemar Wittmann, Köln und Opladen 1966, S. 344.

produktionstechnisch relevanten Wirkung, der Funktionsuntüchtigkeit der Fertigungsanlage, führen. Diese Veränderungen können teilweise physisch wahrnehmbar sein, z. B. Abrieb in mm, oder nicht
wahrnehmbar sein, z. B. in Form von Molekularstrukturänderungen.
Hervorzuheben ist, daß die Ursache für den Faktorverbrauch in diesem Fall zeitraumbezogen ist (Erzeugung der Produktmengen über
mehrere Perioden) und die Wirkung - zumindest in ihrer produktionstechnisch relevanten Form - zeitpunktbezogen ist (Zeitpunkt der
Funktionsuntüchtigkeit bzw. Instandhaltungsmaßnahme). Dieses besondere Ursache-Wirkungsverhalten muß bei der Erklärung des Potentialfaktorverbrauchs und der darauf aufbauenden Formulierung
von Verbrauchsfunktionen berücksichtigt werden.

Ein weiterer Unterschied zum Verbrauchsverhalten der Repetierfaktoren ergibt sich in der verursachungsgerechten Zuordnung des
Potentialfaktorverbrauchs. Die verursachungsgerechte Zuordnung
von Faktorverbräuchen ist bei unmittelbaren Ursache-Wirkungsbeziehungen eindeutig[1]. Bei mittelbaren Beziehungen sind es die technischen Eigenschaften der Aggregate und Arbeitsplätze, die den Verbrauch an Faktoreinsatzmengen bestimmen[2]. Diese Ansicht charakterisiert die vorherrschende Meinung in der Kostentheorie, daß die
Fertigungsanlage in ihrer Gesamtheit Erkenntnisobjekt der Erklä-
rungsversuche für den Faktorverbrauch ist. Über vielfältige Struk-
turierungen des Potentialfaktors Fertigungsanlage wurde versucht,
einen verursachungsgerechten Aufschluß über den mittelbaren Faktorverbrauch zu erhalten. So dienten die Entwicklungen der z-[3] und
q-[4]Strukturen dazu, die qualitativen und quantitativen Wirkungen
auf den Faktorverbrauch und den Output einer Fertigungsanlage durch
die Veränderung der verschiedenen technischen Möglichkeiten[5] auf-

---

1) Z. B. der Werkstoffverbrauch für ein bestimmtes Produkt.
2) Vgl. Gutenberg, E., Grundlagen der Betriebswirtschaftslehre,
   Band I, a. a. O., S. 316.
3) Vgl. Gutenberg, E., Grundlagen der Betriebswirtschaftslehre,
   Band I, a. a. O., S. 317.
4) Vgl. Pressmar, D. B., Kosten- und Leistungsanalyse in Industriebetrieben, Wiesbaden 1971, S. 120.
5) Vgl. hierzu Gutenberg, E., Grundlagen der Betriebswirtschaftslehre, 1. Band, a. a. O., S. 318: "... Durch Vorschalten eines bestimmten Getriebes kann der Energieverbrauch herabgedrückt
   werden usw.". "Die Verwendung eines härteren Drehstabes erlaubt es, die Dicke des abgenommenen Spans zu vergrößern". "So
   kann durch Änderung der Ofenauskleidung die Möglichkeit geschaffen werden, eine Stahlsorte zu erschmelzen, die bislang nicht er-
   schmolzen werden konnte".

zudecken. Die Erweiterung der Struktur einer Fertigungsanlage in Konstruktionselemente unterschiedlicher Verschleiß- oder Lebensdauereigenschaften erfolgte jedoch nicht.

B. Ein erklärungstheoretischer Ansatz zum Potentialfaktorverbrauch

Für eine aussagefähige Analyse des Verbrauchsverhaltens von Fertigungsanlagen aus produktions- und kostentheoretischer Sicht ist es notwendig, zunächst die Fertigungsanlage in ihrer Struktur und in ihren Wechselbeziehungen zu anderen Produktionsfaktoren und Fertigungsanlagen zu beschreiben. Auf dieser Basis können die Ursachen und Erscheinungsformen sowie die ökonomischen Auswirkungen des Verbrauchs beim Potentialfaktor Fertigungsanlage erklärt werden.

1. Der Potentialfaktor Fertigungsanlage im betrieblichen Fertigungsprozeß

a) Die Struktur der Fertigungsanlage

In dieser Untersuchung wird der Potentialfaktor Fertigungsanlage als ein System aufgefaßt, das aus einer Vielzahl von Elementen besteht, die durch Eigenschaften und gegenseitige Beziehungen zueinander charakterisiert werden. Manche Autoren[1] verzichten auf eine Strukturierung in Einzelelemente und stellen die einzelne Fertigungsanlage in den Mittelpunkt ihrer Betrachtungen. Andere Autoren[2] schlagen eine Gliederung der Fertigungsanlage nach Teilsystemen wie z. B. hydraulisches Arbeitssystem, mechanisches Antriebssystem, elektrisches Steuersystem etc. vor. Beide Vorgehensweisen können jedoch einer erschöpfenden Erklärung des Faktorverbrauchs

---

1) Vgl. Männel, W., Wirtschaftlichkeitsfragen der Anlagenerhaltung, a. a. O., S. 25 f.
2) Vgl. Steffen, R., Analyse industrieller Elementarfaktoren aus produktionstheoretischer Sicht, a. a. O., S. 37; vgl. Redeker, G., Technische und betriebswirtschaftliche Grundlagen für die Methodenwahl bei der Erhaltung betrieblicher Anlagen, Diss., Hannover 1969, S. 26.

nicht genügen. "Theoretisch einwandfrei ist der Faktorverbrauch nur dann zu erfassen, wenn die einzelnen Verschleißteile gesondert betrachtet werden"[1].

Betrachtet man ein Element einer Fertigungsanlage zunächst isoliert von seinen unmittelbaren Beziehungen zu den anderen Elementen, so werden seine Eigenschaften besonders im Hinblick auf das Verschleißverhalten durch die gewählte Materialart[2] und die konstruktive Ausgestaltung[3] charakterisiert.

Die Materialart wird im Hinblick auf die mögliche zukünftige Beanspruchung des Elementes ausgewählt. Unterschiedliche Belastungseigenschaften wie z. B. Warmfestigkeit, Korrosionsbeständigkeit oder Zähigkeit werden hierbei berücksichtigt. Die beanspruchungsgerechte Auswahl der Materialarten beeinflußt das Verschleißverhalten der Elemente wesentlich. Auf der Grundlage der Verschleißeigenschaften kann man zwischen dauerfesten und zeitfesten Elementen unterscheiden. Man spricht von dauerfesten Elementen, wenn eine wechselnde Beanspruchung beliebig lange ertragen werden kann[4]. Zeitfeste Elemente sind dagegen von vornherein einer beschränkten Lebensdauer unterworfen[5]. Diese zeitfesten Elemente bilden ein wesentliches Erkenntnisobjekt des Potentialfaktorverbrauchs.

Die konstruktive Ausgestaltung der Elemente hat insofern Einfluß auf das Verschleißverhalten, als die Gestaltfestigkeit und damit die Lebensdauer dieses Elementes wesentlich von der "möglichst störungsfreien Führung des Kraftflusses"[6] abhängt. So sind z. B. starke Querschnittsübergänge zu vermeiden, um eine Kerbwirkung am Übergang zu vermeiden. Die Möglichkeiten der beanspruchungsgerechten konstruktiven Ausgestaltung von Elementen lassen sich nicht

---

1) Pressmar, D., Kosten-Leistungsanalyse in Industriebetrieben, a. a. O., S. 124.
2) Vgl. Sigwart, H., Werkstoffkunde, in: Dubbels Taschenbuch für den Maschinenbau, 12. Aufl., Berlin-Heidelberg-New York 1966, S. 508.
3) Vgl. Sigwart, H., Werkstoffkunde, a. a. O., S. 509.
4) "Die Dauerfestigkeit ist der Grenzwert der wechselnden Beanspruchung, der bei glatten, polierten Stäben gerade noch beliebig lange ertragen wird". Meyer zur Capellen, W., Festigkeitslehre, in: Dubbels Taschenbuch für den Maschinenbau, 12. Aufl., Berlin-Heidelberg-New York 1966, S. 334. "Beliebig lange" kann für die Zwecke dieser Untersuchung eingeschränkt werden auf die Länge der wirtschaftlichen Nutzungsdauer der Fertigungsanlage.
5) Vgl. Meyer zur Capellen, W., Festigkeitslehre, a. a. O., S. 334.
6) Sigwart, H., Werkstoffkunde, a. a. O., S. 509.

in quantitative Beziehungen fassen. Es ist höchstens eine unvollstän-
dige systematisierende Beschreibung möglich, da bei jedem Einzel-
fall eine individuelle Gestaltung notwendig ist. Hinweise darüber, ob
die konstruktive Ausgestaltung den späteren Beanspruchungen genügt, liefert das mathematische Instrumentarium der Technischen
Mechanik[1].

Wird die isolierte Betrachtung des Einzelelementes erweitert auf
die Menge aller Elemente einer Fertigungsanlage, so ist eine Analyse der Beziehungen zwischen diesen Elementen notwendig. Die
einzelnen Elemente können lösbar oder nicht lösbar miteinander verbunden sein. Zu den lösbaren Verbindungen gehören z. B. Schrau-
benverbindungen, zu den nicht lösbaren z. B. die Schweißverbindun-
gen. Weiterhin gibt es Verbindungen zwischen Elementen, die eine
Relativbewegung gegeneinander ausführen, z. B. Zahnräder, ein
Stoßdämpfer oder eine Welle in einer Lagerung. Das Leistungspotential einer Fertigungsanlage liegt im Zusammenwirken aller
Einzelelemente. Zur Funktionsfähigkeit der Fertigungsanlage ist
das Funktionieren aller Elemente notwendig. Für diesen Fall kann
man die Menge der Einzelelemente symbolisch durch eine Serienschaltung abbilden. Ein wesentliches Merkmal der Serienschaltung
liegt darin, daß der Verlust der Funktionsfähigkeit eines Einzelelementes den Funktionsverlust des gesamten Systems bewirkt (siehe
Abb. 1).

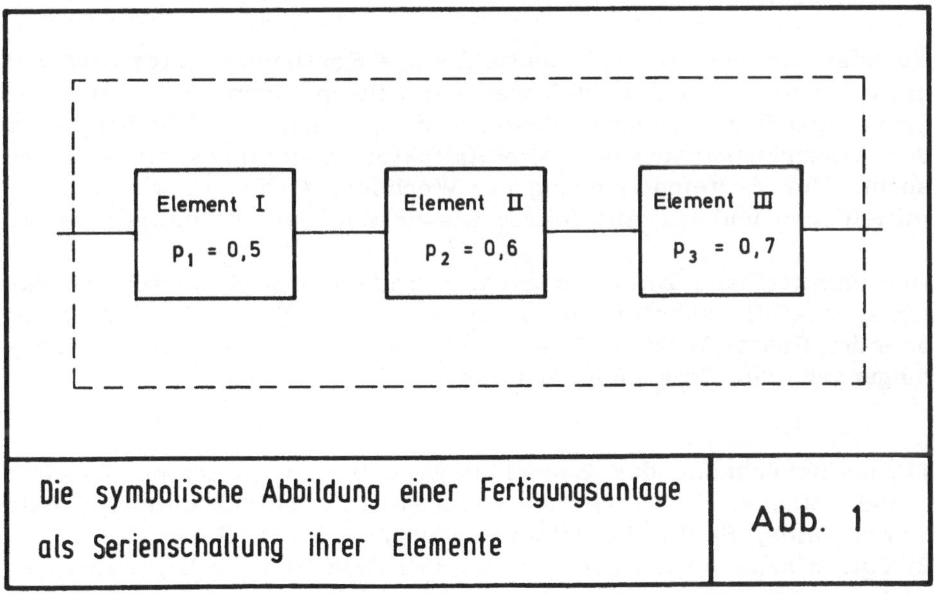

Die symbolische Abbildung einer Fertigungsanlage als Serienschaltung ihrer Elemente

Abb. 1

---

1) Vgl. Köhler, G., Mechanik, in: Dubbels Taschenbuch für den Maschinenbau, 12. Aufl., Berlin-Heidelberg-New York, S. 192.

Das System besteht aus drei Elementen mit den jeweiligen Funktionswahrscheinlichkeiten p_1, p_2, p_3. Die Zuverlässigkeit[1] des Systems R_S beträgt:

$$R_S = \prod_{j=1}^{3} (1 - p_j) \qquad j = \text{Anzahl der Elemente}$$

$$R_S = (1 - 0,5) \times (1 - 0,6) \times (1 - 0,7) = 0,06$$

Durch die Verknüpfung der Elemente ist die Zuverlässigkeit des Systems R_S = 0,06 wesentlich kleiner als die jeweiligen Funktionswahrscheinlichkeiten der Einzelelemente.

Der ursprünglich beabsichtigte Verwendungszweck einer Fertigungsanlage kann nicht nur durch e i n e bestimmte Anordnung von Einzelelementen erreicht werden. Während der Herstellungsphase gibt es eine Vielzahl von Möglichkeiten. Die gewählte Anordnung kann als eine dem jeweiligen Erkenntnisstand entsprechende Bestlösung angesehen werden.

b) Die Wechselbeziehungen zwischen den Fertigungsanlagen und ihrer Umgebung

Nachdem die Analyse des Potentialfaktors Fertigungsanlage zunächst nach innen auf die Einzelelemente mit ihren Eigenschaften und gegenseitigen Beziehungen gerichtet war, wird nun die Umgebung oder der Einwirkungsraum des Potentialfaktors Fertigungsanlage untersucht. Zur Systematisierung der Wechselbeziehungen wird ein unmittelbarer und ein mittelbarer Einwirkungsraum[2] unterschieden.

Der unmittelbare Einwirkungsraum umfaßt sowohl die am Produktionsprozeß direkt beteiligten Faktoren, wie z. B. den Faktor Arbeit oder den Faktor Werkstoff, als auch die sie umgebenden Einsatzbedingungen oder Umgebungseinflüsse.

---

1) Zur Berechnung der Zuverlässigkeit von Bauteilen und Geräten vgl. Stange, K., Angewandte Statistik, 1. Teil: Eindimensionale Probleme, Berlin-Heidelberg, New York 1970, S. 142 ff.
2) Vgl. hierzu auch Luke, W. R., Die Ermittlung kalkulatorischer Abschreibungen von Maschinen und maschinellen Anlagen, Berlin 1971, S. 59 f. Hier trennt Luke zwischen unmittelbar und mittelbar auf die Anlagen einwirkenden Verzehrursachen.

Der Produktionsfaktor Arbeit steht in zweifacher Weise in Wechselbeziehung zum Potentialfaktor Fertigungsanlage. Zunächst ist er in
seiner Aufgabe als Produktionsarbeiter unmittelbar am Produktionsprozeß beteiligt. Durch seine ausführenden, kontrollierenden und
steuernden Funktionen steht er in ständiger Wechselbeziehung zur
Fertigungsanlage. Dieser Regelkreis aus Mensch und Maschine wird
in der Literatur als "Mensch-Maschine-System"[1] bezeichnet. Eine
weitere Beziehung besteht zu denjenigen Arbeitern, die die Funktionsfähigkeit der Fertigungsanlagen aufrechterhalten. Sie führen
entweder verschleißhemmende Tätigkeiten aus oder ersetzen einzelne Anlagenelemente, die funktionsunfähig geworden sind.

Zwischen dem Repetierfaktor Werkstoff und der Fertigungsanlage
bestehen in der Weise Wechselbeziehungen, daß zu einigen Anlageelementen ein direkter physischer Kontakt vorhanden ist. So besteht
z. B. bei einem Walzengerüst ein unmittelbarer physischer Kontakt
zwischen den Arbeitswalzen und dem zu walzenden Werkstoff. Unter
Verschleißgesichtspunkten kann der indirekte Kontakt ebenso bedeut-
sam sein. Hierunter werden die elektrischen, hydraulischen und
mechanischen Funktionen verstanden, die zum Vollzug des Walz-
prozesses erforderlich sind. Die produktionsbedingte Inanspruchnahme wird bei allen direkt und indirekt beteiligten Anlageelementen
gleichermaßen wirksam.

Auch die Einsatzbedingungen, unter denen der Produktionsprozeß
vollzogen wird, können nicht unberücksichtigt bleiben[2]. Zum gleichen Ergebnis kommt Pressmar, indem er eine V-Situation definiert: "Eine weitere Klasse von Komponenten der V-Situation dient
dazu, Umwelteinflüsse und deren Wirkungen auf den Produktionsprozeß zu quantifizieren"[3]. Die V-Situation erfaßt bei Pressmar
ausschließlich die Wirkung der Umwelteinflüsse auf die Maschinen-
aggregate. Wirklichkeitsnäher wäre es, die Einsatzbedingungen als
einen dem gesamten Produktionsprozeß übergeordneten Zustand auf-
zufassen; denn die Einsatzbedingungen verändern nicht allein die Ma-

---

1) Vgl. Rohmert, W., Möglichkeiten der Festsetzung von Stufen der
   Mechanisierung und Automatisierung, in: Schriftenreihe "Arbeitswissenschaft und Praxis", Band 4, Berlin 1967, S. 4.
2) Vgl. hierzu auch die Bemerkungen zur 1-Situation von Heinen, E.,
   Betriebswirtschaftliche Kostenlehre, Band I, a. a. O., S. 229 f.
3) Pressmar, P., Die Kosten-Leistungsanalyse in Industriebetrieben, a. a. O., S. 122.

schinenaggregate, sondern in der Regel ebenso das Verhalten des Potentialfaktors Arbeit[1] oder die Verarbeitungseigenschaften des Faktors Werkstoff.

Die Beziehungen zwischen dem Potentialfaktor Fertigungsanlage und dem unmittelbaren Einwirkungsraum werden ergänzt durch Wechselbeziehungen zum mittelbaren Einwirkungsraum.

Der mittelbare Einwirkungsraum umfaßt die Gesamtheit aller Kombinationsprozesse, in denen konkurrierende Produkte erzeugt werden. Bei den konkurrierenden Anbietern besteht der ökonomische Zwang, ihre Kombinationsprozesse so wirtschaftlich zu vollziehen, daß die am Absatzmarkt erzielbaren Preise zumindest kostendeckend wirken. Die verbesserte konstruktive Gestaltung der Einzelelemente einer Fertigungsanlage, die Verbesserung der Elementeigenschaften sowie eine geeignetere Zuordnung der Elemente zueinander sind wesentliche Möglichkeiten, um die Wirtschaftlichkeit der eigenen Leistungserstellung zu erhöhen und die Konkurrenzfähigkeit der anderen Anbieter zu mindern. Die produktionstechnischen Eigenschaften, insbesondere die Ausbringungs- und Verbrauchsfunktionen der Fertigungsanlage sind das mittelbare Bindeglied zwischen einer bestimmten, hier betrachteten Fertigungsanlage und den konkurrierenden Anlagen des mittelbaren Einwirkungsraumes.

Nicht nur der Potentialfaktor Fertigungsanlage selbst, sondern die mit ihm in unmittelbarer Beziehung stehenden Faktoren, wie z.B. der Repetierfaktor Werkstoffe stehen in Relation zum mittelbaren Einwirkungsraum. Der Absatz des Repetierfaktors Werkstoff in Form erzeugter Produktionsmengen wird innerhalb des mittelbaren Einwirkungsraumes vorgenommen (funktionsbezogene Bezeichnung: Absatzmarkt). Das konjunkturelle Verhalten des Absatzmarktes nimmt über die Beziehungskette

- veränderte Nachfrage eines Produktes,
- veränderte Erzeugungsmenge dieser Unternehmung,
- veränderte Durchlaufmenge des Repetierfaktors Werkstoff,

---

1) Die hier vertretene Auffassung wird bestätigt durch die Abgrenzung der Anforderungsarten innerhalb der analytischen Arbeitsbewertung. Das sog. GENFER SCHEMA nennt an 4. Stelle die Arbeitsbedingungen (Untermerkmale: Temperatur, Nässe etc.), die damit als Einflußgröße auf die Ausführungsqualität der vom Arbeiter vollzogenen Tätigkeiten aufgefaßt wird. Vgl. Wibbe, J., Arbeitsbewertung, Grundlagen des Arbeits- und Zeitstudiums, Band 6, München 1966, S. 38.

36

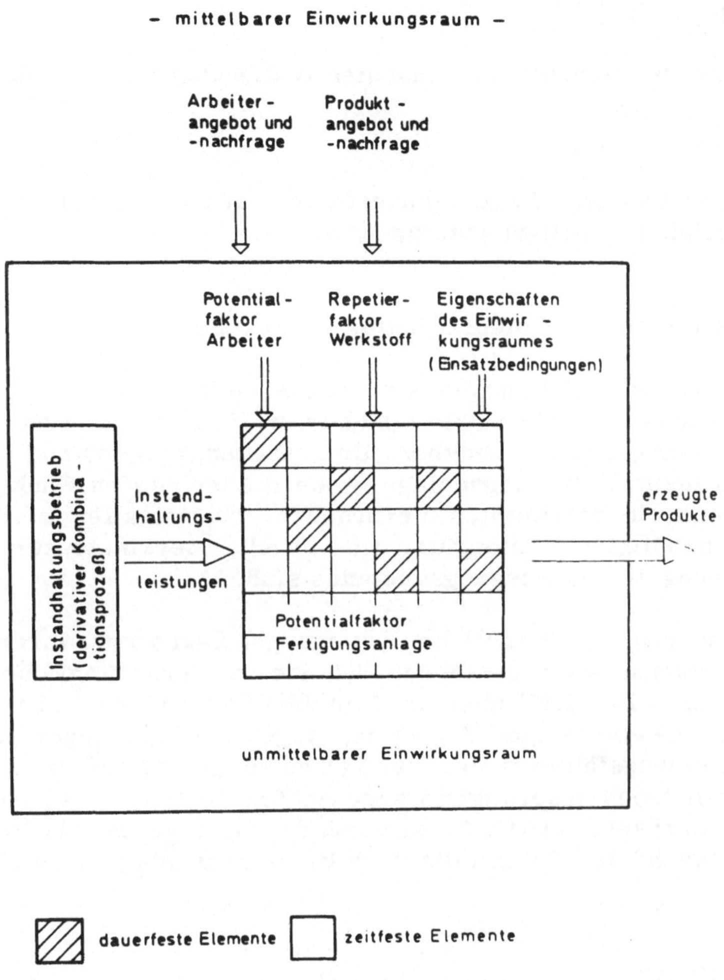

Die Wechselbeziehungen des Potentialfaktors Fertigungs- anlage zum unmittelbaren und mittelbaren Einwirkungsraum

Abb. 2

- veränderte Inanspruchnahme des Potentialfaktors Fertigungsanlage,
- veränderte Kosten zur Wiederherstellung des alten Nutzenpotentials,

Einfluß auf das Verbrauchsverhalten des Potentialfaktors Fertigungsanlage.

Zur Verdeutlichung der genannten Beziehungen dient Abb. 2.

2. Ursachen und Erscheinungsformen des Verbrauchs beim Potentialfaktor Fertigungsanlage

a) Definition des Potentialfaktorverbrauchs

Verbrauchserscheinungen sind immer mit Veränderungen verbunden. Diese Veränderungen sind nur im Hinblick auf einen bestimmten Ausgangszustand denkbar. Untersuchungsgegenstand ist der Potentialfaktor Fertigungsanlage, wobei die technische Funktionsfähigkeit und ein bestimmtes Verbrauchsverhalten aller für die Erzeugung benötigten Kostengüter wesentliche Merkmale zur Charakterisierung dieses Ausgangszustands sind.

Veränderungen betrieblicher Fertigungsanlagen bzw. ihrer Bestandteile können darin bestehen, daß sie ihre ursprüngliche stofflich-technische Beschaffenheit im Zeitablauf verändern[1]. Die Veränderungen bewirken eine Abnahme, gegebenenfalls sogar den Verlust der Leistungsfähigkeit der Fertigungsanlage, so daß sie im Hinblick auf den ihnen ursprünglich zugedachten Verwendungszweck an Eignungswert verlieren[2]. Diese Veränderungen werden als "technischer Verbrauch" des Potentialfaktors Fertigungsanlage bezeichnet.

---

1) Vgl. Männel, W. , Wirtschaftlichkeitsfragen der Anlagenerhaltung, Wiesbaden 1968, S. 29. Vgl. auch Hax, K. , Die Substanzerhaltung der Betriebe, Köln-Opladen 1957, S. 187: Hax sieht diese Veränderung als Verbrauch von Nutzungsvorrat an. Vgl. ferner Wolfbauer, W. J. , Wirtschaftliche Instandhaltung und Anlagenerneuerung am Beispiel von Hüttenwerksanlagen, Leoben 1969, S. 3; vgl. auch Steffen, R. , Analyse industrieller Elementarfaktoren in produktionstheoretischer Sicht, Berlin 1973, S. 78.
2) Vgl. Männel, W. , Wirtschaftlichkeitsfragen der Anlagenerhaltung, a. a. O. , S. 78.

Andererseits kann sich die Güterstruktur oder das Kostengüterverbrauchsverhalten im Vergleich zu anderen Fertigungsanlagen, die
konkurrierende Produkte erzeugen, verändern. Durch die Entwicklung kann sich die Konkurrenzfähigkeit oder die Absatzwirksamkeit
der Produkte, die von der ursprünglichen Fertigungsanlage erzeugt
werden, derart verringern, daß diese Fertigungsanlage zur Verwirklichung der Unternehmenszielsetzung nicht mehr geeignet ist.
Diese Veränderungen stellen einen "wirtschaftlichen Verbrauch" des
Potentialfaktors Fertigungsanlage dar.

Beide Verbrauchsarten werden in eine umfassende Analyse des Potentialfaktorverbrauchs einbezogen. Im einzelnen werden die Ursachen und die Erscheinungsformen erläutert werden.

b) Der technische Verbrauch

Technische Verbrauchserscheinungen entstehen dadurch, daß das
Material der Fertigungsanlagen unter Krafteinwirkung sein mole-
kulares Gefüge verändert. Diese Gefügeumwandlung bewirkt eine
Änderung der Materialeigenschaften. Hierin liegt die eigentliche Ursache des technischen Verbrauchs[1]. Unter "Krafteinwirkung" dürfen
in diesem Zusammenhang nicht nur mechanische Kräfte verstanden
werden. Ebenso erzeugen auch chemische und elektrische Kräfte
Spannungen, die einen Kraftfluß im Material bewirken, der zur Gefügeveränderung beiträgt. Diese Gefügeveränderung wird entweder
durch eine Umstrukturierung des molekularen Gefüges oder sogar
durch den teilweisen Verlust von Gefügebestandteilen hervorgerufen.

Das Ausmaß des technischen Verbrauchs der Fertigungsanlage wird
wesentlich durch die gewählte Materialqualität und die konstruktive
Gestaltung[2] der einzelnen Anlageelemente einerseits und die Beanspruchungsmerkmale andererseits beeinflußt. Die anlagebezogenen
und die beanspruchungsorientierten Bestimmungsgründe für den
technischen Verbrauch unterscheiden sich insbesondere darin, daß
die ersten Gründe während der Herstellungsphase und letztere während der Nutzungsphase einer Fertigungsanlage gelegt werden.

---

1) Vgl. zu dieser Ansicht Luke, W.R., Die Ermittlung kalkulatorischer Abschreibungen von Maschinen und maschinellen Anlagen,
   a.a.O., S. 60.
2) Vgl. hierzu auch Warnecke, H.J., Instandhaltungsgerechte Konstruktion, in: Industrial Energineering 4/1974, Heft 4, S. 315 f.:
   "Der Umfang der Maßnahmen für die Instandhaltung ist zum Teil
   festgelegt durch die Konstruktion einer Maschine".

Die Materialwahl und konstruktive Gestaltung der Anlagenelemente
werden während der Herstellungsphase in Erwartung einer bestimmten zukünftigen Beanspruchungsart und -häufigkeit vorgenommen.
Aus der Vielzahl der Materialarten mit ihren unterschiedlichen Eigenschaften werden nach Gesichtspunkten wie z. B. Warmfestigkeit,
Korrosionsbeständigkeit oder Zähigkeit bestimmte Materialsorten
für die jeweiligen Anlageelemente ausgewählt. Bei der konstruktiven
Gestaltung wird versucht, entsprechend der gewählten Materialsorten und des zukünftigen Kraftflußverlaufs eine beanspruchungsgerechte Formgebung zu finden. Hierdurch wird zunächst eine spezifische Verbrauchscharakteristik, bzw. ein bestimmtes Verbrauchsniveau festgelegt[1]. Die Änderung der Materialeigenschaften oder
konstruktiven Gestaltung einzelner Anlagenelemente führt unabhängig von Veränderungen der produktionsbedingten Inanspruchnahme
der Fertigungsanlagen zu einem anderen Verbrauchsniveau.

Die Beanspruchungsmerkmale während der Nutzungsphase bestimmen das jeweilige Ausmaß des technischen Verbrauchs um das spezifische Verbrauchsniveau. Bei den Beanspruchungsarten unterscheidet man im wesentlichen mechanische, elektrische und chemische Belastungen. Während sich elektrische und chemische Belastungsarten im Zeitablauf häufig nicht ändern, variiert gerade das
Ausmaß der mechanischen Belastung stark mit der produktionsbedingten Inanspruchnahme. Mechanische Belastungen kann man hinsichtlich Zug, Druck, Biegung, Torsion, Schub und Knickung unter-
teilen[2]. Die Höhe der mechanischen Belastungen kann in physikali-
schen Maßeinheiten, z. B. Kp/mm^2 gemessen werden. Der zeitliche
Belastungsverlauf kann eine zügige, ruhende, periodisch wechselnde
oder unperiodisch wechselnde Form annehmen[3]. Für die Ver-
brauchshöhe ist jedoch nicht nur die Form des Belastungsverlaufs,
sondern auch die Aufeinanderfolge der verschiedenen Belastungs-
formen von Bedeutung. Eine häufig vorgenommene Unterscheidung

---

1) Spätere Ausführungen werden zeigen, daß bei fehlerhaften Annahmen in bezug auf die zukünftige Beanspruchung der Fertigungsanlagen durch eine elementbezogene Änderung der Materialeigenschaften und der konstruktiven Gestaltung die spezifische Verbrauchscharakteristik den wirklichen Bedingungen angepaßt werden kann.
2) Vgl. Meyer zur Capellen, Festigkeitslehre, a. a. O. , S. 333 f.
3) Vgl. Sigwart, H. , Werkstoffkunde, a. a. O. , S. 491. Heinen unterscheidet in diesem Zusammenhang zwischen Phasen (Stillstands-,
Anlauf-, Leerlaufphase etc.) der Belastung; vgl. Heinen, E. , Betriebswirtschaftliche Kostenlehre, Band I, a. a. O. , S. 230. Während die Aufzählung von Heinen in erster Linie exemplarischen
Charakter hat, wird mit dieser Gliederung des zeitlichen Verlaufs
der Belastungsarten eine Systematisierung angestrebt.

in "zeitbedingten" und "gebrauchsbedingten Verschleiß" trifft den
wirklichen Sachverhalt nur ungenau. Der technische Verbrauch ist
die Folge von Krafteinwirkungen im Zeitablauf. Beim "zeitbedingten" Verbrauch wird der notwendige Tatbestand der Krafteinwirkung
zu sehr in den Hintergrund gedrängt, während das Merkmal "Zeitablauf" betont wird. Die Zeit allein kann jedoch keinen technischen
Verbrauch bewirken. Beim "gebrauchsbedingten" Verbrauch verhält
es sich umgekehrt. Erst die systematische Analyse nach der oben
erwähnten Vorgehensweise kann die differenzierten Bestimmungsgründe des technischen Verbrauchs offenlegen.

Bei den Erscheinungsformen[1] des technischen Verbrauchs von Fertigungsanlagen unterscheidet man sinnlich wahrnehmbare Verbräuche, wie z.B. Biegung, Abrieb etc. und sinnlich nicht wahrnehmbare Verbräuche, wie z.B. Umwandlungen im kristallinen Gefüge
durch interkristalline Korrosion oder Molekulargitterstrukturände-
rungen. Sinnlich wahrnehmbare Verbrauchsformen können in ihrem
zeitlichen Verlauf verfolgt werden, so daß sich die Möglichkeit bietet, durch wiederholte Inspektionen den Zeitpunkt der Funktionsuntüchtigkeit vorherzubestimmen. Letztlich führen beide Verbrauchsformen, sinnlich wahrnehmbare und nicht wahrnehmbare, zum Funktionsverlust des Einzelelementes und damit zum Funktionsverlust
der Fertigungsanlage.

Bringt man die originären Ursachen des technischen Verbrauchs mit
den vielfältigen Wechselbeziehungen der Fertigungsanlagen in Verbindung, so wird deutlich, in welcher Form Belastungen auf die
Fertigungsanlagen ausgeübt werden können.

So beeinflussen Qualifikation und Verantwortungsbewußtsein der in
der Produktion Beschäftigten die Belastungsart und -höhe der Anlagenelemente. Ebenso können die Mitarbeiter der Instandhaltungsbetriebe durch die sorgfältige Ausführung von Instandhaltungsmaßnahmen den technischen Verbrauch der Fertigungsanlagen in gewissen Grenzen lenken[2].

---

1) Vgl. im einzelnen hierzu Luke, W.R., Die Ermittlung kalkulatorischer Abschreibungen von Maschinen und maschinellen Anlagen,
   a.a.O., S. 62 ff.; vgl. ferner Ullmann, Rainer, Prüfstanduntersuchungen zum Nachweis von Ermüdungserscheinungen in Wälzlagern, in: Wissenschaftliche Zeitschrift der Technischen Universität Dresden, 23. Jg. (1974), Heft 2, S. 471.
2) Vgl. hierzu auch Warnecke, H.J., Instandhaltungsgerechte Konstruktion, a.a.O., S. 316. Warnecke zählt zu den hauptsächlichen
   schadensauslösenden Ursachen im Maschinenbau menschliche Unzulänglichkeiten im Betrieb, wie Bedienungs- und Wartungsfehler.

Menge und Qualität der zu bearbeitenden Werkstoffe sind weitere
Bestimmungsgrößen für das Ausmaß des technischen Verbrauchs.
Hinzu kommt die mit konjunkturellen Schwankungen verbundene
wechselnde Nachfrage nach bestimmten Erzeugungsmengen, die qualitative, zeitliche und intensitätsmäßige Anpassungsmaßnahmen bewirkt. Hierdurch wird die zeitliche Folge der einzelnen Belastungsarten geregelt, indem Menge und Qualität der Produkte entsprechend
verändert werden. Nicht zuletzt wirken die Umweltbedingungen in
Form von Staub, Temperatur oder Luftfeuchtigkeit teilweise direkt,
teilweise indirekt auf den technischen Verbrauch der Anlagenelemente ein.

c) Der wirtschaftliche Verbrauch

Im Gegensatz zum technischen Verbrauch orientiert sich der wirtschaftliche Verbrauch nicht an der Vielzahl der Einzelelemente einer
Anlage, sondern an der Anlageneinheit und dem ihr ursprünglich
zugedachten Verwendungszweck.

Die Verminderung und letztlich die Beendigung des ursprünglichen
Verwendungszweckes einer Fertigungsanlage kann durch die Be-
grenzung ihrer betrieblichen Einsatzmöglichkeiten entstehen[1]. Ist
der Leistungsprozeß einer Fertigungsanlage z. B. an bestimmte
Rechte wie Miet-, Pacht- oder Lizenzverträge geknüpft, so ist bei
Ablauf dieser Rechte eine weitere Nutzung unabhängig von der technischen Funktionsfähigkeit der Fertigungsanlage nicht mehr möglich[2]. Dieser Sonderfall soll jedoch nicht weiter betrachtet werden,
da hierbei die Einflußgrößen des wirtschaftlichen Verbrauchs in erster Linie von vertraglichen Vereinbarungen abhängen. Der Schwerpunkt dieser Untersuchung liegt vor allem auf der Analyse von Einflüssen, die von den Wechselwirkungen zwischen verschiedenen Fertigungsanlagen ausgehen und deren Ausmaß erst während der Nutzungsphase dieser Anlagen wirksam wird.

Bei der Neuerstellung oder Beschaffung einer Fertigungsanlage sollte
ihr technisches Leistungspotential und das damit verbundene Kostengüterverbrauchsverhalten dem jeweiligen, zu diesem Zeitpunkt vorhandenen Erkenntnisstand entsprechen. Dieser bezieht sich auf ge-
staltungstechnische, werkstofftechnische und fertigungstechnische
Grenzen, die nicht überschritten werden können. Während der Nut-

---

1) Vgl. Luke, W. R. , Die Ermittlung kalkulatorischer Abschreibungen von Maschinen und maschinellen Anlagen, a. a. O. , S. 71.
2) Vgl. Bruhn, E. -E. , Die Bedeutung des Potentialfaktors für die
   Unternehmenspolitik, a. a. O. , S. 114.

zungsphase von Fertigungsanlagen vollzieht sich ein Entwicklungsprozeß, der darauf abzielt, die Konkurrenzfähigkeit bestimmter Anlagen zu steigern. Impulse für diesen Entwicklungsprozeß können z.B. auf höhere Ansprüche an die erzeugten Güter oder auf ein erweitertes Wissen um werkstoff- oder fertigungstechnische Möglichkeiten zurückgeführt werden[1]. Der Entwicklungsprozeß selbst beschränkt sich nicht allein auf Maßnahmen zur Erreichung der Minimalkostenkombination, sondern beinhaltet alle Möglichkeiten, durch eine völlig andersartige Anordnung der Faktoren, insbesondere durch die Neugestaltung des Potentialfaktors Fertigungsanlage, seiner Elemente mit den dazugehörigen Eigenschaften, eine kostengünstigere Fertigung und einen erlösgünstigeren Absatz zu erreichen. Man muß zwischen Rationalisierungsmaßnahmen unterscheiden, die darin bestehen, "von bekannten und bewährten Techniken diejenigen zum Einsatz zu bringen, welche unter den jeweils gegebenen Bedingungen die größte Wirtschaftlichkeit versprechen"[2], und den Maßnahmen, die den technischen Fortschritt ausmachen[3]. Technischer Fortschritt im wirtschaftlichen Sinn liegt dann vor, wenn ein bestimmter Ertrag durch eine technische Änderung mit geringerem Aufwand erzielt oder wenn mit gegebenem Aufwand ein höherer Ertrag erzielt werden kann. Der technische Fortschritt bewirkt also eine Änderung der Aufwands-Ertrags-Relation[4].

Bei den Auswirkungen des technischen Fortschritts auf das Ausmaß des wirtschaftlichen Verbrauchs kann man zwei Realisierungsgrade unterscheiden.

---

1) Kortzfleisch, G. v., Zur mikroökonomischen Problematik des technischen Fortschritts, in: Die Betriebswirtschaftslehre in der 2. industriellen Evolution, Hrsg. G. v. Kortzfleisch, Berlin 1969, S. 337.

2) Kortzfleisch, G. v., Zur mikroökonomischen Problematik des technischen Fortschritts, a. a. O., S. 336.

3) Zur Abgrenzung zwischen Rationalisierung und technischem Fortschritt vgl. auch Ott, E. A., Technischer Fortschritt, in: Handwörterbuch der Sozialwissenschaften, zugleich Neuauflage des Handbuches der Staatswissenschaften, 10. Band, Stuttgart-Tübingen 1959, S. 303.

4) Vgl. Frosi, G., Technischer Fortschritt als mikroökonomisches Problem, Bern und Stuttgart 1966, S. 32. In ähnlicher Weise äußert sich auch Ott, E. A., Technischer Fortschritt, a. a. O., S. 311: "Entweder werden durch die neuen Produkte die Produktionsanlagen zur Herstellung der alten Produkte vor der Zeit entwertet oder die neuen Produktionsverfahren zur Herstellung schon bekannter Produkte entthronen die alten Verfahren und entwerten damit die alten Produktionsanlagen. "

Technischer Fortschritt, der z. B. in Form verbesserter Materialeigenschaften oder günstigerer Fertigungstechnologien erreicht wurde, verändert zunächst nicht die Kosten- oder Ertragssituation bestimmter Kombinationsprozesse. Solange die Ergebnisse des technischen Fortschritts nicht bei einzelnen Anlagen realisiert sind und
sich diese Maßnahmen nicht in kostengünstigerer Fertigung oder
verbesserter Absatzwirksamkeit niedergeschlagen haben, ist ein für
das Konkurrenzverhältnis verschiedener Fertigungsanlagen relevanter wirtschaftlicher Verbrauch noch nicht eingetreten.

Kommt es jedoch zur Anwendung der Ergebnisse des technischen
Fortschritts bei Fertigungsanlagen konkurrierender Unternehmungen
so bedeutet diese Tatsache zunächst eine "reine relative Verschlech-
terung der Kostennützlichkeit und Minderung der wirtschaftlichen
Verwendungsfähigkeit im Betrieb befindlicher Anlagen, weshalb
sich deren Nutzungspotential in dem Maße verringert, wie die Kostennützlichkeit der neuen Anlagen steigt"[1]. Wenn sich zusätzlich
noch der technische Fortschritt in Erlösverschiebungen der Produkte auswirkt, ändert sich außerdem die Ertragssituation des vorhandenen Potentialfaktors Fertigungsanlage[2].

Durch diese Maßnahmen entsteht ein "wirtschaftlicher Verbrauch"
bei denjenigen Fertigungsanlagen, bei denen bisher keine Verbesse-
rungen infolge technischen Fortschritts vorgenommen wurden. Dieser wirtschaftliche Verbrauch führt zu einer deutlichen Einschrän-
kung der wirtschaftlichen Leistungserstellung im Vergleich zu den
konkurrierenden Fertigungsanlagen.

3. Die Erfolgswirksamkeit der Verbrauchsarten beim Potentialfaktor
   Fertigungsanlage

a) Maßnahmen als Folge des Potentialfaktorverbrauchs

Die Beschaffung und Nutzung von Fertigungsanlagen dient dem Zweck
durch ihren Einsatz im Kombinationsprozeß die Unternehmensziele
zu verwirklichen. Die Verwirklichung dieser Ziele setzt voraus,
daß die Fertigungsanlagen während der wirtschaftlichen Nutzungs-

---

1) Luke, W. R., Die Ermittlung kalkulatorischer Abschreibungen
   von Maschinen und maschinellen Anlagen, a. a. O., S. 75.
2) Vgl. Bruhn, E. -E., Die Bedeutung der Potentialfaktoren für die
   Unternehmenspolitik, a. a. O., S. 115.

dauer[1] ihr ursprünglich erwartetes und realisiertes qualitatives und quantitatives Leistungsvermögen beibehalten.

Durch die produktionsbedingte Inanspruchnahme wird die ursprüngliche stofflich-technische Beschaffenheit der Fertigungsanlagen im Zeitablauf beeinträchtigt, so daß ihre Leistungsfähigkeit gemindert wird. Die stofflich-technischen Veränderungen beziehen sich vor allem auf die zeitfesten Anlagenelemente, die im Zeitablauf unter Krafteinwirkung ihre Eignung ändern, bis die den ihnen ursprünglich zugedachten Zweck nicht mehr erfüllen.

Die betriebliche Praxis berücksichtigt dieses Wesensmerkmal der stofflich-technischen Veränderung, indem sie sich auf Maßnahmen einrichtet, die diesen Veränderungen entgegenwirken und zur Erhaltung der Leistungsfähigkeit der Fertigungsanlagen beitragen. Diese Maßnahmen werden unter dem Oberbegriff Instandhaltung zusammengefaßt. Hierzu gehören entsprechend dem jeweiligen Einwirkungsgrad die Instandhaltungsarten[2] Wartung, Inspektion und Instandsetzung.

Während bei Inspektionsmaßnahmen das technische Verbrauchsverhalten bestimmter Anlagenelemente festgestellt und betrachtet wird, werden mit der Wartung verschleißhemmende Maßnahmen vorgenommen. Die Instandsetzung umfaßt die ganze Spannweite von Reparaturen an Einzelelementen bis zum Austausch von ganzen Elementgruppen durch Reserveteile.

Die Nutzungsdauer von Fertigungsanlagen kann, würde man den wirtschaftlichen Verbrauch einmal außer acht lassen, bis ins unendliche verlängert werden, wenn man von der Annahme ausgeht, daß der

---

1) Zur Definition der wirtschaftlichen Nutzungsdauer Schneider, D., Die wirtschaftliche Nutzungsdauer von Anlagegütern als Bestimmungsgrund der Abschreibungen, Köln und Opladen 1961, S. 41: Unter der "wirtschaftlichen Nutzungsdauer als Grundlage der Abschreibungsermittlung im betrieblichen Rechnungswesen verstehen wir die gewinnmaximale Investitionsdauer einer Anlage".

2) Vgl. hierzu die Definition: "Instandhaltung bedeutet Planung, Durchführung und Kontrolle von Maßnahmen zur Sicherung, Wiederherstellung und Verbesserung der Funktionsfähigkeit der Anlagengegenstände, jeweils unter Berücksichtigung der Finanzsituation und der Marktlage". Arbeitskreis Instandhaltung der Schmalenbach-Gesellschaft, Instandhaltung - Ein Management-Problem -, Forschungsbericht Nr. 2383 des Landes Nordrhein-Westfalen, Köln 1974, S. 11. Ausführlich werden die einzelnen Maßnahmen auf S. 63 dieser Untersuchung erörtert.

infolge der produktionsbedingten Inanspruchnahme eingetretene technische Verbrauch durch Instandhaltungsmaßnahmen vermindert oder beseitigt wird[1]. Unter Berücksichtigung von Wirtschaftlichkeitsgesichtspunkten kann der eingetretene technische Verbrauch jedoch auch eine "identische Ersatzinvestition" des Potentialfaktors (z. B. bei einer Glühbirne) zur Folge haben, die schließlich zum Ende der Nutzungsdauer führt.

Neben der Veränderung der stofflich-technischen Beschaffenheit der Fertigungsanlagen kann sich zusätzlich ihr wirtschaftliches Leistungspotential im Zeitablauf verändern, indem sowohl Verschiebungen in der Absatzwirksamkeit der erzeugten Produktmengen als auch im Kostengüterverbrauchsverhalten der Fertigungsanlage eintreten. Durch Vergleich der Leistungspotentiale konkurrierender Fertigungsanlagen mit Fertigungsanlagen, die ihr ursprüngliches Leistungspotential beibehalten haben, werden Unterschiede festgestellt, die als "wirtschaftlicher Verbrauch" bezeichnet werden.

Der wirtschaftliche Verbrauch ist eine weitere Bestimmungsgröße, die die Nutzungsdauer auf einen endlichen Zeitraum begrenzt. Zur Abschätzung des wirtschaftlichen Verbrauchs kann nicht, wie beim technischen Verbrauch, eine eindeutig bestimmbare Vergleichsgröße herangezogen werden. Vielmehr hängt hier das Ausmaß des Verbrauchs einerseits vom ursprünglichen Verwendungszweck der Fertigungsanlage und andererseits von der Wahl des Vergleichsobjektes ab[2].

Durch die verminderte Konkurrenzfähigkeit der Fertigungsanlage, bei der wirtschaftlicher Verbrauch eingetreten ist, werden Maßnahmen ausgelöst, die dazu dienen, die zweckorientierte Nutzungsfähigkeit einer Fertigungsanlage bzw. eines Faktorkombinationsprozesses zu erhalten oder wieder herzustellen. Der Umfang dieser Maßnahmen richtet sich nach Art und Ausmaß des eingetretenen Verbrauchs. Sofern nur einzelne Elemente oder Elementgruppen vom wirtschaftlichen Verbrauch betroffen sind, kann "technischer Fortschritt" leicht in vorhandene Fertigungsanlagen integriert werden,

---

1) Vgl. zu dieser Meinung Schneider, D., Investition und Finanzierung, Köln und Opladen 1970, S. 233; vgl. Frischmuth, D., Daten als Grundlage für Investitionsentscheidungen, Berlin 1969, S. 232; vgl. Schulz-Mehrin, O., Die kalkulatorischen Posten (Abschreibung, Verzinsung, Unternehmerlohn, Wagnis) in der Kostenrechnung, Preiskalkulation und Erfolgsrechnung, Berlin 1943, S. 5.
2) Vgl. Schneider, E., Wirtschaftlichkeitsrechnung, 7. Aufl., Tübingen-Zürich 1968, S. 108.

indem durch den teilweisen Umbau der bestehenden Anlage die eingetretenen Veränderungen rückgängig gemacht werden[1].

Als Folge dieser Maßnahmen kann sowohl eine Kostensenkung wie eine Ertragssteigerung eintreten. Läßt sich die Anpassung an die veränderte Produktqualität und/oder das verbesserte Kostengüterverbrauchsverhalten konkurrierender Fertigungsanlagen nicht mehr allein durch Teilmaßnahmen bewerkstelligen, so muß die ursprüngliche Fertigungsanlage vollständig ersetzt werden[2]. (Ersatz- oder Erweiterungsmaßnahme)

b) Ökonomische Größen als Beurteilungsinstrument des Verbrauchs

Alle Maßnahmen, die zur Verminderung oder Beseitigung sowohl des technischen als auch des wirtschaftlichen Verbrauchs dienen, z.B. Instandhaltungsmaßnahmen, "identische" Ersatzmaßnahmen oder Ersatzmaßnahmen mit Modernisierungs- oder Rationalisierungswirkungen oder Erweiterungsmaßnahmen, können im weitesten Sinne als Investitionen bezeichnet werden.

"Investitionen wird regelmäßig definiert als die Umwandlung von Geld in Betriebsgüter"[3]. Hiermit ist die Bindung von Geld in Erz, Schrott, Fertigungsanlagen, Finanzanlagen etc. gemeint, wodurch eine bestimmte Leistungsbereitschaft geschaffen wird. Unterschiedlich ist bei den einzelnen Betriebsgütern die Kapitalbindungsdauer oder Umschlagdauer. Grundstücke haben eine Bindungsdauer bis zur Auflösung einer Unternehmung, bei Fertigungsanlagen kann sie bis zu 15 - 20 Jahren betragen, bei Rohstoffen kann sie bei ca. 3 - 6 Monaten liegen. Je nach Fertigungsprozeß kann die Bindungsdauer bei Reserveteilen wenige Monate oder auch Jahre betragen. Ähnliches gilt auch für die durch technischen und wirtschaftlichen Verbrauch ausgelösten Maßnahmen. Die Wirksamkeitsdauer von Instandhaltungsmaßnahmen kann bei Wartungs- und Inspektionsmaßnahmen nur wenige Tage oder Wochen betragen und bei Instandsetzungsmaßnahmen bis zu mehreren Jahren gehen. Rationalisierungs- oder Modernisierungsinvestitionen führen häufig zur Überprüfung der bisher

---

1) Eine verbesserte Materialqualität kann für ein Anlagenelement eine längere Lebensdauer und damit geringere Instandhaltungskosten/Periode bewirken. Diese Verbesserung kann sehr schnell in eine Fertigungsanlage eingebaut werden.
2) Die Vergrößerung des Gestelldurchmessers bei Hochöfen bewirkt eine Kostendegression. Die Realisierung ist nur über den Neubau der Gesamtanlage erreichbar.
3) Schneider, D., Investition und Finanzierung, a.a.O., S. 136.

festgelegten wirtschaftlichen Nutzungsdauer einer Fertigungsanlage
und wirken damit im allgemeinen über mehrere Jahre.

Die unterschiedlichen Maßnahmen zur Beseitigung des Verbrauchs
werden einerseits durchgeführt, um technischen oder wirtschaftlichen Verbrauch allein zu beseitigen. Andererseits können Maßnahmen durchgeführt werden, die gleichzeitig zur Beseitigung von technischem und wirtschaftlichem Verbrauch dienen (z. B. Großreparaturen[1]).

Infolge der unterschiedlichen Wirksamkeitsdauer der einzelnen Maßnahmen und ihrer fehlenden eindeutigen sachlichen Abgrenzung kann
eine wissenschaftlich fundierte Zuordnung der mit den ökonomischen
Auswirkungen der einzelnen Maßnahmen verbundenen Kostenarten
nicht vorgenommen werden. Zur Überbrückung dieser Schwierigkeiten schlägt Steffen[2] vor, den gesamten anlagenbezogenen Werteverzehr durch die geschlossene Kostenart Anlagenkosten zu berücksichtigen. Damit werden die Abgrenzungsprobleme, ob durch die
jeweilige Verbrauchsart ausgelöste Maßnahmen zu Abschreibungen
oder Instandhaltungskosten führen, vermieden. Steffen geht in seinen
Überlegungen davon aus, daß "ein Bezug auf die einzelnen Anlagenteile und ihre spezifischen (Haupt-)Verschleißeinflußgrößen genauere
Ergebnisse über die Kosten des Einsatzes betrieblicher Anlagen liefert"[3]. Für jedes Anlagenelement werden auf der Grundlage statistischer Lebensdauerverteilungen Aussagen über die voraussichtliche Nutzungsdauer gemacht. Beim Verlust der Funktionsfähigkeit
eines Anlageelementes wird dieses ersetzt. Im Sinne einer verursachungsgerechten Zuordnung der durch die Ersatzmaßnahme her-
vorgerufenen Ausgaben wird eine Verteilung dieser Ausgaben auf die
erwarteten Nutzungsperioden vorgenommen. Bei der ersten Inbe-
triebnahme einer Anlageneinheit ergibt sich jedoch die Schwierig-
keit, der "ersten Garnitur" von Anlageelementen verbrauchsgerechte
Verrechnungsbeträge zuzuordnen. Für diesen Zweck schlägt Steffen
vor, die Anschaffungsausgabe der Anlageneinheit im Verhältnis der
Wiederbeschaffungs- und Montageausgaben der Einzelelemente auf-

---

1) Großreparaturen sind Maßnahmen, die in der Regel sowohl zur
   Erhaltung als auch Modernisierung dienen.
2) Vgl. Steffen, R., Ermittlung von Anlagenkosten auf der Grundlage betriebswirtschaftlicher Instandhaltungsstrategien, in: ZwF,
   69. Jg. (1974), Heft 6, S. 305; hier führt Steffen im einzelnen aus:
   "Abschreibungen und Instandhaltungskosten werden für die einzelnen Anlagenteile zu einer geschlossenen Kostenart (Anlagenkosten) zusammengefaßt, die unter Berücksichtigung aller Teile
   den gesamten anlagenbezogenen Werteverzehr umfaßt. "
3) Steffen, R., a. a. O., S. 305.

48

zuteilen und auf die Perioden der ersten Nutzung zu verteilen[1]. Hierdurch entfällt die Ermittlung einer wirtschaftlichen Nutzungsdauer für die Anlageneinheit sowie die Berechnung von Periodenbezogenen Abschreibungen. Der Ersatz eines jeden Anlagenelements ist Ersatzinvestition und Instandhaltungsmaßnahme zugleich. Auf diese Weise gelingt es gedanklich, die Trennung von Instandhaltungskosten und Abschreibungen aufzuheben. Werden die periodischen Verrechnungsbeträge aller Einzelelemente über die Anlageneinheit aufsummiert, so ergeben sich periodische Anlagenkosten. Diese Anlagenkosten sind eine Mischung aus Kostenanteilen, die infolge der anteilig verrechneten Wiederbeschaffungsausgaben des Elementes den Abschreibungen entsprechen, und weiteren Kostenanteilen, die infolge der verrechneten Montageausgaben den Instandhaltungskosten entsprechen.

Auch Mahlert[2] kommt zu dem Ergebnis, daß die bisher übliche Trennung zwischen Abschreibungen und Instandhaltungskosten für eine entscheidungsorientierte Kostenrechnung nicht aussagefähig ist. Er vermeidet zwar bewußt die Einführung eines neuen Begriffs[3] (z.B. Anlagenkosten) indem er den Begriff der Abschreibung beibehält; die "Abschreibung" wird jedoch umdefiniert. Die Größen, die lt. Mahlert die Höhe dieser Abschreibungen bestimmen, sind "vor allem zusätzliche Zinsen als Kosten für die Vorverlegung des Ersatzzeitpunktes, Kosten für zusätzliche Reparatur- und Instandhaltungsmaßnahmen oder aber später entgangene Deckungsbeiträge"[4].

Für die folgenden Überlegungen wird als Grundlage der Begriff der Anlagenkosten, wie er von Steffen verwendet wird, gewählt. Die Anlagenkosten enthalten sowohl Kostenanteile, die auf die Anschaffungsausgabe einer Fertigungsanlage zurückgehen, als auch Kostenanteile infolge von Großreparaturen sowie Kostenanteile, die durch häufig wiederkehrende laufende Instandhaltungsmaßnahmen hervorgerufen werden.

---

1) Vgl. Steffen, R., a.a.O., S.305.
2) Vgl. Mahlert, A., Die Abschreibung in der entscheidungsorientierten Kostenrechnung, Beiträge zur Betriebswirtschaftlichen Forschung 33, Opladen 1976.
3) Mahlert, A., Die Abschreibungen in der entscheidungsorientierten Kostenrechnung, a.a.O., S.152: "Trotz aller Unterschiede zu den herkömmlichen Abschreibungsverfahren haben wir bewußt den Begriff "Abschreibung" beibehalten und nicht durch "Anlagenutzungskosten" oder etwas Ähnliches ersetzt".
4) Mahlert, A., Die Abschreibungen in der entscheidungsorientierten Kostenrechnung, a.a.O., S.150.

c) Die Aussagefähigkeit der "Anlagenkosten" im entscheidungsorientierten Rechnungswesen

Die Definition der Kostenart Anlagenkosten kann kein Selbstzweck
sein, sondern hat instrumentalen Charakter, insbesondere im Hinblick auf ein entscheidungsorientiertes Rechnungswesen. Die Eignung
der inhaltlichen Abgrenzung von "Anlagenkosten" für das entscheidungsorientierte Rechnungswesen kann nicht generell beurteilt werden, sondern nur in Bezug auf unterschiedliche Untersuchungszwecke.

So ist bei Investitionsüberlegungen für eine geplante Fertigungsanlage die Betrachtung des gesamten anlagenbezogenen Werteverzehrs
auf der Basis von Anlagenkosten sehr sinnvoll, da die einzelnen Maßnahmen: Neukonstruktion, Instandhaltungsmaßnahmen, Modernisierungsmaßnahmen, Ersatzmaßnahmen mit ihren jeweiligen Ausgaben
sehr starke Wechselbeziehungen aufweisen. Zeitliche Lage und Umfang der jeweiligen Maßnahmen bestimmen wesentlich die Vorteilhaftigkeit von alternativen Verwendungsmöglichkeiten des zu inve-
stierenden Kapitals. Die Interdependenzen zwischen den einzelnen
Maßnahmen, die bis zur Substitution von Maßnahmen während der
Herstellungsphase einerseits und der Nutzungsphase der Fertigungsanlage andererseits führen können, werden im einzelnen dargestellt.

Während der Konstruktions- und Herstellungsphase einer Fertigungsanlage sind alternative Maßnahmen möglich, die entweder die Anschaffungsausgabe (und damit den Abschreibungsausgangsbetrag)
oder aber die zukünftigen Instandhaltungsausgaben während der Nutzungsphase beeinflussen. Dieser Freiheitsraum entsteht bei der konstruktiven Gestaltung und Materialwahl der Einzelelemente. Bei der
Konstruktion von Anlageelementen gibt es keine Einzellösung im
Sinne einer Bestlösung, sondern eine Fülle von Lösungsmöglichkeiten
mit unterschiedlichen ökonomischen Auswirkungen[1]. Greift man

---

1) Vgl. Baumann, G. , Dahl, W. , Gieseking, W. R. , Schäfer, G. , Theis-
   sen, A. , Schenk, H. , Methodisches Berechnen der Stahlstrang-
   Gießanlagen, in: Stahl und Eisen, 95. Jg. (1975), S. 183 f. Im einzelnen wird ausgeführt: "Beim qualitativen Konstruieren wird von
   der Prinziplösung, die sich nach Abschluß der Aufgabenanalyse
   ergeben hat, ausgegangen. Dann werden die Gestaltungsmerkmale

z. B. die Möglichkeiten der Materialwahl heraus, so können vom Konstrukteur für ein Anlagenelement, das einer bestimmten Belastungsart unterliegen wird, Materialarten mit unterschiedlichen Qualitätsmerkmalen ausgewählt werden. Er kann eine Materialart mit niedriger Qualität und niedriger Anschaffungsausgabe wählen, die zu relativ geringen Abschreibungen führt. Hierbei wird ein höherer technischer Verbrauch und damit verbundenen höheren Instandhaltungskosten in Kauf genommen.

Andererseits kann der Konstrukteur Material mit höherer Qualität und entsprechend anderen ökonomischen Auswirkungen wählen. Beide Entscheidungsalternativen führen zunächst zu funktionsfähigen Fertigungsanlagen. Die Handlungsmöglichkeiten sind nicht nur auf die Materialart beschränkt, sondern können sich ebenso auf eine bessere konstruktive Gestaltung oder eine aufwendigere Entwicklungs- und Erprobungsarbeit beziehen[1].

In Abb. 3 sollen die ökonomischen Auswirkungen zweier Projekte mit unterschiedlichen Anschaffungsausgaben dargestellt werden.

Forts. Fußnote 1)
der Funktionsträger durch Variieren unter Berücksichtigung der Werkstoffe festgelegt. Damit können Teile, Teilgruppen und komplexere Systeme mit fertigungsgerechter, günstiger Gestalt erhalten werden. Beim Gestaltvariieren von Teilen, um konstruktive Bestlösungen zu finden, werden Form, Lage, Zahl und Abmessungen der sie begrenzenden Fläche geändert. Bei Teilegruppen werden zusätzlich die gegenseitige Verbindungsart (kraft- oder formschlüssig, fest oder beweglich) variiert. Im Falle einer beweglichen Verbindung muß noch die Art des Bewegens, die Kinematikart (gleitend und/oder wälzend) beurteilt werden. "

1) Vgl. hierzu Ullmann, A., Reliability and Maintenance, in: Preprints 1. Europäischer Kongreß Instandhaltung, Wiesbaden 1972, S. 43: "If we alternatively are prepared to spend a bit more on investment - für example on intelligent project work, suitable design, high class materiel, laboratory and prototype work, certain spare or stand-by gear, planning for maintenance and training, careful production and likewise careful technical control etc. - the operation and down time cost will be lower. "

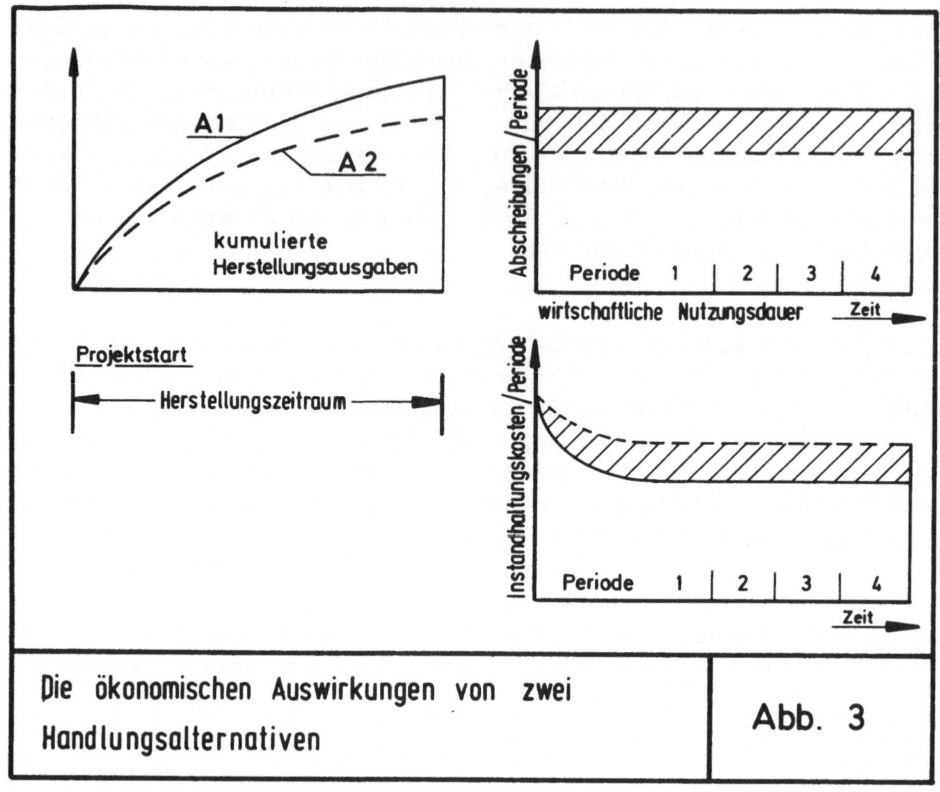

Die ökonomischen Auswirkungen von zwei Handlungsalternativen

Abb. 3

Die ökonomischen Auswirkungen der beiden Projekte werden durch je eine durchgezogene (Alternative A 1) und eine gestrichelte Linie (A 2) symbolisiert. Die kumulierten Herstellungsausgaben der Alternative A 1 führen zu höheren Anschaffungsausgaben gegenüber A 2. Hieraus folgen höhere Abschreibungen für A 1 und niedrigere Instandhaltungskosten. Beim Projekt A 2 verhält es sich umgekehrt. Der schraffierte Bereich gibt die Mehr- oder Minderkosten der jeweiligen Kostenart in den einzelnen Perioden wieder. Die engen Wechselbeziehungen zwischen Instandhaltungskosten und Abschreibungen, insbesondere ihre gegenseitigen Substituierungsmöglichkeiten, zeigen, daß die beiden Kostenarten teilweise auf gemeinsame Ursachen zurückzuführen sind. Es erscheint daher sinnvoll, beide Kostenarten zu Anlagenkosten zusammenzufassen. Insbesondere diejenigen Autoren[1], die eine degressive Abschreibung vertreten

---

1) Vgl. Kosiol, E., Anlagenrechnung, Wiesbaden 1955, S. 91; vgl. ferner Model, C., Instandhaltungsproportionale Abschreibung auf der Grundlage normativer Reparaturkostenfunktionen, in: Wissenschaftliche Zeitschrift der Technischen Universität Dresden, 23. Jg. (1 974), Heft 2, S. 314.

und den Instandhaltungskosten ein mit steigender Nutzungsdauer progressives Verhalten zuschreiben, begrüßen diese Zusammenfassung sehr, da sich im Zeitablauf beide Kostenverläufe zu weitgehend konstanten Anlagenkosten ergänzen würden. Im untersuchten Betrieb lagen bisher keine eindeutigen Anhaltspunkte darüber vor, daß die spezifischen Instandhaltungskosten mit steigendem Lebensalter der Fertigungsanlagen zunehmen. Dagegen ist häufig ein Kostenverlauf zu beobachten, der in der ersten Phase der Nutzungszeit durch Anfangsausfälle von Einzelelementen sehr hoch ist. Nach Beseitigung der Anfangsausfälle in den ersten 12 - 18 Monaten sinken die spezifischen Instandhlatungskosten und gehen im weiteren Verlauf der Nutzungszeit in eine ziemlich konstante Phase über.

Nicht nur bei längerfristigen Investitionsüberlegungen mit dem Zweck der Neubeschaffung einer Fertigungsanlage ist die zusammengefaßte Behandlung des gesamten anlagenbezogenen Werteverzehrs auf der Basis von Anlagenkosten sinnvoll. Auch bei bestimmten Maßnahmen, die während der Nutzungsphase durchgeführt werden und dazu dienen, eingetretenen anlagenbezogenen Werteverzehr zu beseitigen, ist die zusammengefaßte Betrachtung auf der Basis von Anlagekosten sinnvoll. So vor allem bei Großreparaturen, mit denen sowohl eingetretener technischer Verbrauch beseitigt wird als auch gleichzeitig die Ergebnisse des bis dahin erreichten technischen Fortschritts mitverarbeitet werden. Die Wirksamkeitsdauer dieser Großreparaturmaßnahmen erstreckt sich im allgemeinen über mehrere Jahre, so daß im Sinne einer verursachungsgerechten Zuordnung der Kosten die Frage entsteht, wie hoch der Anteil instandhaltungsspezifischer Maßnahmen einerseits und modernisierungsbedingter Maßnahmen andererseits ist. Die ökonomischen Auswirkungen beider Maßnahmenarten können nach wissenschaftlich fundierten Gesichtspunkten nicht getrennt werden, so daß hier die zusammengefaßte Berücksichtigung auf der Basis von Anlagekosten sinnvoll erscheint.

d) Die pragmatische Abgrenzung von Instandhaltungskosten und Abschreibung

Das in dieser Untersuchung verfolgte Ziel, ein Ermittlungsmodell zur kurzfristigen Planung und Kontrolle der Instandhaltungsleistungen auf der Basis von Plankosten zu entwickeln, macht es notwendig, die Verwendbarkeit der "Anlagenkosten" auch für die Zwecke der kurzfristigen Erfolgsrechnung und Instandhaltungsplanung zu prüfen. Hierbei sind insbesondere zwei Gesichtspunkte zu berücksichtigen:

1. Es hat sich als zweckmäßig erwiesen, den wirtschaftlichen Erfolg eines Unternehmens (und damit letztlich die Rentabilität des eingesetzten Kapitals) nicht erst am Endpunkt des Unternehmens, son-

dern in kürzeren Abständen zu ermitteln. Solange ein Unternehmen in bestimmter Mindestgröße existiert, ist Kapital in Fertigungsanlagen unterschiedlichen Alters gebunden; der Endpunkt des Unternehmens ist im allgemeinen unbekannt, so daß eine Gesamterfolgsrechnung - auch bei vollkommener Voraussicht der Zahlungsverläufe - unmöglich wird. Daher folgt die Notwendigkeit, "Zwischenrechnungen" für kürzere Zeitabstände (Perioden: z.B. Jahr oder Monat) aufzustellen. Eine Form sind kürzerfristige Periodenerfolgsrechnungen, bei denen auf Basis der monatlichen Kosten und Erlöse der Periodenerfolg zum aktuellen Preisniveau bestimmt wird.

Unter kurzfristigen Gesichtspunkten ist die Beurteilung der unterschiedlichen Maßnahmen, die dem anlagenbezogenen Werteverzehr entgegenwirken, auf der Basis der Anlagenkosten problematisch, da gewisse Bestandteile der Anlagenkosten für kurzfristige Entscheidungen als Datum behandelt werden können und andere Bestandteile von der jeweiligen Höhe kurzfristig variabler Einflußgrößen abhängen.

So sind die Abschreibungen, die als Äquivalent für den über einen langen Zeitraum eintretenden wirtschaftlichen und zeitbedingten technischen Verbrauch verrechnet werden, bei kurzfristigen Betrachtungen als konstant anzusetzen. Durch die mangelnde Quantifizierung des technischen Fortschritts als wesentliche Ursache des wirtschaftlichen Verbrauchs kann eine periodenbezogene verursachungsgerechte Bemessung der Abschreibungen nicht vorgenommen werden. Leichter sind für einen größeren Zeitraum gewisse Entwicklungseckpunkte des technischen Fortschritts abzuschätzen, ohne eine direkte periodische Zuordnung vorzunehmen[1]. Schneider[2] schlägt daher vor, die Suche nach einem verursachungsgerechten Abschreibungsverfahren aufzugeben und durch eine gleichmäßige Verteilung der Anschaffungsausgaben auf die Nutzungsjahre den wirtschaftlichen Verbrauch in der Periodenerfolgsrechnung zu berücksichtigen.

Die Höhe der periodischen Instandhaltungskosten hängt dagegen wesentlich vom kurzfristigen Verhalten verschiedener Einflußgrößen

---

1) Vgl. Schneider, D., Investition und Finanzierung, a.a.O., S.236: "Es gibt z.B. Bereiche in der chemischen Industrie, in denen man heute weiß, in fünf Jahren sind die jetzt laufenden Anlagen und Verfahren technisch überholt."
2) Vgl. Schneider, D., Abschreibungsverfahren und Grundsätze ordnungsgemäßer Buchführung, in: Die Wirtschaftsprüfung, 27.Jg. (1974), Nr.14, S.374; vgl. ferner Schneider, D., Das Problem der risikobedingten Anlagenabschreibung, in: Die Wirtschaftsprüfung, 27.Jg. (1974), Heft 15, S.405.

ab. So beeinflußt z. B. die kurzfristig variierende produktionsbedingte Inanspruchnahme der Fertigungsanlagen einen Teil des periodischen Bedarfs an Instandhaltungsleistungen. Bei der Deckung des Instandhaltungsbedarfs durch die Instandhaltungsbetriebe ergeben sich Handlungsalternativen zwischen eigener Durchführung oder Fremdbezug von Instandhaltungsleistungen. Die Wahl zwischen Eigenleistung oder Fremdbezug kann die Höhe der periodischen Instandhaltungsleistungen wesentlich beeinflussen. Für den Nachweis der Erfolgsquellen mit Hilfe einer aussagefähigen Periodenerfolgsrechnung ist es daher notwendig, die ökonomischen Auswirkungen der kurzfristig variierenden Einflußgrößen differenziert zu zeigen.

2. Der zweite Gesichtspunkt für eine pragmatische Differenzierung der Anlagenkosten unter kurzfristigen Aspekten liegt darin, daß für die Teilbetriebe im Unternehmen, mit deren Hilfe die kurzfristig variierenden Maßnahmen zur Verminderung oder Beseitigung von Teilen des anlagenbezogenen Verbrauchs vorgenommen werden, Steuerungsgrößen benötigt werden. Auf der Basis der Instandhaltungskosten sollen Planung und Kontrolle der Instandhaltungsleistungen, u. a. die kurzfristige Anpassung der Instandhaltungskapazität an Bedarfsschwankungen der Fertigungsanlagen, ermöglicht werden.

Trotz der eingangs festgestellten Tatsache, daß eine wissenschaftlich fundierte Zuordnung von ökonomischen Auswirkungen zu den beiden Verbrauchsarten: technischer und wirtschaftlicher Verbrauch, nicht möglich und für langfristige Überlegungen auch nicht sinnvoll ist, erscheint es insbesondere für die Zwecke der kurzfristigen Erfolgsrechnung und der Instandhaltungsplanung, erforderlich, eine pragmatische Trennung in Abschreibungen und Instandhaltungskosten vorzunehmen.

e) Abgrenzungskriterien zwischen Abschreibungs- und Instandhaltungskosten

Für die pragmatische Abgrenzung von Abschreibungskosten gegenüber Instandhaltungskosten soll zunächst die Anlageneinheit definiert werden, auf die sich diese Kostenarten beziehen sollen. Schulz[1] bezeichnet als Anlageneinheit diejenige produktionstechnische Einheit, die zur Erzeugung selbständig bewertbarer Leistungen dienen

---

1) Vgl. Schulz, C. -E., Die Anlageneinheit, Grundsätze zur Unterscheidung zwischen aktivierungs- und nicht aktivierungspflichtigem Aufwand, in: Die Wirtschaftsprüfung, 4. Jg. (1951), S. 338.

kann. In diesem Sinne bildet der Potentialfaktor Fertigungsanlage,
d. h. der Hochofen, das LD-Stahlwerk oder die Stranggießanlage,
eine Anlageneinheit.

Die Anlagenkosten werden in der Weise aufgeteilt, daß derjenige
Anteil, der auf die Anschaffungsausgabe der Anlageneinheit zurück-
geht, als Abschreibungskosten angesehen werden. Alle Maßnahmen,
die dagegen während der Nutzungsphase vom Instandhaltungsbetrieb
erbracht werden, führen zu Instandhaltungskosten. Hierzu zählen
die erhaltenden Maßnahmen ebenso, wie die vielen kleinen Verbes-
serungsmaßnahmen, die laufend an einer Anlage vorgenommen werden[1].

Steffen[2] wählt das einzelne Anlagenteil als Bezugseinheit für die
Anlagenkosten. Hierbei geht er von der Annahme aus, daß teilebe-
zogen genauere Aussagen über die voraussichtliche Nutzungsdauer
gemacht werden können. Die Anlagenkosten der Fertigungsanlage
werden durch Summierung der teilebezogenen Anlagenkosten ermittelt. Auch die teilebezogenen Anlagenkosten beinhalten Kostenanteile, die den Abschreibungen und den Instandhaltungskosten entsprechen.

Je nach Größe der abgegrenzten Anlageneinheit verschiebt sich innerhalb der Anlagenkosten der Anteil der Abschreibungen gegenüber
demjenigen der Instandhaltungskosten. Wenn z. B. in einem Walzwerk ein Antriebsmotor als Anlageneinheit definiert wird, ist beim
Austausch dieser Einheit die Anschaffungsausgabe und die daraus
resultierende Abschreibung höher als der Instandhaltungskostenan-
teil, der sich lt. Steffen[3] im wesentlichen aus den mit dem Austausch verbundenen Montagekosten zusammensetzt.

Wenn dagegen das gesamte Walzwerk als Anlageneinheit betrachtet
wird, sind die mit dem Austausch des Motors verbundenen Kosten

---

1) Z. B. die Verbesserung der Materialqualität eines Reserveteils
   zur Erhöhung der Lebensdauer. Diese Maßnahmen gehören auch
   zur Instandhaltung gemäß der Begriffsdefinition des Arbeitskreises Anlagenwirtschaft der Schmalenbach-Gesellschaft. Siehe S. 45
   dieser Untersuchung, Fußnote 2.
2) Vgl. Steffen, R. , Ermittlung von Anlagekosten auf der Grundlage
   betriebswirtschaftlicher Instandhaltungsstrategien, a. a. O., S. 304:
   "Betriebliche Anlagen sollen also nicht mehr als komplexe Einheit, als eine Produktionsfaktorart in den Planungsansatz eingehen. Es wird auf die einzelnen Anlagenteile und deren Ausfall-
   verhalten zurückgegriffen. "
3) Vgl. Steffen, R. , a. a. O. , S. 305.

Instandhaltungskosten. Die Anschaffungsausgabe des Antriebsmotors
führt nicht zu Abschreibungen sondern zu Reserveteilkosten, die
Bestandteil der Instandhaltungskosten sind. Auch "technischer Fortschritt" läßt sich im Zusammenhang mit Instandhaltungsmaßnahmen,
sofern nur Anlagenteile davon berührt werden, in die Fertigungsanlage integrieren. Diese in kleinen Schritten sukzessive Einbaufähig-
keit des "technischen Fortschritts" wird letztlich dadurch begrenzt,
daß dieser "technische Fortschritt" einen Umfang erreicht hat, der
zu einer vollständig neuen Lösung der ursprünglichen Produktions-
aufgabe führt, z. B. wenn ein Siemens-Martin-Ofen durch einen LD-
Konverter, eine Blockbrammenstraße durch eine Stranggießanlage
oder mehrere kleine Hochöfen durch einen Großhochofen ersetzt
werden.

Im allgemeinen geht man in der Kostenrechnung der Eisen- und
Stahlindustrie von der Anlageneinheit im Sinne des LD-Stahlwerks,
des Elektrostahlwerks, einer Walzstraße u. ä. aus. Diese Abgrenzung liegt auch dieser Untersuchung zugrunde. So zählen z. B. zum
Walzwerk als Anlageneinheit der Tief- bzw. Stoßofen, die Vor- und
Fertigstraßen, die Haspel oder die anschließenden Kühlbetten sowie
die betriebsnotwendigen Hallen und Gebäude. Die theoretisch denk-
bare teilebezogene Abgrenzung der Anlageneinheit bei Steffen stößt
in der betrieblichen Praxis wegen der Vielzahl der Anlagenelemente
einer Fertigungsanlage bzw. eines gesamten Unternehmens gegenwärtig noch auf nicht lösbare Probleme der Informationsbeschaffung
und -verarbeitung.

Solange eine Anlageneinheit mit ihren ursprünglichen Merkmalen der
Kapazität und des spezifischen Verbrauchsverhaltens erhalten bleibt,
wird die Abgrenzung von Abschreibungskosten und Instandhaltungskosten in der folgenden Weise vorgenommen: Die Anschaffungsausgabe ist der Ausgangsbetrag für die Abschreibung. Die Instandhaltungskosten resultieren aus Maßnahmen, die während der Nutzungsphase zur Beseitigung technischer und wirtschaftlicher Verbrauchserscheinungen vom Instandhaltungsbetrieb erbracht werden.

Als Grenzfälle sind in diesem Zusammenhang Maßnahmen anzusehen, die durch den Umfang der Veränderungen die produktionstechnischen Eigenarten einer Fertigungsanlage wie Kapazität, Elastizität, Kostengüterverbrauchsverhalten und ursprünglich festgelegte
wirtschaftliche Nutzungsdauer nachhaltig beeinflussen[1]. Hierzu ge-

---

1) Zu den produktionstechnischen Eigenarten einer Fertigungsanlage
   vgl. Männel, W., Anlagen und Anlagenwirtschaft, in: Handwörterbuch der Betriebswirtschaftslehre, hrsg. von Grochla, E.,
   4. Auflage, Stuttgart 1975, S. 139.

hören z. B. Großreparaturen oder umfassende Modernisierungsmaßnahmen an einer Fertigungsanlage. In diesen Fällen muß die inhaltliche Abgrenzung der ursprünglichen Anlageneinheit neu vorgenommen werden. Im allgemeinen werden wesentliche Teile der Ausgaben infolge von Großreparaturen o. ä. aktiviert, so daß der Abschreibungsausgangsbetrag verändert wird.

Neben der Anlageneinheit wird als zweites Abgrenzungskriterium
die Periodizität bzw. Wirksamkeitsdauer der einzelnen Maßnahmen
gewählt. Diese Wirksamkeitsdauer kann zwischen der wirtschaftlichen Nutzungsdauer einer Anlageneinheit (z. B. 10 Jahre) und der
Wirksamkeitsdauer einer Wartungsmaßnahme (z. B. im Abstand von
3 Tagen) liegen.

Die Beschaffung einer Anlageneinheit erfolgt im allgemeinen für einen längerfristigen Zeitraum. Für eine aussagefähige kurzfristige
Periodenerfolgsrechnung werden den einzelnen Perioden Abschreibungen in Abhängigkeit der Anschaffungsausgabe und der geschätzten
wirtschaftlichen Nutzungsdauer zugerechnet. Unterliegt die Anlageneinheit in erster Linie dem wirtschaftlichen Verbrauch bedingt durch
technischen Fortschritt und daneben einem variablen technischen
Verbrauch infolge produktionsbedingter und zeitlicher Inanspruchnahme, so entsprechen die beiden Verbrauchsarten ziemlich eng
den Abschreibungen und Instandhaltungskosten. Die Abschreibungen
werden in diesem Fall durch eine über weite Zeiträume konstante
Rate berücksichtigt, die innerhalb der kurzfristigen Erfolgsrechnung
als Datum behandelt werden kann. Die Höhe der Instandhaltungskosten wird von der Höhe der variablen Einflußgrößen abhängig gemacht.

Unterliegt die Anlageneinheit dagegen vor allem dem technischen
Verbrauch (z. B. bei einem Auto, das in zwei Jahren 100.000 km
gefahren wird), so kann sich der Abschreibungsverlauf auch an der
Inanspruchnahme orientieren; denn für die Abschätzung des Restnutzungswertes am Ende eines jeden Jahres ist es nicht unwichtig,
ob im ersten Jahr 80.000 km und im zweiten Jahr 20.000 km oder
umgekehrt gefahren worden sind.

Alle Maßnahmen, die während der Nutzungsphase der Anlageeinheit
durchgeführt werden und die ursprünglichen Merkmale der Anlageneinheit nicht wesentlich ändern, werden als Instandhaltungsmaßnahmen bezeichnet. Diese Instandhaltungsmaßnahmen werden vom Instandhaltungsbetrieb erbracht bzw. bei Fremdleistungen disponiert.
Die Wirksamkeitsdauer kann einperiodisch oder mehrperiodisch (bis

zu mehreren Jahren) sein[1]. Bei einperiodisch wirkenden Instandhaltungsmaßnahmen sind die Instandhaltungsausgaben einer Periode
gleich den Kosten der Periode. Bei mehrperiodisch wirkenden Maßnahmen kann die Instandhaltungsausgabe ratierlich oder entsprechend
dem Verbrauchsverhalten verrechnet werden.

Kosiol[2] bezeichnet die mehrperiodisch wirkenden Instandhaltungsmaßnahmen als langfristige Instandhaltungsmaßnahmen. Zur Verrechnungsmethode vertritt er die Auffassung, die ökonomischen Auswirkungen langfristiger Instandhaltungsmaßnahmen von vornherein
während der ganzen Nutzungsdauer in die Abschreibungssumme aufzunehmen. Die Auffassung beeinträchtigt nicht die Aussagefähigkeit
der kurzfristigen Erfolgsrechnung und ist für diesen Zweck zutreffend. Verfolgt man jedoch zusätzlich das Ziel, eine Bedarfsermittlung von Instandhaltungsleistungen aus der Sicht der Fertigungsanlagen auf der Basis von geplanten Instandhaltungskosten vorzunehmen, so ist die verrechnungstechnische Vermischung von Kostenanteilen, die auf die Anschaffungsausgabe und Kostenanteilen, die auf
mehrperiodisch wirkende Instandhaltungsmaßnahmen zurückgehen,
von Nachteil.

Durch die Vielzahl der Instandhaltungsmaßnahmen, deren Wirksamkeitsdauer sich z. B. auf 2, 3 oder 5 Monate erstreckt, wird aus
Wirtschaftlichkeitsgründen von der Verteilung der jeweiligen Instandhaltungsausgaben abgesehen, weil ein Ausgleichseffekt - zumindest in größeren Instandhaltungsbetrieben - insofern eintritt,
als in jedem Monat an verschiedenen Anlagen Maßnahmen mit den
genannten Wirksamkeitsdauern vorgenommen werden. Der gleiche
Ausgleichseffekt findet innerhalb einzelner Anlageneinheiten statt,
wenn eine Vielzahl ähnlicher Anlagenelemente vorhanden ist wie z. B.
bei den einzelnen Rollen der Rollgänge in einer Walzenstraße. Hier
werden z. B. aus der Gesamtzahl von 100 Rollen einer Walzenstraße
jeden Monat 20 Rollen ersetzt, so daß im Durchschnitt eine Rolle
5 Monate hält.

Für die Aussagefähigkeit der kurzfristigen Periodenerfolgsrechnung
wird eine pragmatische Grenze bei der Wirksamkeitsdauer von 6 Monaten gezogen. Bei allen Maßnahmen, die sich in einem Zyklus von
6 und mehr Monaten wiederholen, wird vorgeschlagen, die Wirksamkeitsdauer vorauszuschätzen und die jeweiligen Ausgaben über
die gesamte Wirksamkeitsdauer in Form einer monatlichen Rate zu

---

1) Im empirischen Teil der Untersuchung vgl. S. 112 ff. wird die
   Wirksamkeitsdauer der einzelnen Instandhaltungsarten Wartung,
   Inspektion und Instandsetzung ausführlich untersucht.
2) Vgl. Kosiol, E., Anlagenrechnung, a. a. O., S. 86.

verrechnen. Bei allen anderen Maßnahmen (Wirksamkeitsdauer kleiner 6 Monate) sind die Ausgaben der Einzelmaßnahmen gleich den Instandhaltungskosten der jeweiligen Durchführungsperiode.

Zusammenfassend kann thesenartig folgendes festgestellt werden:

- Alle Maßnahmen, die dem anlagenbezogenen Werteverzehr, d. h. dem technischen und wirtschaftlichen Verbrauch, entgegenwirken, werden im weitesten Sinn als Investition bezeichnet. Die Wirksamkeitsdauer dieser Maßnahmen kann sich auf eine unterschiedliche Anzahl von Perioden erstrecken.

- Die ökonomischen Auswirkungen des anlagenbezogenen Werteverzehrs, d. h. des technischen und wirtschaftlichen Verbrauchs, werden als Anlagenkosten zusammengefaßt. Die Berücksichtigung des gesamten anlagenbezogenen Werteverzehrs durch die Anlagenkosten trägt den zahlreichen Interdependenzen zwischen den Verbrauchsarten, ihren Ursachen und den Maßnahmen zu ihrer Beseitigung Rechnung. Diese Wechselbeziehungen rechtfertigen die zusammengefaßte Betrachtung beider Verbrauchsarten auf der Basis der Anlagenkosten für langfristige anlagenbezogene Überlegungen.

  Eine wissenschaftlichfundierte Trennung von Abschreibungen und Instandhaltungskosten als Folge der jeweiligen Verbrauchsarten ist nicht möglich.

- Für Zwecke der kurzfristigen Periodenerfolgsrechnung und der Instandhaltungsplanung auf der Basis von Plankosten reicht die zusammengefaßte Berücksichtigung des anlagenbezogenen Werteverzehrs auf der Grundlage der Anlagenkosten nicht aus, da diejenigen Kostenanteile, die auf die Anschaffungsausgabe zurückgehen, im Rahmen kurzfristiger Überlegungen als Datum behandelt werden können. Die verbleibenden Teile der Anlagenkosten - die Instandhaltungskosten - hängen dagegen von kurzfristig variablen Einflußgrößen wie z. B. der produktionsbedingten Inanspruchnahme der Fertigungsanlagen oder der Substitution von Eigen- und Fremdleistung im Instandhaltungsbetrieb ab.

- Daher wird eine pragmatische Aufteilung der Anlagenkosten in Abschreibungskosten und Instandhaltungskosten vorgenommen.

Als Abschreibungskosten werden alle Kosten angesehen, die auf der Basis der Anschaffungsausgabe den Perioden zugerechnet werden.

Alle Maßnahmen während der Nutzungsphase der Fertigungsanlage, die zur Erhaltung und sukkzessiven Modernisierung der Fertigungsanlage dienen, ohne die ursprünglichen Merkmale einer Anlage wie z. B. Kapazität, Elastizität oder Kostengüterverbrauchsverhalten nachhaltig zu verändern, führen zu Instandhaltungskosten.

Den Grenzfall bilden Großreparaturen, die diese ursprünglichen Merkmale verändern. Sie führen zu einer neuen Abgrenzung der Fertigungsanlage als Anlageneinheit und werden daher aktiviert und als Abschreibung den einzelnen Folgeperioden verursachungsgerecht zugerechnet.

- Abgrenzungskriterien für die Trennung von Abschreibungen und Instandhaltungskosten sind

  - die gewählte Abgrenzung der Anlageneinheit und
  - die Wirksamkeitsdauer der Maßnahmen.

  Je nach Definition der Anlageneinheit (z. B. anlagenbezogen oder anlagenteilebezogen) verschiebt sich der Umfang der Abschreibungs- und Instandhaltungskostenanteile. In dieser Untersuchung wird als Anlageneinheit das Walzwerk, das LD-Stahlwerk u. ä. bezeichnet.

- Für die ausreichende Aussagefähigkeit der kurzfristigen Periodenerfolgsrechnung werden entsprechend der Wirksamkeitsdauer (Periodizität) der einzelnen Maßnahmen die jeweiligen Ausgaben den Perioden zugerechnet:

  = Anschaffungsausgabe der Anlageneinheit führt zu Abschreibungen.
  = Instandhaltungsausgaben für alle Maßnahmen mit längstens sechsmonatiger Wirksamkeitsdauer führen zu Instandhaltungskosten in dem Monat, in dem sie durchgeführt werden.
  = Instandhaltungsausgaben für Maßnahmen mit einer Wirksamkeitsdauer von mehr als sechs Monaten werden in monatlichen Instandhaltungsraten den Perioden der Wirksamkeit zugerechnet.

- Für Zwecke der Instandhaltungsplanung sollen alle Instandhaltungsmaßnahmen ungeachtet der Wirksamkeitsdauer zu Instandhaltungskosten führen. Diese Instandhaltungskosten beruhen auf Maßnahmen, deren Ausgaben gleich den Kosten der Durchführungsperiode sind und anderen Maßnahmen, deren Ausgaben in Form von Instandhaltungsraten den einzelnen Perioden der Wirksamkeitsdauer zugerechnet werden.

C. Die Gestaltungsfunktion der Kostentheorie hinsichtlich der Instandhaltungskosten

Die Gestaltungsfunktion der Kostentheorie umfaßt die Umsetzung erklärungstheoretischer Erkenntnisse auf reale betriebliche Tatbestände. Quantitative Hilfsmittel, z. B. funktionale Zusammenhänge, sollen dazu verhelfen, die Beurteilung alternativer Vorgehensweisen zur Erreichung eines bestimmten Zieles zu verbessern.

Als Ergebnis der vorangegangenen Diskussion kann festgehalten werden, daß für die Zwecke der kurzfristigen Erfolgsrechnung und der Instandhaltungsplanung eine pragmatische Trennung der Anlagenkosten in Abschreibungen und Instandhaltungskosten notwendig ist. Ein wesentlicher Grund liegt darin, daß die Abschreibungen für kurzfristige Überlegungen überwiegend als Datum behandelt werden können. Die Instandhaltungskosten sind dagegen von kurzfristig variablen Einflußgrößen abhängig wie z. B. von der produktionsbedingten Inanspruchnahme der Fertigungsanlagen oder der Disposition der Personalkapazität in den Instandhaltungsbetrieben. Durch die kurzfristig variablen Einflüsse auf die Höhe der Instandhaltungskosten muß für kurzfristige Erfolgsrechnungen dieser Kostenartengruppe besondere Aufmerksamkeit geschenkt werden.

Daher sollen in dieser Untersuchung insbesondere Möglichkeiten aufgezeigt werden, die Einflußgrößenstruktur auf die Höhe der Instandhaltungskosten durch quantitative Beziehungen abzubilden und in einem Rechenmodell zur Planung und Kontrolle der Instandhaltungsleistungen auf der Basis von Plankosten zu erfassen. Mit dem Rechenmodell soll der Instandhaltungsleitung ein Instrument zur Steuerung der Instandhaltungsbetriebe geschaffen werden. Darüber hinaus wird durch die verbesserte Planung der originären Instandhaltungskosten in den Instandhaltungsbetrieben und der bedarfsorientierten Planung der "verrechneten Instandhaltungskosten" aus der Sicht der Hauptbetriebe die Aussagefähigkeit der kurzfristigen Erfolgsrechnung der Hauptbetriebe erhöht.

Für den Aufbau eines Rechenmodells zur Planung und Kontrolle der Instandhaltungskosten wird zwischen der Bedarfsermittlung der Instandhaltungsleistungen für die Fertigungsanlagen und der Bedarfsdeckung durch die Instandhaltungsbetriebe unterschieden. Durch diese getrennte Behandlung können die verschiedenartigen Einflüsse auf die Höhe der Instandhaltungskosten, wie z. B. die wechselnde produktionsbedingte Inanspruchnahme der Fertigungsanlagen oder Veränderungen im Verhältnis zwischen Eigen- und Fremdleistung der Instandhaltungsbetriebe, berücksichtigt werden.

Die Überlegungen zum Aufbau des Rechenmodells basieren auf empirischen Untersuchungen und zahlreichen Diskussiônen in verschiedenen Unternehmen der Eisenhüttenindustrie. Die empirischen Untersuchungen beziehen sich in erster Linie auf die vorgesehenen Methoden zur Bedarfsermittlung. Für ein Funktionensystem zur Steuerung der Bedarfsdeckung durch den Instandhaltungsbetrieb wurde ein Konzept erarbeitet. Das methodische Vorgehen für den Aufbau und die Anwendungsmöglichkeiten hat allgemeingültigen Charakter. Die betriebsspezifisch ermittelten Funktionen und Daten sind in ihrer Gültigkeit auf den individuellen Erhebungsbereich beschränkt.

Zur Beurteilung der Möglichkeiten und Grenzen des vorgesehenen Rechenmodells wird zunächst eine in theoretischen Untersuchungen häufig dargestellte Methode zur Planung und Kontrolle der Instandhaltungskosten diskutiert, die sich am Anlagenelement und den entsprechenden Einzelinstandhaltungsmaßnahmen orientiert. Die Verwendbarkeit dieser Methode in der betrieblichen Praxis wird unter dem Gesichtspunkt der gegenwärtigen Quantifizierungs- und Vorhersagemöglichkeiten der erforderlichen Maßgrößen geprüft.

Der Vergleich zwischen dem theoretisch wünschenswerten Vorgehen einerseits und der in der betrieblichen Wirklichkeit realisierbaren Verfahrensweise andererseits führen zu dem hier formulierten Rechenmodell, in dem die Probleme der Informationsbeschaffung und -verarbeitung berücksichtigt werden.

1. Die Struktur der Instandhaltungskosten

Durch die produktionsbedingte Inanspruchnahme der Fertigungsanlagen wird die stofflich-technische Beschaffenheit der Fertigungsanlagen im Zeitablauf beeinträchtigt. Dadurch wird ihre Leistungsfähigkeit gemindert. In der betrieblichen Praxis werden verschiedene Maßnahmen ergriffen, um derartigen Leistungsänderungen entgegenzuwirken und die Funktionsfähigkeit der Fertigungsanlagen möglichst weitgehend zu erhalten. Diese Maßnahmen werden unter dem Oberbegriff Instandhaltung zusammengefaßt. Instandhaltungsmaßnahmen werden im Rahmen von Einzelaufträgen durchgeführt, die entsprechend der Vielfalt der instandzuerhaltenden Anlagenelemente sehr unterschiedlichen Inhalt haben können. Dennoch lassen sich die Aufträge nach einigen typischen Merkmalen in "Auftragsgruppen" klassifizieren. Die Instandhaltung als Oberbegriff wird in Anlehnung an die Auffassung des Arbeitskreises Instandhaltung der Schmalenbachgesellschaft definiert[1].

---

1) Vgl. S. 45 dieser Untersuchung.

Entsprechend dem unterschiedlichen Einwirkungsgrad der Einzelmaßnahmen auf die Fertigungsanlage werden üblicherweise die Instandhaltungsarten Wartung, Inspektion und Instandsetzung unterschieden. Diese Maßnahmen dienen im weitesten Sinne zur Erhaltung der Fertigungsanlagen[1]. Daneben gibt es innerhalb der Instandhaltung eine Verbesserungsaufgabe. Sie erstreckt sich auf den Umbau und Ersatz von Elementen der Anlagengegenstände zum Zwecke
der leichteren Wartung und Handhabung sowie Erhöhung der Unfall-
sicherheit bis hin zur Verbesserung der Leistungsdaten einer Fertigungsanlage. Diese Maßnahmen resultieren aus der Tatsache, daß
jedes Element oder jede Elementkombination eine konstruktive oder
technologische Rationalisierungsreserve enthält. Die Verbesserungsaufgabe der Instandhaltung besteht darin, diese Reserven of-
fenzulegen und nutzbar zu machen. Auf der Grundlage der Schwach-
stellenanalysen[2] werden Einzelaufgaben formuliert und von Kon-
struktionsabteilungen durchgeführt. Diese Abteilungen haben im Or-
ganisationsgefüge der Instandhaltungsbetriebe Stabsstellenfunktio-
nen[3].

Im Mittelpunkt dieser Untersuchung stehen jedoch die Erhaltungs-
aufgaben der Instandhaltung. Die einzelnen Instandhaltungsarten
Wartung, Inspektion und Instandsetzung umfassen folgende Leistungen:

1. Wartung: Sie bedeutet die regelmäßige Pflege von Anlageneinheiten zur Erhaltung der Funktion und Minde-
rung der Abnutzung, z. B. das Nachstellen von
Schrauben und Verbindungen mit mitgeführtem
Werkzeug und das Nachfüllen von Schmierstoffen
des Instandhaltungsbetriebes ohne anschließende
Instandsetzung.

---

1) Vgl. in diesem Zusammenhang auch Männel, W., Wirtschaftlichkeitsfragen der Anlagenerhaltung, a. a. O., S. 39. Er ordnet die
Wartung und Inspektion den verschleißhemmenden und die Instandsetzung den verschleißbeseitigenden Maßnahmen zu.
2) Zu den Möglichkeiten der Schwachstellenanalyse vgl. Voigt, J. -P.,
Erfassung, Auswertung und Nutzung von Schadensdaten in der Ei-
sen- und Stahlindustrie, a. a. O., S. 58 ff.
3) Vgl. Faller, S., Die Eingliederung der Instandhaltung in die Unternehmensorganisation, in: Instandhaltung, Partner der Produktion, Stuttgart 1973, S. 4/7.

2. Inspektion: Sie bedeutet regelmäßige Überprüfung von Zustand und Funktion eines Anlagenteils. Bei Abweichungen vom Soll wird durch Meldung die Instandsetzung ausgelöst, durch die der geforderte Sollzustand wieder hergestellt werden soll.

3. Instandsetzung: Sie umfaßt Instandsetzungs- und Überholungsarbeiten zur Erneuerung von Anlagenteilen und Demontage, Grundüberholung und Funktionsabnahme von Anlagengruppen oder kompletten Anlagengegenständen. Diese Arbeiten können sowohl im Rahmen einer störungsbedingten als auch einer geplanten Maßnahme durchgeführt werden.

Entsprechend dieser Maßnahmendifferenzierung wird zwischen Wartungs-, Inspektions- und Instandsetzungskosten unterschieden, die sich wiederum aus Reparaturbetriebskosten, auftragsspezifischen Hilfs- und Betriebsstoffkosten und auftragsspezifischen Reserveteilkosten zusammensetzen können.

Reparaturbetriebskosten entstehen aus Instandhaltungsleistungen eigener Hilfsbetriebe, wie z. B. Maschinen-, Elektro- und Baubetriebe und unternehmensfremder Betriebe. Für diese Kostenart können die Verbrauchsgütermengen und die zugehörigen Preise getrennt erfaßt werden. Die Instandhaltungsstunde als Mengenkomponente wird in der Regel gleichzeitig als Maßgröße für die Leistung des jeweiligen Instandhaltungsbetriebes verwendet. Der Bewertungsfaktor für diese Maßgröße ist ein Verrechnungspreis, der originäre Mengen- und Preiselemente zusammenfaßt. Er enthält neben den Lohnkosten und lohnverbundenen Kosten zusätzlich z. B. anteilige Energie- und Werkzeugkosten sowie sonstige Gemeinkostenelemente, die nicht auftragsspezifisch sind.

Auftragsspezifische Hilfs- und Betriebsstoffe und Reserveteile gehören zum Leistungsinhalt einer bestimmten Instandhaltungsmaßnahme. Die Verbräuche führen zu auftragsspezifischen Einzelkosten. Bei der Vielzahl der heterogenen Verbrauchsgüter ist die periodische Planung in einzelnen Mengen- und Preisbestandteilen nicht praktikabel. Es wird daher eine bei diesen Kostenarten allgemein übliche Planung auf der Grundlage durchschnittlicher periodischer Kostengrößen (DM/Periode) vorgenommen.

Zum Inhalt der Reserveteilkosten sowie Hilfs- und Betriebsstoffkosten gehören sowohl die Anschaffungskosten als auch die Lage-

rungskosten, die proportional zur Verweildauer im Reserveteil-
bzw. Hilfs- und Betriebsstofflager zugeschlüsselt werden. Teilweise
werden Reserveteile, die defekt aus einer Fertigungsanlage ausge-
baut werden, nach einer Instandsetzung wieder dem Reserveteillager
zugeführt. In diesem Fall tritt an die Stelle der Anschaffungskosten
ein Restwert zuzüglich der zur Instandsetzung des Reserveteils erforderlichen Kosten.

Wartungs-, Inspektions- und Instandsetzungskosten enthalten unterschiedliche auftragsbezogene Anteile an Reparaturbetriebskosten,
Hilfs- und Betriebsstoffkosten und Reserveteilkosten. Inspektionskosten als Folge von Maßnahmen, bei denen das Verschleißverhalten
von Anlagenelementen festgestellt und beobachtet wird, bestehen ausschließlich aus Reparaturbetriebskosten. Bei Wartungskosten sind
zusätzlich auftragsspezifische Hilfs- und Betriebsstoffkosten enthalten, da bei Wartungsmaßnahmen bereits verschleißhemmende
Tätigkeiten ausgeführt werden, bei denen auftragsspezifische Hilfs-
und Betriebsstoffe benötigt werden. Instandsetzungskosten umfassen
die ganze Spannweite von Reparaturbetriebskosten über Hilfs- und
Betriebsstoffkosten bis hin zu den Reserveteilkosten.

Eine weitere Unterscheidung der Instandhaltungskosten in laufende
bzw. ordentliche und außerordentliche Instandhaltungskosten ist
zweckmäßig. Der größte Teil der Instandhaltungskosten in der Ei-
sen- und Stahlindustrie wird durch kurzfristig sich wiederholende
Maßnahmen verursacht. Diese Kosten werden als laufende oder ordentliche Instandhaltungskosten bezeichnet. Hierzu gehören die Wartungskosten, die Inspektionskosten sowie ein wesentlicher Teil der
Instandsetzungskosten; im untersuchten Instandhaltungsbetrieb zusammen ca. 80 - 85 % der Instandhaltungskosten. Die außerordentlichen Instandhaltungskosten umfassen Einzelmaßnahmen, die in
größeren Zeitabständen durchgeführt werden und deren Kostengüterverbrauch, bezogen auf den laufenden Verbrauch an Instandhaltungsleistungen der Fertigungsanlage, relativ groß ist. Diese Maßnahmen
gehören ausschließlich zur Instandsetzung. Im untersuchten Betrieb
machen sie ca. 15 - 20 % der gesamten Instandhaltungskosten aus.

2. Bisherige Ermittlungsmethoden von Instandhaltungskosten

a) Ein theoretischer Ansatz auf der Grundlage originärer Einflußgrößen

In der betriebswirtschaftlichen Literatur sind Untersuchungen zur
Instandhaltung zu finden, in denen auf der Grundlage detaillierter

Kausalanalysen[1] mathematische Gesetzmäßigkeiten über den Ursache-Wirkungszusammenhang zwischen den Instandhaltungskosten
und den sie bestimmenden Einflußgrößen ermittelt werden sollen.
Dieser methodische Ansatz basiert auf einer elementbezogenen
Gliederung der Fertigungsanlage. Am Einzelelement durchzuführ-
rende Instandhaltungsmaßnahmen sollen als Mengengerüst zur Planung der periodischen Instandhaltungskosten verwendet werden.
Dieses Vorgehen setzt voraus, daß die Durchführungsmerkmale
aller in den Planungsperioden anfallenden Einzelaufträge bekannt
sind. Darüber hinaus müssen zuverlässige Angaben über den zeitlichen Abstand der Instandhaltungsmaßnahmen (Strategien der geplanten Instandhaltung) vorliegen.

Zu den Durchführungsmerkmalen eines Instandhaltungsauftrages gehören Informationen über

- Anzahl und Qualifikation der benötigten Facharbeiter,
- Menge der benötigten Hilfs- und Betriebsstoffe und
- Menge der benötigten Reserveteile.

Ein wesentlicher Informationsträger hierfür ist der Arbeitsablauf-
plan. Die zeitliche Anordnung der einzelnen Tätigkeiten einer Instandhaltungsmaßnahme von der Bereitstellung der Faktoren bis hin
zur Durchführung der Instandhaltungsmaßnahme kann in einem Netz-
plan dargestellt werden[2].

---

1) Vgl. Steffen, R., Die Ermittlung von Anlagekosten auf der Grundlage betriebswirtschaftlicher Instandhaltungsstrategien, in: ZwF,
   1974, S. 303; vgl. Wolff, M., Optimale Instandhaltungspolitiken in
   einfachen Systemen, Berlin-Heidelberg-New York 1970; Rinne, H.,
   Strategien der Instandhaltung (Ein Beitrag zur statistischen Theorie der Zuverlässigkeit), Meisenheim 1972; Oesterer, D., Auswahl einer optimalen Ersatzstrategie mit Hilfe eines Entscheidungsdiagramms, in: Zeitschrift für Operations Research, 17. Jg.
   (1973), B39 - B46; Kistner, K. -P., Betriebsstörungen bei Fließbändern, in: Zeitschrift für Operations Research, 17. Jg. (1973),
   B47 - B65; vgl. Schelo, St. J., Integrierte Instandhaltungsplanung
   und -steuerung mit elektronischer Datenverarbeitung, a. a. O.,
   S. 59; vgl. Ordelheide, D., Instandhaltungsplanung, Wiesbaden
   1973, S. 2.
2) Vgl. hierzu ausführlich Schelo, St. J., Integrierte Instandhaltungsplanung und -steuerung mit elektronischer Datenverarbeitung,
   a. a. O., S. 172 ff. und 251 ff. Zu Einzelproblemen insbesondere
   im Eisenhüttenbereich vgl. Voigt, J. -P., Termin- und Kapazi-

Der zweite wesentliche Einfluß auf den Umfang der periodischen Instandhaltungsleistungen für eine Fertigungsanlage wird durch den zeitlichen Abstand der Instandhaltungsmaßnahmen an den einzelnen Anlageelementen ausgeübt. Voraussetzung für die Ermittlung der zeitlichen Abstände zwischen den Instandhaltungsmaßnahmen ist die Kenntnis über das technische Verbrauchsverhalten der einzelnen Anlagenelemente; im einzelnen gehören hierzu Informationen über die elementbezogenen Eigenschaften, die Belastungsarten und -formen sowie den zeitlichen Belastungsverlauf. Um auf der Grundlage der genannten Ursachen zu quantitativen Aussagen über die Lebensdauer[1] der Anlagenelemente zu kommen, wird versucht, mit Hilfe der mathematischen Statistik Gesetzmäßigkeiten herauszufinden. Die so ermittelten Lebensdauerhäufigkeiten sollen eine für Planungszwecke geeignete Voraussage der Lebensdauer ermöglichen sowie Hinweise für die Eintrittswahrscheinlichkeit der Voraussage geben.

Nachdem auf diese Weise der zeitliche Abstand zweier Instandhaltungsmaßnahmen disponiert und der auftragsbezogene Kostengüterverbrauch festgestellt worden ist, kann durch Bewertung der Güterverbräuche die Instandhaltungskostenplanung des Anlagenelementes und nach Summierung über alle Elemente die Kostenplanung der Fertigungsanlage durchgeführt werden[2].

Forts. Fußnote 1)

    tätsplanung für Instandsetzungs- und Montageobjekte durch Netzplantechnik, in: Stahl und Eisen, 91. Jg. (1971), S. 1121-1129; vgl. ferner Becker, E. , Netzplantechnik im Erhaltungsbetrieb eines Hüttenwerkes, in: Stahl und Eisen, 69. Jg. (1969), S. 872-877; vgl. ferner auch Huber, K. , und v. Kortzfleisch, B. , Schwachstellenerkennung und Beseitigung ihrer Ursachen in der geplanten Instandhaltung des Hüttenwerkes, in: Stahl und Eisen, 91. Jg. (1971), S. 961-968.

1) Pressmar unterscheidet in diesem Zusammenhang Lebensdauer und Wirkungsdauer. "Die Bezeichnung Lebensdauer eignet sich für jene Verschleißteile, die beim Verlust ihrer Produktionsfähigkeit vollständig ersetzt werden müssen. Der Begriff Wirkungsdauer empfiehlt sich für regenerationsfähige Potentialfaktoren. " Pressmar, D. , a. a. O. , S. 132.

2) Den gleichen auftragsbezogenen Planungsansatz für Instandhaltungskosten wählt Kilger. Vgl. Kilger, W. , Flexible Plankostenrechnung, 5. Aufl. , Köln und Opladen 1972, S. 407 f. ; vgl. ebenso Steffen, R. , Ermittlung von Anlagekosten auf der Grundlage betriebswirtschaftlicher Instandhaltungsstrategien, ZwF 69 (1974) Heft 6, S. 304 f.

Ein Beispiel soll die Vorgehensweise noch einmal verdeutlichen. Dazu dient ein unter axialer und radialer Belastung stehendes Wälzlager. Die technische Nutzungsdauer des Wälzlagers N_W hängt zunächst vom Ausmaß und dem zeitlichen Verlauf der axialen $P_{A(t_1)}$ und radialen $P_{R(t_2)}$ Belastung ab. Der zeitliche Verlauf t_1 der axialen Belastung wird periodisch wechselnd angenommen ($t_1=f(w)$), der zeitliche Verlauf der radialen Belastung t_2 ist die Funktion einer bestimmten Schalthäufigkeit ($t_2=f(s)$). Die Schmierfähigkeit des Schmiermittels im Wälzlager wird durch die Viskosität $\eta_{(T)}$ charakterisiert, die von der Umgebungstemperatur abhängt. Die Aggressivität $A_{(T,F)}$ der umgebenden Atmosphäre beeinflußt die Korrosionsgeschwindigkeit der Lagerlaufflächen und hängt von der Temperatur T und der Luftfeuchtigkeit F ab. Zusammenfassend hängt die technische Nutzungsdauer des Wälzlagers ab von:

$$N_W = f\ (P_{A(t_1)};\ P_{R(t_2)};\ \eta_{(T)};\ A_{(T,F)};\ t_1=f(w);\ t_2=f(s)\ )$$

Für eine zukunftsbezogene Berechnung der Lebensdauer müßten die wesentlichen Einflußgrößen in ihrem Ausmaß und zeitlichen Verlauf[1] geschätzt werden. Der Versuch, alle ebengenannten Einflußgrößen auf den physischen Verbrauch zu berücksichtigen, ist zwar theoretisch sinnvoll, muß jedoch aus praktischer Sicht als undurchführbar angesehen werden[2]. Weder die Quantifizierbarkeit noch die genaue Vorhersage aller Einflußgrößen ist gegeben. Erschwerend kommt hinzu, daß häufig mehrere Einflüsse gleichzeitig wirken, ohne daß man einen isolierten signifikanten Einfluß nachweisen kann.

Daher wird versucht, die Wirkung aller einzelnen Einflüsse durch Haupteinflußgrößen abzubilden. Für die Berechnung der technischen Lebensdauer des im Beispiel beschriebenen Wälzlagers kann man den Einfluß der axialen (P_A) und radialen (P_R) Belastung über die axialen (F_a) und radialen (F_r) Faktoren einer äquivalenten Belastungsgröße P_0 zusammenfassen[3].

$$P_0 = P_A \times F_a + P_R \times F_r$$

---

1) Vgl. hierzu auch die Bemerkungen von Heinen, E., Betriebswirtschaftliche Kostenlehre, Band I, a.a.O., S. 229 f.

2) Ausführlich wird zu dieser Aussage Stellung genommen in der Diskussion über die Informationsbeschaffung der Einfluß- und Zielgrößen.

3) Vgl. hierzu auch die Unterlagen zur Berechnung der technischen Nutzungsdauer von Wälzlagern in der Praxis, in: FAG Katalog 41000, Bestimmung der Lagergröße bei dynamischer Belastung, Schweinfurt 1966, S. 25 ff.

Hierbei wird von zeitlich konstanten Belastungsverläufen ausgegangen[1]. Dynamische Einflüsse gehen über eine "dynamische Beanspruchungszahl" in die Bestimmung der Lebensdauer ein. Ebenso werden alle anderen Einflüsse über empirisch ermittelte Beiwerte berücksichtigt. "Aufgrund zusätzlich wirkender Einflußgrößen und z. T. unterschiedlicher Verschleißwiderstände der Teilematerialien ergeben sich für die in Einheiten der Hauptverschleißeinflußgröße gemessenen Lebensdauern Streuungen, die angenähert durch statistische Häufigkeitsverteilungen (z. B. Normal-, Exponential-, Weibull-, Gammaverteilungen) wiedergegeben werden können"[2]. So werden z. B.

- die Konstruktion der Anlage und Materialeigenschaften (Zugänglichkeit zu den einzelnen Teilen, technische Zuverlässigkeit)
- Lebensalter der Anlage
- Bedienungspersonal (z. B. Unachtsamkeit, fehlerhafte Bedienung)
- Umwelteinflüsse (z. B. Witterungsbedingungen, Schmutz, Hitze, Dämpfe, Säuren, Schwingungen)

nicht als Einflußgrößen in den zu ermittelnden Verbrauchsfunktionen berücksichtigt, sondern gehen in die Normalbedingungen ein, unter denen die statistischen Gesetzmäßigkeiten ermittelt werden.

Die meisten Untersuchungen[3] zur Instandhaltungsplanung gehen von der Tatsache aus, daß obengenannte statistische Häufigkeitsverteilungen für die technische Nutzungsdauer der Anlagenelemente gefunden werden können. Bei der Verwendung dieser Lebensdauerverteilungen für Planungszwecke werden auf der Basis von Wirtschaftlichkeitsüberlegungen Abstände zwischen zwei Instandhaltungsmaßnahmen disponiert, die in den Maßgrößen der Haupteinflußgröße angegeben werden. Die Wahl dieser Abstände ist um so leichter, je geringer die Streuung der Häufigkeitsverteilung ist[4].

---

1) Pressmar unterstellt ebenfalls die Konstanz der Q- und Z-Situation. Vgl. Pressmar, D., Die Kosten-Leistungsanalyse in Instandhaltungsbetrieben, a. a. O., S. 137.
2) Steffen, R., Ermittlung von Anlagekosten auf der Grundlage betriebswirtschaftlicher Instandhaltungsstrategien, a. a. O., S. 304.
3) Vgl. z. B. Ordelheide, D., Instandhaltungsplanung, a. a. O., S. 27 ff; vgl. ferner Schelo, St. J., Integrierte Instandhaltungsplanung und -steuerung mit elektronischer Datenverarbeitung, a. a. O., S. 58 ff.
4) Gleicher Auffassung ist Schelo, St. J., Integrierte Instandhaltungsplanung und -steuerung mit elektronischer Datenverarbeitung, a. a. O., S. 701: "Dabei ist es in erster Linie die Streuung, deren Größe den Erfolg einer vorbeugenden Instandhaltung bestimmt".

Die aus der Ablaufplanung der Einzelmaßnahme gewonnenen Informationen über den Verbrauch an Instandhaltungskostengütern und die aus empirischen Häufigkeitsverteilungen disponierten technischen Nutzungsdauern ermöglichen den Aufbau anlagenbezogener Verbrauchsfunktionen. Die Funktionen entstehen durch die rechnerische Verknüpfung der Komponenten

- Haupteinflußgröße,
- spezifische Faktorverbrauchsmenge und
- errechnete Faktorverbrauchsmenge.

Beispielhaft wird für den Verbrauch des Faktors Instandhaltungslohnstunden eine Verbrauchsfunktion aufgestellt. Als Haupteinflußgröße wird die Nutzungshauptzeit der Fertigungsanlage je Periode gewählt:

Nutzungshauptzeit/Periode: $\qquad$ NH = 180 (h/Monat)

Die spezifische Faktorverbrauchsmenge bzw. der Verbrauchsstandard besteht aus dem Quotienten: Lohnstunden je Instandhaltungsmaßnahme bezogen auf den zeitlichen Abstand zwischen zwei Maßnahmen.

Lohnstunden je Instand-
haltungsmaßnahme: $\qquad$ LS = 10 (h)

Zeitlicher Abstand zwischen
zwei Maßnahmen ergibt sich
aus der disponierten techni-
schen Nutzungsdauer: $\qquad$ N = 30 (h Nutzungshauptzeit)

Spezifische Faktorverbrauchsmenge: $\qquad$ $F_s = \dfrac{LS}{N}$

Die errechnete Faktorverbrauchsmenge ist identisch mit den benötigten Instandhaltungsstunden pro Monat BS und bildet die Zielgröße der Verbrauchsfunktion:

$$BS \text{ (h/Monat)} = \frac{LS(h)}{N(h)} \times NH \text{ (h/Monat)}$$

$$BS = \frac{10}{30} \times 180 = 60 \text{ (h/Monat)}.$$

Hinzuweisen ist auf das Problem der periodischen Abgrenzung, wenn die Haupteinflußgröße kein ganzzahliges Vielfaches der disponierten technischen Nutzungsdauer ist. Einerseits kann ein Rest verbleiben (Fall 1), andererseits kann die technische Nutzungsdauer über mehrere Perioden gehen (Fall 2).

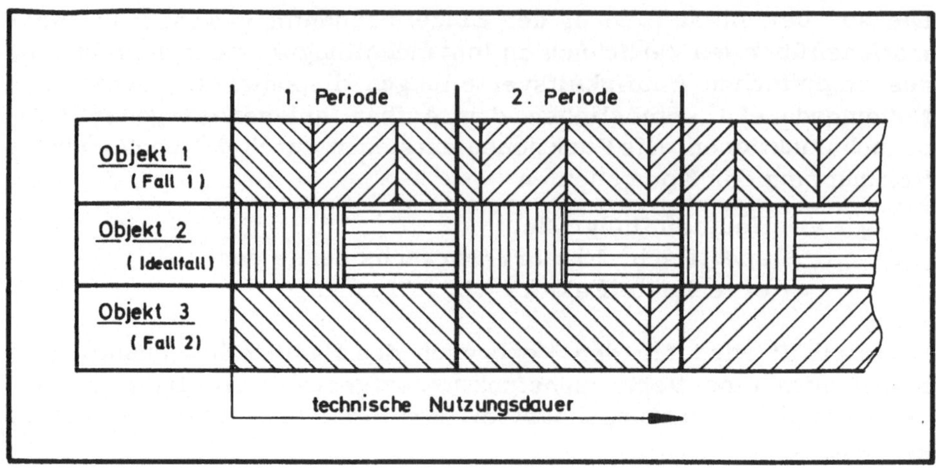

Hieraus ergeben sich jedoch keine unüberwindlichen Schwierigkeiten; denn in der elementbezogenen auftragsweisen Behandlung können auch Abgrenzungsgesichtspunkte der einzelnen Perioden berücksichtigt werden.

Wenn für alle Elemente einer Fertigungsanlage Ablaufpläne in der beschriebenen Form aufgestellt und der zeitliche Abstand der Maßnahmen auf der Grundlage von Lebensdauerhäufigkeiten disponiert werden kann, ist der Aufbau von Richtverbrauchsfunktionen möglich. Ausgehend vom hieraus ermittelten Leistungsbedarf und von zusätzlichen Informationen über die Preise der einzelnen Leistungsarten können die Instandhaltungsaufträge kalkuliert werden. Periodische Instandhaltungskosten kann man durch Aufsummierung der auftragsbezogenen Kosten erhalten.

b) Informationsprobleme beim Aufbau elementbezogener Verbrauchsfunktionen

Für den Aufbau von Verbrauchsfunktionen zur Prognose von Instandhaltungsleistungen ist es erforderlich, über operationale Maßgrößen und Meßverfahren zu verfügen[1], mit denen aussagefähige funktionelle Zusammenhänge zwischen den Ursachen des technischen Verbrauchs und seinen Wirkungen ermittelt werden können. Zusätzlich ist die wirtschaftliche Erfassung und Verarbeitung der Daten notwendig.

---

1) Vgl. Kosiol, E., Betriebswirtschaftslehre und Unternehmensforschung, in: ZfB, 34. Jg. (1964), S. 743.

(1) Informationsprobleme bei den Ursachen des technischen Ver-
    brauchs

Bei der Beschaffung von Informationen, die sich auf die Ursachen
des technischen Verbrauchs beziehen, ergeben sich Probleme. Sie
beziehen sich darauf, quantifizierbare Einflußgrößen auf den technischen Verbrauch zu finden, mit deren Hilfe eine zuverlässige Prognose der technischen Nutzungsdauer bzw. Lebensdauer von Anlagenelementen möglich ist. Der Verfügbarkeit dieser Informationen ist
in bisherigen Untersuchungen zur Instandhaltung nur geringe Beach-
tung geschenkt worden, obwohl sie häufig zur Lösung von Problemen
der Instandhaltungsplanung oder für Simulationen von Instandhal-
tungsprozessen vorausgesetzt werden[1]. Eine eingehende Analyse
der vorhandenen technischen Literatur zum Gebiet der Lebensdauer-
bestimmung von Anlageelementen soll Hinweise geben, inwieweit auf
der Grundlage der gegenwärtigen Rechenverfahren[2] für Planungszwecke hinreichend genaue Vorhersagen zum Verlauf des technischen Verbrauchs und damit zur Lebensdauer von Anlageelementen
möglich sind.

Die Treffsicherheit bei der Festlegung von zeitlichen Abständen
zweier Instandhaltungsmaßnahmen auf der Basis von Lebensdauerhäufigkeitsverteilungen ist um so größer, je geringer die Streuung
der zugrunde gelegten Verteilung ist. Sind die Streuungen sehr groß,
so bleiben entweder Anlagenelemente während ihrer restlichen Lebensdauer ungenutzt oder aber es kommt frühzeitig zur unerwarteten
Beendigung der Lebensdauer. In der Literatur werden für das Verhältnis von minimalen zu maximalen Lebensdauern verschiedener
Anlagenelemente Werte angegeben[3], die für die Planung von Instand-

---

1) Vgl. zu dieser Ansicht Wolff, M., Optimale Instandhaltungspolitiken in einfachen Systemen, a.a.O., S. 12: "Bei der Untersuchung
   betriebswirtschaftlich relevanter Instandhaltungsprozesse werden
   die - möglicherweise degenerierten - Verteilungsfunktionen der
   auftretenden Zufallsvariablen als aufgrund empirischer Erhebung
   bekannt vorausgesetzt".
2) Dies sind deterministische und statistische Rechenverfahren. Zur
   Charakterisierung dieser Verfahren vgl. Schelo, St.J., Integrierte Instandhaltungsplanung und -kontrolle mit elektronischer
   Datenverarbeitung, a.a.O., S. 59 f.
3) Vgl. Schelo, St.J., Integrierte Instandhaltungsplanung und -steue-
   rung mit elektronischer Datenverarbeitung, a.a.O., S. 80 und die
   dort angegebene Literatur. Hier werden Verhältnisse von Höchst-
   wert zu Mindestwert der Lebensdauer genannt von V=3:50 und 4:36.
   Vgl. ferner Ostler, J., Anwendung der Betriebsfestigkeit in der
   Anlagentechnik der Hüttenwerke, in: Fachausschußbericht Nr. 5016

haltungsmaßnahmen und einer darauf aufbauenden Kostenplanung ungeeignet sind. Diese empirisch ermittelten Werte beruhen in der
Regel auf eindimensionalen Häufigkeitsverteilungen, d. h. ähnlich
wie im vorangegangenen Kapitel werden alle Einflüsse durch eine
Haupteinflußgröße abgebildet. Die Lebensdauer wird in der Dimen-
sion der Haupteinflußgröße angegeben. Sowohl bei der empirischen
Messung von Lebensdauern als auch bei der deterministischen Bestimmung von Lebensdauern während der Konstruktionsphase werden
die Belastungsverläufe nur grob oder gar nicht berücksichtigt. So
wird in der Konstruktions- bzw. Berechnungsphase der Unterschied
zwischen ruhenden Lasten und wechselnder Beanspruchung lediglich
durch einen veränderten Sicherheitsfaktor berücksichtigt[1]. Die auf
dem Gebiet der Schadensanalyse gewonnenen Erkenntnisse machen
jedoch deutlich, daß diese vereinfachenden Annahmen zu keiner befriedigenden Lebensdauerprognose führen. So konnten Schäden z. B.
auf zu hohe Biegewechselbeanspruchungen[2], auf Dauerschwingbe-
anspruchungen an biegekritischen Stellen, insbesondere Torsions-
schwingungen[3], und auf Maximalmomentüberschreitungen als Folge
auftretender Schwingungen[4] zurückgeführt werden, die in die Erst-
berechnung entsprechend ihrem Verlauf nicht einbezogen oder durch
die Wahl einer Haupteinflußgröße bei statistischen Untersuchungen
nicht berücksichtigt wurden.

Die aus Schadensanalysen gewonnenen Erfahrungen weisen darauf
hin, daß der zeitliche Verlauf der Elementbeanspruchung für die
Lebensdauerermittlung sehr wesentlich ist. Solange diese Tatsache
unberücksichtigt bleibt und der zeitliche Verlauf nur ungenau oder
falsch angenommen wird, muß mit großen Streuungen der Lebens-

---

Forts. Fußnote 3)
    des Ausschusses für Anlagentechnik im VDEh, Düsseldorf 1974,
    S. 3. Vgl. auch Bouché, Ch., Maschinenteile, in: Dubbels Ta-
    schenbuch für den Maschinenbau, Berlin-Heidelberg-New York
    1966, S. 699. "Versuche mit großer Anzahl verschiedener Wälz-
    lager zeigten, daß die Laufzeit bis zur Ermüdung sehr stark
    streut".
1) Vgl. hierzu Sigwart, H., Werkstoffkunde, a. a. O., S. 506.
2) Vgl. Hundhausen, G., Dauerbruchschäden an den Walzentreffern
    einer 4, 2 -m- Grobblechstraße, in: Stahl und Eisen, 94. Jg. (1974),
    S. 929.
3) Vgl. Dörnenburg, E. -O., Wicklungs- und Kollektorschäden an
    großen Walzmotoren, in: Stahl und Eisen, 94. Jg. (1974), S. 934.
4) Vgl. Schmidt, H., Schäden an den Motorwellen einer Breitband-
    Fertigstraße durch mechanische Schwingungen, in: Stahl und Ei-
    sen, 94. Jg. (1974), S. 940.

dauerhäufigkeitsverteilungen gerechnet werden. Vor diesem Problem steht zunächst der Konstrukteur, der in der Projektierungsphase "nicht nur funktionsgerecht, sondern auch betriebsgerecht zu gestalten"[1] hat[2], weiterhin der Instandhalter, der auf der Basis von Lebensdauerdaten eine Strategieplanung durchführen will und nicht zuletzt der Kaufmann, der auf der Basis der Strategieplanung eine Kostenplanung vollziehen möchte[3].

In diesem Zusammenhang muß die Vorgehensweise von Pressmar[4] gesehen werden, der einige Beispiele zur Berechnung der Wirkungs- bzw. Lebensdauer von Anlageelementen aus dem Maschinenbau anführt. Vor allem durch die Angabe mathematischer Formeln, z.B. für die Berechnung der Lebensdauer eines Kupplungsbelages, wird der Eindruck erweckt, die abhängige Variable als Zielgröße sei ein zwangsläufiger eindeutiger Erwartungswert. Die Formulierung deterministischer Zusammenhänge zwischen der Zielgröße "Anzahl der Betriebsstunden bis zur Unbrauchbarkeit des Belages" und der Einflußgröße "Schalthäufigkeit der Kupplung je Stunde" ist jedoch nur mit Vorbehalt zu rechtfertigen, wenn man weiß, daß der Reibwert der Kupplung sowie der Verschleißkennwert des Belages empirisch ermittelte Größen mit breiten Schwankungsbereichen sind. Die enthaltene Voraussetzung, daß "die Reibzeit T (s) bis zum Kraftschluß der Kupplungshälften, die dabei auftretende mittlere Reibgeschwindigkeit V(m/s) und der Anpreßpunkt p (kg/cm^2) zwischen den beiden Kupplungsteilen"[5] als konstant angenommen werden, schränkt die Zwangsläufigkeit des Erwartungswertes weiterhin ein.

---

1) Kreyß, G., Einführung und Leitung zum Kolloquium Betriebsfestigkeit, in: Fachausschußbericht Nr. 5016 des Ausschusses für Anlagentechnik im VDEh, Düsseldorf 1974, S. 2.

2) Vgl. Braun, E., Bruch der Ankerwelle des Doppelmotors einer Umkehr-Blockstraße und Berechnungsverfahren für die Lebensdauer von Antriebswellen, in: Stahl und Eisen, 93. Jg. (1973), S. 1173: "Vorstehende Werte zeigen, daß die im Betrieb aufgetretenen Momente wesentlich höher lagen, als man bei der Projektierung angenommen hatte. Der Torsionsdauerbruch ist auf diese erhöhte Beanspruchung zurückzuführen".

3) Vgl. Steffen, R., Ermittlung von Anlagekosten auf der Grundlage betriebswirtschaftlicher Instandhaltungsstrategien, a.a.O., S. 303-306.

4) Vgl. Pressmar, D., Kosten-Leistungsanalyse in Industriebetrieben, a.a.O., S. 133.

5) Pressmar, D., Die Kosten-Leistungsanalyse in Industriebetrieben, a.a.O., S. 133.

Die unzureichende Informationsbasis bei der lebensdauerorientierten
Dimensionierung von Anlagenelementen führte Betreiber, Instandhalter und Konstrukteure von Großanlagen zusammen, um Berechnungsverfahren zu entwickeln, die den betrieblich auftretenden Beanspruchungen gerecht werden[1]. Die Prognose von Belastungsverläufen ist deswegen so unsicher, weil scheinbar keine gesetzmäßig
erfaßbaren Regelmäßigkeiten auftreten[2]. Es konnte jedoch bisher
für einzelne Anlagenelemente nachgewiesen werden, daß ein gleich-
artiges Verteilungsgesetz für gemessene Belastungskollektivformen
existiert[3]. Hierdurch ist ein Ansatz gegeben, die betrieblich auftretenden Beanspruchungen wirklichkeitsnah zu erfassen und Lebensdauern mit geringerer Streubreite zu berechnen[4].

Die während des Betriebes einer Anlage ermittelten Werte sind jedoch erst für die Festlegung anschließender Maßnahmen der Instandhaltung dienlich, eine deutliche Verbesserung für die Dimensionierung der Lebensdauer in der Konstruktionsphase ist bisher noch
nicht erreicht. Zu diesem Zweck wird versucht, Bauteilkataloge zu
erstellen, die die wichtigsten Bauteile mit ihren typischen Beanspruchungsverläufen enthalten[5]. Die Ergebnisse dieses Versuches
stehen jedoch erst am Anfang. Zunächst wurden Bauteile ausgewählt,
die vorwiegend einachsigen Spannungsschwankungen unterlagen. "Die
im Rahmen dieser Entwicklung zu lösenden Aufgaben werden jedoch

---

1) Vgl. Griese, F.-W., Über die Bedeutung der lebensdauerorien-
tierten Dimensionierung von Bauteilen, in: Aktuelle Probleme der
Instandhaltung, Vorträge der VDI-Tagung Nürnberg 1974, VDI-
Berichte Nr. 215, Düsseldorf 1974, S. 13.

2) Vgl. Rohde, W., Probleme in der Anwendung von Schadensakkumulationshypothesen bei der Konstruktion von Walzwerkseinrichtungen, in: Fachausschußbericht Nr. 5016 des Ausschusses für
Anlagentechnik im VDEh, Düsseldorf 1974, S. 4.

3) Vgl. Griese, F.-W., Über die Bedeutung der lebensdauerorientierten Dimensionierung von Bauteilen, a.a.O., S. 14.

4) Vgl. hierzu Griese, F.-W., Über die Bedeutung der lebensdauerorientierten Dimensionierung von Bauteilen, a.a.O., S. 18. Durch
die verbesserten Ermittlungsmethoden gibt Griese die Streubreite
der Lebensdauer mit 1:3 an. Vgl. im Gegensatz dazu die auf Seite
73, Fußnote 3 angegebenen Verhältnisse von 3:50 und 4:36.

5) Vgl. Kreyß, G., Einführung und Leitung des Kolloquiums Betriebsfestigkeit, a.a.O., S. 3.

schwieriger, wenn die dynamisch überlagerten Spannungsamplituden
einen entscheidenden Einfluß auf die Bauteilermüdung haben"[1].

Die Ermittlung von typischen Beanspruchungsverläufen ist generell
mit einem hohen Aufwand verbunden. Darin liegt der Grund für die
bisher beschränkte Anwendung auf einzelne wesentliche Anlagenelemente. Einer allgemeinen Anwendung der gewonnenen Erkenntnisse
auf die Vorhersage von Elementlebensdauern als Grundlage für die
Planung von Instandhaltungsmaßnahmen und -kosten steht auch die
große Zahl der verschiedenen Anlagenelemente entgegen. Grundsätzlich erhebt sich hierbei die Frage nach der Wirtschaftlichkeit,
für jedes Anlagenelement diese aufwendigen Einzeluntersuchungen
vorzunehmen und die umfangreichen Daten für die laufende Anwendung zu speichern.

Die mit den bisher bekannten Methoden erreichbaren Streuungen bei
Lebensdauerhäufigkeiten sind keine ausreichende Grundlage, um den
zeitlichen Abstand zweier Instandhaltungsmaßnahmen eindeutig fest-
legen zu können. Voigt[2] schlägt daher vor, als präventive Instandhaltungsstrategie für die einzelnen Maßnahmen eine Inspektionsstrategie anzuwenden. Der Vorschlag basiert auf einer Untersuchung
von 68 Bauteilen aus fünf unterschiedlichen Betrieben eines Hüttenwerkes der Eisen- und Stahlindustrie. Bezüglich der Lebensdauer-
vorhersage von Anlagenteilen kommt er zu folgendem Ergebnis: "Bei
diesen Bauteilen ist jedoch allein aufgrund der festgestellten Streuung der Stichprobenwerte eine Fixierung von Zeitpunkten und Zeitabständen für präventive Auswechselungen oder Instandsetzungen
ohne vorhergegangene Inspektion problematisch"[3]. Eine Inspektionsstrategie beinhaltet, daß Entscheidungen über Instandsetzungsmaßnahmen unmittelbar im Anschluß an eine durchgeführte Inspektion gefällt werden. Diese Vorgehensweise ist für eine mehrperiodi-
sche Planung von Instandhaltungskosten ungeeignet.

Es konnte deutlich gemacht werden, daß die bisherigen deterministischen und statistischen Ermittlungsmethoden der technischen Nut-

---

1) Griese, F.-W., Über die Bedeutung der lebensdauerorientierten
   Dimensionierung von Bauteilen, a.a.O., S.26. In ähnlicher Weise
   äußert sich Lange, W., Zielgerichtete Entwicklung und rationeller Einsatz der Konstruktionswerkstoffe - zentrale Aufgabe der
   Volkswirtschaft, in: Neue Hütte, 19.Jg. (1974), S.544.
2) Vgl. Voigt, J.-P., Erfassung, Auswertung und Nutzung von Schadensdaten in der Eisen- und Stahlindustrie, a.a.O., S.159.
3) Vgl. Voigt, J.-P., Erfassung, Auswertung und Nutzung von Schadensdaten in der Eisen- und Stahlindustrie, a.a.O., S.159. Vgl.
   ferner dazu die Bemerkungen von Voigt auf Seite 148 und 153.

zungsdauer von Anlagenelementen zu Ergebnissen führen, die ungeeignet sind für die Feststellung von Zeitabständen zwischen zwei Instandsetzungsmaßnahmen und einer darauf aufbauenden Bedarfsprognose. Versuche zur Verminderung der hohen Streuungen von technischen Nutzungsdauern durch die Berücksichtigung der Belastungsverläufe haben in einzelnen Fällen zu verbesserten Ergebnissen geführt. Bei der Vielzahl der zu untersuchenden Elemente erhebt sich
neben den Problemen der technischen Realisierbarkeit zusätzlich
die Frage nach wirtschaftlicher Informationsbeschaffung und -ver-
arbeitung. Die Brauchbarkeit des gestaltungstheoretischen Ansatzes
wird durch diese Einwände, die sich hier zunächst auf die Quantifizierung und Prognostizierung der Ursachen des technischen Verbrauchs beschränken, deutlich eingeengt.

(2) Informationsprobleme bei den Wirkungen des technischen Ver-
    brauchs

Das Informationsproblem bei den Wirkungen des technischen Verbrauchs besteht zunächst in der Quantifizierung, d. h. in der Findung
von Maßgrößen, mit denen das Ausmaß dieser Wirkungen in rechenbare Beziehungen gebracht werden kann. In Rechenmodellen für Planungszwecke werden Beurteilungsmöglichkeiten für zukunftsgerich-
tete Entscheidungen ermittelt. Hieraus ergeben sich zusätzliche
Schwierigkeiten durch die notwendige Prognostizierung der Wirkungen[1].

"Vollkommene Voraussicht der Information ist eine ganz und gar
unrealistische Prämisse"[2]. Wendet man sich unter diesem Gesichtspunkt den vielfältigen Wirkungen des technischen Verbrauchs
zu, so lautete das Ziel, Wirkungsgrößen zu finden, die dem wirklichen Verhalten des Verbrauchs am ehesten entsprechen. Hierbei
soll sowohl an die direkten Erscheinungsformen des technischen
Verbrauchs als auch an die ökonomischen Auswirkungen dieses Verbrauchs gedacht werden. Da es letztlich als übergeordnetes Ziel
angesehen wird, die Erfolgswirksamkeit des technischen Verbrauchs

---

1) Vgl. Wild, J., Unternehmerische Entscheidungen, Prognosen und
   Wahrscheinlichkeit, in: ZfB, 39. Jg. (1969), II. Ergänzungsheft,
   S. 63: "Gute oder richtige Entscheidungen sind nämlich nicht allein
   eine Frage der Logik; vielmehr ist eine Entscheidung letztlich
   immer nur so gut oder so schlecht wie die prognostischen Informationen, auf denen sie beruht".
2) Vgl. Wild, J., Unternehmerische Entscheidungen, Prognosen und
   Wahrscheinlichkeit, a. a. O., S. 68.

in die Beurteilung kurzfristiger Handlungsalternativen einzubeziehen, ist es auch notwendig, bei Maßgrößen mit Mengencharakter die anschließende Bewertung sicherzustellen; denn die Komponenten der Erfolgsrechnung bestehen ausschließlich aus Wertgrößen.

Beim technischen Verbrauch unterscheidet man Erscheinungsformen, deren Verlauf sinnlich wahrnehmbar[1] und nicht wahrnehmbar[2] ist. An Hand sinnlich nicht wahrnehmbarer Erscheinungsformen das Ausmaß von Verbrauchswirkungen abzuschätzen, verbietet sich von selbst. Will man jedoch bei wahrnehmbaren Erscheinungsformen des technischen Verbrauchs z. B. entstandene Korrosionserscheinungen oder Abriebmengen als Mengengerüst für eine Instandhaltungskostenplanung verwenden, so treten unlösbare Bewertungsprobleme auf.

Überprüft man als indirekte Maßgröße für die Wirkungen des technischen Verbrauchs den Verbrauch an Instandhaltungsleistungen auf seine Brauchbarkeit, so kommt man zu folgendem Ergebnis: Im Gegensatz zum vorhergehenden Versuch, den zeitlichen Verlauf des mengenmäßigen Verbrauchs zu quantifizieren, beschränkt sich diese indirekte Maßgröße darauf, den Verbrauch an Instandhaltungsleistungen zu dem Zeitpunkt zu betrachten, an dem der technische Verbrauch ein so hohes Ausmaß erreicht hat, daß die Funktionsfähigkeit der Fertigungsanlage beeinträchtigt wird. Die Verwendung dieser Maßgröße ist insofern vorteilhaft, als sie das Problem des wahrnehmbaren bzw. nicht wahrnehmbaren Verlaufs der Verbrauchserscheinungen eliminiert. Es werden ausschließlich die Zeitpunkte der Verbrauchsbeseitigung (Instandhaltungsmaßnahmen) betrachtet. Auch das Bewertungsproblem ist gelöst; denn es bestehen keine grundsätzlichen Probleme, die Instandhaltungskostengüterverbräuche an Lohnstunden, Hilfs- und Betriebsstoffen und Reserveteilen zu quantifizieren und zu bewerten.

Sieht man das Problem der Quantifizierung dieser Wirkungsgrößen als gelöst an, so bleibt das Problem, die Eignung dieser Maßgröße für die Beurteilung zukunftsgerichteter Entscheidungen heranzuziehen. Eine wesentliche Bestimmungsgröße des Informationsgehaltes liegt in der Bedingtheit[3], d. h. welche Freiheitsgrade nach Festlegung der geplanten Größen bleiben, die das Planungsergebnis verändern können. Bezogen auf einen bestimmten Instandhaltungsauftrag lautet die Problemstellung: Wie hoch ist der Erwartungswert des

---

1) Hierzu zählen z. B. Biegung, Rißbildung, etc.
2) Hierzu zählt z. B. die interkristalline Korrosion.
3) Vgl. Wild, J., Grundlagen der Unternehmensplanung, Reinbek bei Hamburg 1974, S. 124.

Leistungsbedarfs einer bestimmten zukünftigen Instandhaltungsmaßnahme bei genauer Kenntnis ihres Durchführungszeitpunktes und
Arbeitsablaufes?

Nachdem die Notwendigkeit zur Prognose des Durchführungszeitpunktes von Instandhaltungsmaßnahmen im vorangegangenen Kapitel
bereits angedeutet wurde, soll hier die Prognosegenauigkeit des
Leistungsumfangs einer Maßnahme in Abhängigkeit des Arbeitsab-
laufplanes erörtert werden. Es sollen zwei Freiheitsgrade untersucht
werden, die stichwortartig gekennzeichnet sind durch die Begriffe

- austauschende / ausbessernde Maßnahme,
- störungsbedingte / geplante Maßnahme.

Die Freiheitsgrade dieser jeweiligen Entscheidungsalternativen sind
in der Regel zum Zeitpunkt einer kurzfristigen Planungsrechnung
nicht festlegbar.

Die Entscheidung zwischen einer austauschenden und ausbessernden
Maßnahme[1] kann erst unmittelbar vor der Durchführung einer Maß-
nahme getroffen werden und hängt von den jeweiligen individuellen
Schadensbedingungen ab. Nicht nur die technischen Verbrauchser-
scheinungen, sondern auch der Durchführungszeitpunkt können diese
Entscheidungen beeinflussen.

Auch die Entscheidung zwischen einer störungsbedingten oder geplanten Maßnahme wird nicht zum Zeitpunkt der Planungsrechnung
gefällt, sondern hängt von einer Inspektionsstrategie ab. In bestimmter zeitlicher Folge wird die Funktionsfähigkeit eines Anlagenelementes durch Inspektionsmaßnahmen anhand der sinnlich wahrnehmbaren Zustände überwacht und von Fall zu Fall entschieden, ob zum
nächstmöglichen Instandhaltungszeitpunkt die Instandhaltungsmaßnahme durchgeführt wird. Infolge der Unsicherheit in der Beurteilung der Funktionsfähigkeit kann im Extremfall eine störungsbedingte
Maßnahme hervorgerufen werden.

Die Tatsache, daß das Ergebnis einer Prognose nicht allein durch
die zum Zeitpunkt der Prognose bekannten Parameter festgelegt
wird, sondern von kurzfristigen Gestaltungsmöglichkeiten (Aktions-
parametern) in gewissen Grenzen beeinflußt werden kann, bezeichnet
Wild als "aktionsabhängige oder aktionsbedingte Prognose"[2]. Die

---

1) Zu den wirtschaftlichen Auswirkungen vgl. Männel, W., Wirtschaftlichkeitsfragen der Anlagenerhaltung, a. a. O., S. 209.
2) Wild, J., Unternehmerische Entscheidungen, Prognosen und
   Wahrscheinlichkeiten, a. a. O., S. 67.

Einflußmöglichkeiten dieser Aktionsparameter, die erst kurz vor
oder während der Durchführung einer Instandhaltungsmaßnahme festgelegt werden, führen nicht zu einem grundsätzlich anderen Leistungsbedarf, sondern bewirken lediglich eine Schwankung des pro-
gnostizierten Wertes in gewissen Toleranzgrenzen. Dieser Schwankungsbereich kann sich bei der Ermittlung auftragsbezogener Prognosewerte und einer nachträglichen Kontrolle dieser Werte als hin-
derlich erweisen. Bei einer periodenbezogenen Betrachtung findet
durch die Vielzahl der positiven und negativen Einzelwirkungen ein
Ausgleichseffekt statt.

(3) Erfassungs- und Verarbeitungsprobleme bei Informationen

Bei der Ermittlung von Potentialfaktorverbrauchsfunktionen zur Bedarfsprognose von Instandhaltungsleistungen muß über die geeignete
sachliche Zuordnung aller Instandhaltungsleistungen entschieden
werden[1]. Der Umfang des Erfassungs-, Planungs- und Kontroll-
rahmens der Instandhaltungsdaten beeinflußt einerseits die Aussagefähigkeit und andererseits den wirtschaftlichen Aufwand des aufzu-
bauenden Rechensystems.

Zur Erfassung der Instandhaltungsleistungen und ihrer Kosten gibt
es sowohl eine auftragsweise[2] als auch eine objektweise Abrechnung
der Instandhaltungskosten. Die Gliederung der Instandhaltungskosten
in den Produktionsbetrieben bis zur Kostenstelle erschien unzureichend, um einen verursachungsgerechten Kostennachweis zu führen.
Aus diesem Grund wurde die objektweise, in Einzelfällen elementbezogene, Untergliederung der einzelnen Fertigungsanlagen vorgenommen[3]. Die objektweise Erfassung brachte zahlreiche zusätzliche Erkenntnisse, insbesondere für die Schwachstellenanalyse,
so daß ihre Anwendung bisher nicht in Frage gestellt wurde. Wenn
jedoch der Anwendungsbereich betrieblicher Rechensysteme von der

---

1) Vgl. hierzu auch Wesemann, K.-F., Kostentransparenz und Anwendung der elektronischen Datenverarbeitung in der Instandhaltung, a.a.O., S. 1132.
2) Vgl. Höhne, E., Die Instandhaltungs- und Reparaturkosten, a.a.O.,
   S. 1275: "Die Auftragsabrechnung der I- und R-Leistungen hat sich
   bei allen Werken, die in die Untersuchung einbezogen werden
   konnten, schon heute weitgehend durchgesetzt".
3) Zur Untergliederungsmöglichkeit einer Fertigungsanlage vgl. den
   Vorschlag von Wesemann, K.-F., Kostentransparenz und Anwendung der elektronischen Datenverarbeitung in der Instandhaltung,
   a.a.O., S. 1133.

bisherigen Dokumentationsrechnung auf Planungs- und Kontrollrechnungen erweitert werden soll, muß u. a. aus Wirtschaftlichkeitsgründen überlegt werden, ob die Zerlegungstiefe der Fertigungsanlagen bei der objektweisen Abrechnung für Planungs- und Kontrollzwecke beibehalten werden kann.

Soll der Anwendungsbereich der Rechenmodelle auch auf reale betriebliche Fragestellungen ausgedehnt werden, muß die Realisierbarkeit anhand wirtschaftlicher Maßstäbe beurteilt werden können[1].

Zur Beurteilung der Wirtschaftlichkeit eines Rechenmodells zur Planung und Kontrolle der Instandhaltungskosten auf der Grundlage elementbezogener Daten kann man folgende Hilfsrechnung anstellen. Ausgehend von einem Anlagevermögen von ca. 2 Mrd. DM, - für ein Unternehmen der Eisen- und Stahlindustrie keineswegs eine ungewöhnliche Größenordnung -, kann man den Umfang der Anlagenelemente wie folgt abschätzen:

Geht man von einem Wertanteil des Einzelelementes am Anlagevermögen von ca. 10.000 DM/Stück aus, so beträgt die Anzahl der Einzelelemente für das beispielhafte Unternehmen mit 2 Mrd. DM Anlagevermögen ca. 200.000 Stück. Für jedes dieser Anlagenelemente werden folgende Basisinformationen benötigt[2]: Angaben über die technische Nutzungsdauer- bzw. Lebensdauerverteilung und die daraus abgeleiteten zeitlichen Abstände zwischen zwei Instandhaltungsmaßnahmen, die Grunddaten zur eindeutigen Beschreibung der Instandhaltungsmaßnahme, d. h. Anzahl und Qualifikation der Arbeitskräfte, Art und Menge der Hilfs- und Betriebsstoffe und Reserveteile, Informationen zur Ermittlung der auftragsbezogenen Kosten, d. h. Preise der Faktoreinsatzmengen.

Durch das Beispiel wird deutlich, daß für ein empirisch realisierbares Rechenmodell zur Planung und Kontrolle der Instandhaltungskosten die elementbezogene Informationsbasis, wie sie für Dokumentationszwecke als sinnvoll erachtet wird, zu einem sehr hohen Arbeitsaufwand für die Informationsbeschaffung und zu erheblichen Informationskosten für die Speicherung und Verarbeitung führen würde. In diesem Zusammenhang sei auf die Informationsbasis der Simulationsmodelle im Instandhaltungsbereich hingewiesen. Hier werden deutliche Vereinfachungen vor allem hinsichtlich der Betriebsmittelstruktur getroffen, um überhaupt eine wirtschaftliche EDV-

---

1) Vgl. Wild, J. , Unternehmerische Entscheidungen, Prognosen und Wahrscheinlichkeit, a. a. O. , S. 62.
2) Zu den Einflußgrößen auf die Informationskosten vgl. auch Ordelheide, D. , Instandhaltungsplanung, a. a. O. , S. 45 f.

technische Verarbeitung zu ermöglichen[1]. Auch Ordelheide beschränkt die Anwendungsbeispiele seines Simulationsmodells auf ein Produktionssystem von 8 Anlagen mit jeweils 16 kritischen Teilen und eine Abteilung von 2 - 4 Handwerkern zur Instandhaltung der "Nicht-Verschleißteile" und 8 - 16 Handwerkern für die Instandhaltung der Verschleißteile. "Industrielle Produktionssysteme und Instandhaltungsbetriebe sind komplexer. Wollte man solche komplexe Systeme in einem Simulationsmodell des hier vorgestellten Typs abbilden, so entstünden beträchtliche Informationskosten, die Informationsbeschaffung würde sich über Jahre hinziehen und die Rechenzeiten für die anschließenden Simulationen wären sehr hoch"[2].

c) Instandhaltungskostenermittlung auf der Grundlage abgeleiteter Einflußgrößen

Kennzahlen können ein wesentliches Hilfsmittel zur Prognose von Instandhaltungsleistungen und -kosten bilden[3]. Externe Kennzahlen können z. B. durch Betriebsvergleiche gewonnen werden. Die Aussagefähigkeit von Kennzahlen, die durch Betriebsvergleiche gewonnen werden, hängt sehr von der Vergleichbarkeit der Betriebe und der jeweiligen Kostenarten ab. Kennzahlen, die sich auf die Instandhaltungskosten verschiedener Betriebe oder Fertigungsanlagen beziehen, sind häufig wenig aussagefähig, da zu viele betriebsspezifische Einflüsse für die Höhe der Instandhaltungskosten und ihrer entsprechenden Kennzahlen maßgebend sind[4]. Grundlage eines aus-

---

1) Vgl. Schelo, St. J., Integrierte Instandhaltungsplanung und -steuerung mit der elektronischen Datenverarbeitung, a. a. O., S. 131: "Je wirklichkeitsnäher das Modell aufgebaut ist, um so mehr Varianten ergeben sich, ... Dies ist der Grund, warum etwa Kress darauf verzichtet, das Vorbeugungsintervall für alle Teile zu bestimmen".
2) Ordelheide, D., Instandhaltungsplanung, a. a. O., S. 149.
3) Vgl. Staehle, W. M., Kennzahlen und Kennzahlensysteme als Mittel der Organisation und Führung von Unternehmen, Wiesbaden 1969; vgl. ferner Kern, W., Kennzahlensysteme als Niederschlag interdependenter Unternehmensplanung, in: ZfbF, 23. Jg. (1971), S. 701 ff.
4) Vgl. Arbeitskreis Instandhaltung der Schmalenbach-Gesellschaft, Instandhaltung - Ein Management-Problem -, a. a. O., S. 60; vgl. zu dieser Ansicht auch Danert, G., Praktische Fragen der Gemeinkostenanalyse und -beeinflussung, in: BFuP, 6. Jg. (1954), S. 8. Auch Danert weist darauf hin, daß gerade die Instandhaltungskosten sehr stark durch die individuellen Verhältnisse der einzelnen Betriebe bestimmt werden.

sagefähigen Kennzahlensystems sollte daher in erster Linie der betriebsinterne Zeitvergleich sein.

Zur Berücksichtigung anlagenbezogener Eigenschaften bei der Planung von Instandhaltungskosten wird vielfach vorgeschlagen, einen prozentualen Anteil der jährlichen oder monatlichen Instandhaltungskosten am Anschaffungs- bzw. Wiederbeschaffungswert der Fertigungsanlagen als Kennziffer zur Ermittlung zukünftiger Instandhaltungskosten einer Fertigungsanlage zu verwenden[1]. Auch Kilger[2] befürwortet den Vergleich analytisch ermittelter Instandhaltungskosten mit den Erfahrungswerten auf der Basis von Anschaffungswerten. Danert[3] veröffentlicht Ergebnisse einer Untersuchung aus der "eisenverarbeitenden Industrie", die das Verhältnis von Instandhaltungskosten und kalkulatorischen Abschreibungen zum Anschaffungswert des Anlagevermögens angeben, und bemerkt kritisch, daß erhebliche Schwankungen zwischen den einzelnen Werken auftreten. Gründe für die Schwankungen werden nicht angegeben.

Allen Ermittlungsansätzen, die sich an den Prozentsätzen von Anschaffungs- oder Wiederbeschaffungswerten orientieren, ist jedoch entgegenzuhalten, daß sie den Einfluß der produktionsbedingten Inanspruchnahme völlig außer acht lassen, sofern nicht kontinuierlich eine gleichbleibende Anlagennutzung gegeben ist. Empirische Erhebungen haben jedoch gerade diesen Einfluß auf die Höhe der Instandhaltungskosten bestätigt. Weiterhin bleibt bei den betreffenden Prozentsätzen die Struktur der Instandhaltungskosten unberücksichtigt, so daß z.B. eine betriebswirtschaftlich fundierte Wahl zwischen Eigenleistung oder Fremdbezug auf dieser Basis kaum möglich ist.

---

1) Vgl. Grothus, H., Der Anschaffungswert als Bezugsgrundlage für die Instandhaltungskosten, in: Das Industrieblatt, 60. Jg. (1960), Heft 8, S. 545 f.; vgl. ferner Witt, C.D., Probleme der Reparaturfonds-Planung, in: Fertigungstechnik und Betrieb, 23. Jg. (1973), Heft 11, S. 651; vgl. auch Budde, R., Strategische Plan- und Standardkostenrechnung, Die Technik der Budgetierung und Kostenkontrolle, Berlin 1973, S. 76 f.
2) Die analytische Methode zur Ermittlung der Instandhaltungskosten bei Kilger orientiert sich an den auftragsbezogenen Einzelmaßnahmen des Instandhaltungsbetriebs (vgl. hierzu Fußnote 2), S. 68 dieser Untersuchung). Zum Hinweis, einen Prozentsatz vom Anschaffungswert als Vergleichsgröße zu verwenden, vgl. Kilger, W., Flexible Plankostenrechnung, a.a.O., S. 408 f.
3) Vgl. Danert, G., Praktische Fragen der Gemeinkostenanalyse und -beeinflussung, a.a.O., S. 9.

Nur bedingt aussagefähig sind Kennziffern, die den Anteil der Instandhaltungskosten in Prozent

- des Umsatzes,
- der Herstellkosten oder
- der Fertigungskosten

angeben, da hierbei kein ursächlicher Zusammenhang zwischen den in Vergleich gesetzten Größen besteht[1]. Aus diesem Grunde wird nicht näher darauf eingegangen.

3. Bedarfsermittlung und Bedarfsdeckung von Instandhaltungsleistungen auf der Grundlage von Einflußgrößenfunktionen

Die Ermittlung von Instandhaltungskosten auf der Grundlage von Einzelmaßnahmen ist durch die unzureichenden Möglichkeiten der Informationsbeschaffung und -verarbeitung bisher nicht möglich. Ebenso führen die Ermittlungsansätze auf der Grundlage der genannten Kennziffern zu unbefriedigenden Ergebnissen.

Als Konsequenz aus diesen nicht operablen Ansätzen soll hier das methodische Konzept für ein Rechenmodell dargestellt werden, das Informationen für wesentlichen Fragestellungen im Instandhaltungsbetrieb liefern soll:

- Die Bedarfsermittlung der Instandhaltungsleistungen für Fertigungsanlagen in Abhängigkeit von ihren wesentlichen Einflußgrößen.

- Die Dimensionierung und Strukturierung (d. h. Festlegung der Anteile an Normal-, Mehrarbeits- und Unternehmerstunden) der Instandhaltungskapazität für den erwarteten Instandhaltungsbedarf auf der Grundlage der Jahresplanung.

- Die Beurteilung von kürzerfristigen Anpassungsmaßnahmen dieser Instandhaltungskapazität an wechselnde Bedarfsentwicklungen (z. B. durch konjunkturbedingte Beschäftigungsunterschiede der Fertigungsanlagen).

- Die Ermittlung und Erklärung von Plan-Ist-Abweichungen.

____

1) Vgl. Arbeitskreis Instandhaltung der Schmalenbach-Gesellschaft, Instandhaltung - Ein Management-Problem, a. a. O. , S. 61.

Um diesem Informationsanspruch gerecht zu werden, wird ein Teilsystem zur Bedarfsermittlung der Instandhaltungsleistungen für die Fertigungsanlagen und ein weiteres Teilsystem als Grundlage für Dispositionen bei der Bedarfsdeckung durch eigene oder fremde Instandhaltungsbetriebe benötigt. Beide Teile werden zu einem Rechenmodell verknüpft.

Die Trennung von Bedarfsermittlung und Bedarfsdeckung ermöglicht es, verschiedenartige Einflüsse auf die Höhe der Instandhaltungskosten, wie z. B. die wechselnde produktionsbedingte Inanspruchnahme der Fertigungsanlagen oder Veränderungen im Verhältnis zwischen Eigen- und Fremdleistung der Instandhaltungsbetriebe zu berücksichtigen. Diese Zusammenhänge werden in Abbildung 4 verdeutlicht.

a) Die Bedarfsermittlung der Instandhaltungsleistungen für Fertigungsanlagen

(1) Methodischen Vorgehen

Wesentliches Merkmal dieses methodischen Ansatzes ist die periodische und anlagenbezogene Betrachtungsweise bei der Bedarfsermittlung der Instandhaltungsleistungen. Grundlage für die Bedarfsermittlung ist der periodische Verbrauch an Instandhaltungsleistungen einer Fertigungsanlage.

Die Abgrenzung des Betrachtungsobjektes Fertigungsanlage lehnt sich an die bisher vorgenommene Abgrenzung der Anlageneinheit an[1]. An zwei Beispielen sollen die Abgrenzungen noch einmal demonstriert werden. Als Fertigungsanlage im Bereich der Stahlwerke wird z. B. das Elektrostahlwerk bezeichnet. Hierzu zählen "Ofengefäß mit Deckel, Elektrodenregulierung, Trafostation, Beschikkungseinrichtungen, Sauerstoff-Zuleitung im Stahlwerksgebäude und Hilfseinrichtungen für Zustellung und Reparaturen"[2]. Aus dem Hochofenbereich, der u. a. aus Kokerei, Hafenbetrieb, Sinterbetrieb, Hochofenschmelzbetrieb u. a. besteht, soll beispielhaft der Hochofenschmelzbetrieb beschrieben werden. Hierzu zählen im wesent-

---

1) Vgl. hierzu S. 57 dieser Untersuchung.
2) Betriebswirtschaftliches Institut der Eisenhüttenindustrie. Besondere Richtlinien für das Betriebliche Rechnungswesen der Eisen- und Stahlindustrie, Hrsg. Wirtschaftsvereinigung Eisen- und Stahlindustrie, Besondere Richtlinien für Stahlwerke B. Tz 19.

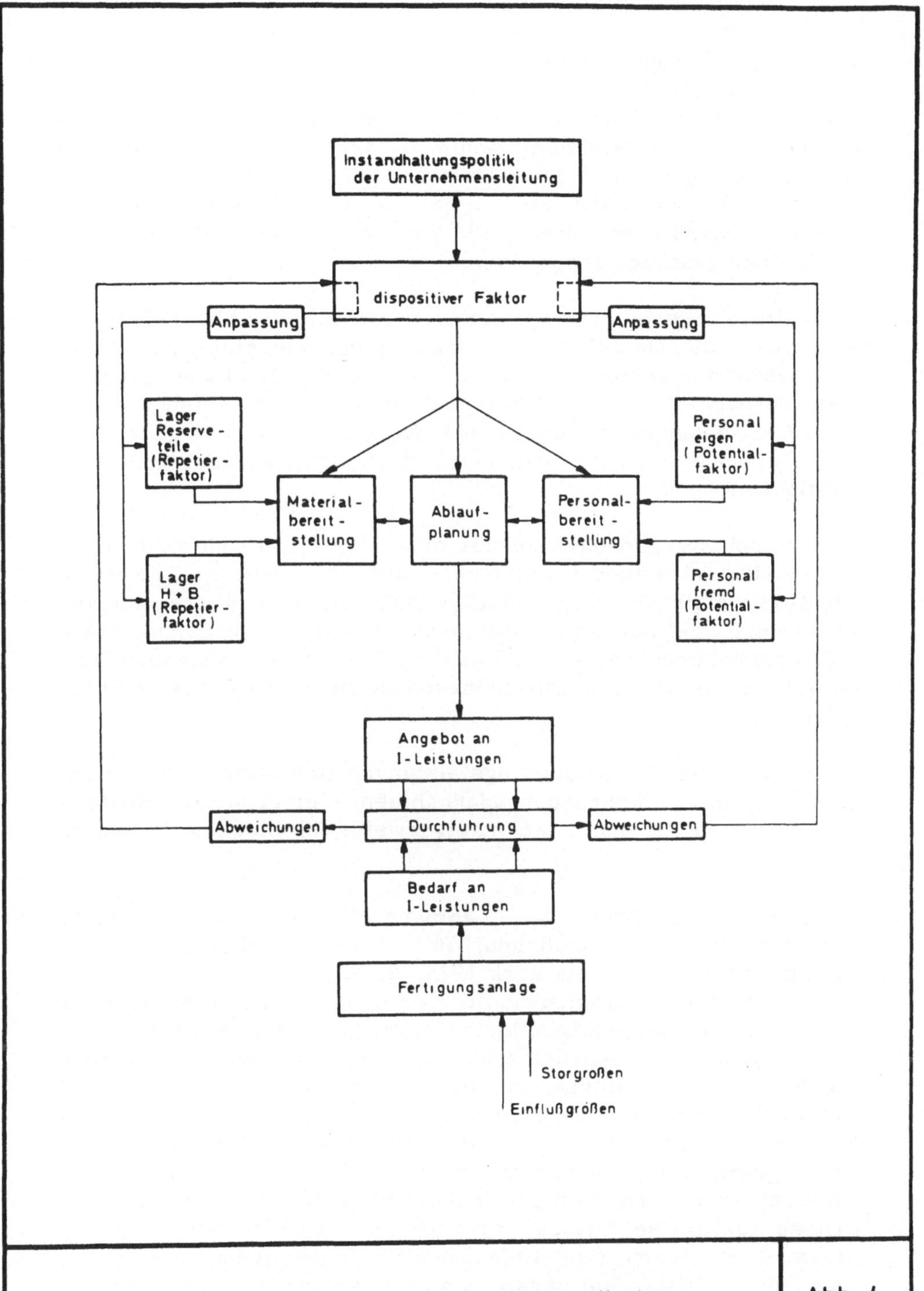

Der Steuerungsprozeß der Instandhaltung | Abb. 4

lichen die Erzbrech- und -siebanlage, Möllerung und Begichtung, Winderhitzer, Hochofen und Rohgasleitung.

Durch die großen und komplexen Anlageneinheiten in der Eisenhüttenindustrie werden diese Einheiten auch häufig aus organisatorischer Sicht als "Betrieb" bezeichnet. "Betrieb" und "Fertigungsanlage" sind dann (z. B. bei den oben genannten Anlagen oder bei Walzwerken, Stranggießanlagen etc.) synonym zu betrachten. Wegen der differenzierten Auffassungen zur Abgrenzung des Betriebs in der betriebswirtschaftlichen Literatur[1] wird daher im folgenden immer von Fertigungsanlage gesprochen.

Durch diese Aggregation von Anlagenelementen wird erreicht, daß nicht mehr die Gestaltungsmerkmale jeder einzelnen Instandhaltungsmaßnahme geplant werden müssen. Ausgehend von einem gemessenen periodischen Verbrauch an Instandhaltungsleistungen einzelner Fertigungsanlagen über einen längeren Beobachtungszeitraum soll auf einen typischen Bedarfsverlauf an Instandhaltungsleistungen geschlossen werden.

Der Instandhaltungsbedarf soll für ordentliche und außerordentliche Instandhaltungsleistungen getrennt ermittelt werden[2]. Der außerordentliche Instandhaltungsbedarf besteht aus einer überschaubaren Anzahl von Einzelmaßnahmen mit mehrjährigen Wiederholungszyklen (z. B. Kranbahnreparatur alle 3 Jahre). Die Einzelmaßnahmen werden auftragsweise nach Durchführungszeitpunkt und Kostenumfang geplant.

Die ordentlichen Instandhaltungsleistungen umfassen eine Vielzahl kurzfristig wiederkehrender Maßnahmen kleineren und mittleren Umfangs[3] und werden zweckmäßigerweise für einzelne Zeiträume

---

1) Vgl. Busse von Colbe, W., Laßmann, G., Betriebswirtschaftstheorie, Band 1: Grundlagen, Produktions- und Kostentheorie, Berlin-Heidelberg-New York 1975, S. 9 ff.
2) Vgl. in diesem Zusammenhang die Unterscheidung zwischen kurzfristigen und langfristigen Instandhaltungsmaßnahmen bei Kilger, W., Flexible Plankostenrechnung, a.a.O., S. 405. "Handelt es sich hierbei um kleinere, in relativ kurzen Abständen wiederkehrende Maßnahmen, so wollen wir von kurzfristigen Instandhaltungskosten sprechen." "Bei umfangreichen, kostspieligen Überholungsarbeiten, die nur in größeren Abständen wiederkehren, wollen wir von langfristigen Instandhaltungskosten sprechen."
3) Diese qualitative Aussage wird im empirischen Teil dieser Untersuchung durch eine Erfassung der Wirksamkeitsdauer verschiedener Instandhaltungsmaßnahmen ergänzt.

(Perioden) insgesamt geplant. Die Bedarfsermittlung für ordentliche Instandhaltungsleistungen einer Periode soll durch Einflußgrößenfunktionen, die entsprechend ihrem Anwendungszweck auch Bedarfsfunktionen genannt werden, verbessert werden. Hierbei geht man von Überlegungen aus, die Abhängigkeiten der Instandhaltungsleistungen einer Periode von ihren wesentlichen Einflußgrößen durch statistisch abgesicherte Regelmäßigkeiten, hinter denen technologisch plausible Zusammenhänge stehen, zu erfassen.

Instandhaltungsleistungen setzen sich unabhängig von ihrem ordentlichen oder außerordentlichen Charakter aus relativ heterogenen Einzelleistungen zusammen. Daher wird für die Bedarfsermittlung entsprechend der Instandhaltungsstruktur[1] die Gliederung der Leistungen nach Wartungs-, Inspektions- und Instandsetzungsleistungen sowie die weitere Differenzierung nach Reparaturbetriebsleistungen, auftragsspezifischen Hilfs- und Betriebsstoffen und auftragsspezifischen Reserveteilen vorgenommen.

Als wichtigste Maßgröße für die Höhe der Instandhaltungsleistungen werden die Instandhaltungsstunden angesehen. Der Stundenbedarf wird nach leistenden Elektro-, Maschinen- oder Baubetriebsstunden differenziert ermittelt. In jeder einzelnen betriebsbezogenen Stunde können zwar auch unterschiedliche Leistungen, z.B. Getriebe ausbauen oder Antriebswelle ersetzen, enthalten sein; durch die relativ stabile Struktur des periodischen Leistungsumfangs kann jedoch die Instandhaltungsstunde als brauchbare Maßgröße für dieses Leistungsbündel verwendet werden.

(2) Bedarfsfunktionen für ordentliche Instandhaltungsleistungen

Die Verwendung von Bedarfsfunktionen für die Ermittlung der ordentlichen Instandhaltungsleistungen setzt voraus, daß zwischen den periodischen Instandhaltungsleistungen für eine Fertigungsanlage (Maßgröße: Instandhaltungsstunde) als Zielgröße und den wesentlichen Einflußarten ein funktionaler Zusammenhang besteht.

Die Höhe des Instandhaltungsbedarfs einer Fertigungsanlage kann durch folgende Einflüsse bestimmt werden:

- Produktionsbedingte Inanspruchnahme (z.B. Erzeugungsmenge, Nutzungshauptzeit)

- Bedienungsweise der Anlage durch das Bedienungspersonal

---

1) Vgl. S. 63 dieser Untersuchung.

- Technologischer Charakter der Anlage (z. B. Materialeigenschaften, Konstruktion, Alter)

- Umwelteinflüsse (z. B. Temperatur, Feuchtigkeit)

- Handlungsspielraum bei der Durchführung von Inspektionen oder Instandsetzungen

- Unternehmenspolitische Einflüsse z. B. die Ertrags- oder Finanzlage der Unternehmung

Einflußgrößen, die in den Bedarfsfunktionen verwendet werden können, müssen quantifizierbar sein. Die Bedeutung der nichtquantifizierbaren Einflüsse gegenüber den quantifizierbaren Einflüssen auf die Höhe der periodischen Instandhaltungsleistungen wurde zusätzlich durch eine Expertenbefragung überprüft[1]. In einem Fragebogen[2] wurden die möglichen Einflußarten auf die Höhe der periodischen Instandhaltungsleistungen aufgeführt. Als Bezugsgröße für die Gewichtung der Einflußarten wurde die Bedeutung der produktionsbedingten Inanspruchnahme bestimmt. Die befragten Experten konnten eine Gewichtung der anderen Einflußarten gegenüber der Bezugsgröße vornehmen, indem sie die Einflußart einem Zahlenwert auf einer 13-stufigen Skalenreihe zuordneten.

Die Aussagen von 15 Experten aus verschiedenen Betrieben der Eisenhüttenindustrie und anderen Branchen wurden nach dem Rating-Verfahren[3] ausgewertet. Die Befragungsergebnisse[4] zeigen, daß aus der Vielzahl der Einflußarten die produktionsbedingte Inan-

---

1) Vgl. hierzu u. a. Albach, H. , Informationsgewinnung durch strukturierte Gruppenbefragung, in: ZfB, 40. Jg. (1970), S. 11-26; vgl. König, R. , Handbuch der empirischen Sozialforschung, Grundlegende Methoden und Techniken, Band 3 a, 2. Teil, Stuttgart 1974, S. 106 ff.
2) Vgl. dazu Abb. 6, Anhang 1: Fragebogen zur Gewichtung der Einflußarten auf die Höhe der laufenden monatlichen Instandhaltungsleistungen einer Anlage.
3) Vgl. Sixtl, F. , Meßmethoden der Psychiatrie, Weinheim 1967, S. 139 ff.
4) Vgl. hierzu Abb. 7, Anhang 1: Ergebnisse einer Expertenbefragung zu Gewichtung der Einflußarten auf die Höhe der laufenden monatlichen Instandhaltungsleistungen einer Anlage.

spruchnahme der Fertigungsanlage der wichtigste quantifizierbare Faktor ist, der die Höhe der ordentlichen Instandhaltungsleistungen bestimmt.

Darüber hinaus konnten folgende Erkenntnisse gewonnen werden: So deutet die geringe Bewertung der "Sonstigen, nicht genannten Ursachen" auf die Vollständigkeit der aufgeführten Einflußarten hin. Bei der Einflußart "technologischer Charakter der Anlage", insbesondere Konstruktion, wurde wiederholt auf die Wechselbeziehungen zwischen Instandhaltungskosten und Abschreibung hingewiesen: Je besser eine Fertigungsanlage bei der Anfangsinvestition ausgestattet wird, desto geringer ist die Bedeutung der konstruktiven Gestaltung auf die Instandhaltungskosten. Letztlich können auch die Umwelteinflüsse bei einer beanspruchungsgerechten Konstruktion kaum wirksam werden.

Die Erwartung, der Handlungsspielraum des ausführenden Instandhaltungspersonals in bezug auf zeitliche Verschiebungsmöglichkeiten von Instandsetzungsmaßnahmen sei von hohem Einfluß, erwies sich als vordergründig und konnte durch die Expertenbefragung nicht bestätigt werden. Hierbei ist jedoch noch einmal hervorzuheben, daß die Befragungsergebnisse ausschließlich Aussagen über die Einflußarten auf den laufenden Instandhaltungsbedarf machen. Die zeitliche Verschiebbarkeit von Instandsetzungsmaßnahmen ist jedoch in erster Linie bei außerordentlichen Maßnahmen möglich.

In diesem Zusammenhang ist auch die Auffassung zu diskutieren, die Ertragslage der Unternehmung würde den periodischen Instandhaltungsbedarf beeinflussen. Auch dieser Einfluß bezieht sich weniger auf den laufenden Instandhaltungsbedarf, der vor allem durch die kurzfristig variierende produktionsbedingte Inanspruchnahme ausgelöst wird, sondern vielmehr auf die außerordentlichen Maßnahmen wie Modernisierungs- oder Erweiterungsmaßnahmen als Übergangserscheinungen von der Instandhaltung zur Investition. Diese Maßnahmen werden in erster Linie in Abhängigkeit von der gegenwärtigen oder zukünftigen Ertragslage oder der verfügbaren Instandhaltungskapazität auftragsweise disponiert.

Die Quantifizierung des Gewichtes der produktionsbedingten Inanspruchnahme auf die Höhe des ordentlichen Instandhaltungsbedarfs soll mit Hilfe von Regressionsrechnungen ermittelt werden. Regressionsrechnungen sind ein geeignetes Untersuchungsverfahren, um mathematisch-statistische Gesetzmäßigkeiten zwischen Input-Output-Beziehungen einer Verschleißeinheit zu ermitteln. Die Verschleißeinheit umfaßt diejenigen Anlagenelemente einer Fertigungsanlage, die durch den technischen Verbrauch verändert werden. In der Modellvorstellung werden diese Anlagenelemente einer Fertigungs-

anlage als "schwarzer Kasten"[1] angesehen. Das elementbezogene
Verbrauchsverhalten wird auf diese Weise außer acht gelassen. Man
geht davon aus, daß der Instandhaltungsleistungsbedarf durch das
Verbrauchsverhalten aller zeitfesten Anlagenelemente mit ihren Eigenschaften und Beziehungen geprägt wird. Die Verschleißeinheit
mit ihren Input-Output-Beziehungen ist in Abbildung 5 dargestellt.

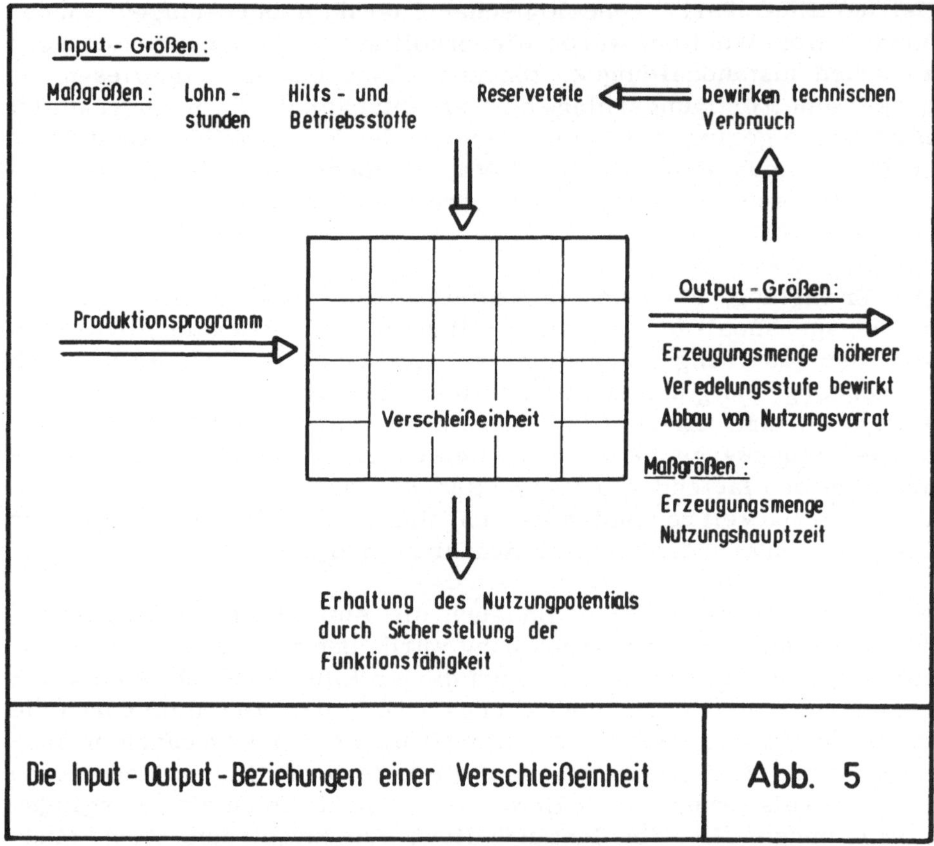

Die Input - Output - Beziehungen einer Verschleißeinheit	Abb. 5

Das "Schachbrett" symbolisiert die Anlagenelemente einer Fertigungsanlage, die dem technischen Verbrauch unterliegen. Durch den
Kombinationsprozeß zwischen dem Potentialfaktor Fertigungsanlage,

---

1) Über die Bedeutung der Modellvorstellung des "schwarzen Ka-
   stens" als Technik des Operational Research, vgl. Beer, St.,
   Kybernetik und Management, a.a.O., S. 67 ff.; vgl. ferner Har-
   bordt, St., Computersimulation in den Sozialwissenschaften, Bd. 1,
   Einführung und Anleitung, Reinbek bei Hamburg 1974, S. 60: "Die
   Black-box-Methode ist ... eine wichtige komplexreduzierende
   Strategie zur Erforschung komplexer Systeme. "

dem Bedienungspersonal und dem Faktor Werkstoff (das Produktionsprogramm) verliert das Nutzungspotential der Fertigungsanlage an
Niveau, während die hergestellten Produkte an Nutzenwert gewinnen.
Um das ursprüngliche Leistungspotential der Fertigungsanlage zu
erhalten, sind ständig Instandhaltungsmaßnahmen erforderlich, die
der Nutzenminderung des Potentialfaktors Fertigungsanlage entsprechen sollen.

Für die Proportionalitätsbeziehungen zwischen den Input-Output-
Größen der Fertigungsanlage wird folgende Behauptung aufgestellt:

Es existieren stochastische Beziehungen im Sinne statistisch abge-
sicherter Regelmäßigkeiten zwischen dem periodischen Kostengüterverbrauch der ordentlichen Instandhaltungsmaßnahmen (Zielgröße)
und der produktionsbedingten Inanspruchnahme der Fertigungsanlage, vertreten durch die Maßgrößen Erzeugungsmenge bzw. Nutzungshauptzeit (Einflußgrößen). Darüber hinaus bestimmen die konstruktive Gestaltung und die Materialeigenschaften der Fertigungsanlage
die Höhe des spezifischen Instandhaltungsbedarfs. Dieser Einfluß
drückt sich in der Höhe des Bedarfsstandards der Funktionen aus.

Vor der empirischen Ermittlung der Bedarfsfunktionen sollen Überlegungen über die theoretische Gestalt und den möglichen Verlauf
der Funktionen angestellt werden. Dies ist zweckmäßig, weil die
empirischen Funktionen ihren Gültigkeitsbereich nur innerhalb der
Variationsbreite ihrer Eingangsdaten haben. Für eine umfassende
Interpretation von empirisch ermittelten Bedarfsfunktionen sind jedoch auch die außerhalb des bisherigen Gültigkeitsbereiches liegen-
den möglichen Kurvenverläufe von Interesse, da hier Wertepaare
zukünftiger Perioden liegen können. Ebenso darf bei kritischer Wür-
digung der stochastischen Zusammenhänge die Bedeutung der nicht
quantifizierbaren Einflüsse nicht vernachlässigt werden. Vielmehr
muß versucht werden, ihren Einfluß auf den funktionalen Verlauf
gegenüber den in die Regressionsrechnungen einbezogenen quantifizierbaren Einflußgrößen zu gewichten.

Die zu ermittelnden Bedarfsfunktionen bestehen aus den Komponenten

- errechnete Bedarfsmenge/Periode BM_e

- spezifische Bedarfsmenge BM_s
  (Bedarfsstandard)

- Einflußgröße/Periode $E_{(t)}$

- Konstante B_0

In erster Näherung wird für einen weiten Bereich des Ursache-Wirkungszusammenhanges ein linearer Funktionsverlauf unterstellt. Bei nicht linearem Verlauf kann eine abschnittsweise Linearisierung vorgenommen werden. Bei Linearität hat die rechnerische Verknüpfung der Komponenten folgende Form:

$$BM_e = B_O + BM_s \times E_{(t)}$$

Bezogen auf den konkreten Tatbestand der Instandhaltung versteht man unter der errechneten Bedarfsmenge/Periode die periodische Menge der benötigten Kostengüterarten Instandhaltungslohnstunde, Hilfs- und Betriebsstoffe und Reserveteile.

Als Maßgröße für die produktionsbedingte Inanspruchnahme ist die Erzeugungsmenge/Periode und die Nutzungshauptzeit/Periode geeignet. Bei der Verwendung der Erzeugungsmenge wird unterstellt, daß die Erzeugungsmengeneinheiten die Fertigungsanlage mit einer durchschnittlichen Intensität beanspruchen. Anpassungsmaßnahmen an eine veränderte Höhe der Erzeugungsmenge werden durch zeitliche, gegebenenfalls quantitative Anpassungen vollzogen. Bei deutlich voneinander abweichender intensitätsmäßiger Beanspruchung der Fertigungsanlage durch verschiedene Produktgruppen wird aus der primären Einflußgröße Erzeugungsmenge über produktgruppenbezogene Leistungsstandards die sekundäre Einflußgröße Nutzungshauptzeit errechnet und als Maßgröße der produktionsbedingten Inanspruchnahme verwendet.

Die Höhe des spezifischen Leistungsbedarfs bzw. des Bedarfsstandards wird hauptsächlich durch die technologischen Merkmale der Fertigungsanlage in Verbindung mit der spezifischen Beanspruchung ihrer Anlagenelemente bestimmt. Der Bedarfsstandard wird mit Hilfe von Regressionsrechnungen ermittelt, die sich auf einen Beobachtungszeitraum beziehen, in dem die technologischen Merkmale der Fertigungsanlage weitgehend konstant blieben. Gleichbleibende Merkmale werden auch für den Planungszeitraum unterstellt. Die Verwendung der ermittelten Koeffizienten ist nur so lange zulässig, wie die technologischen Merkmale konstant bleiben. Ergeben sich Veränderungen dieser Merkmale, so sind die Bedarfsstandards anzupassen.

Auf den technischen Verbrauch der Fertigungsanlagen wirken zusätzliche Einflüsse wie die Qualifikation des Bedienungspersonals[1] oder die unterschiedlichen Umgebungseinflüsse[2]. Beide Einfluß-

---

1) Z.B. Unachtsamkeit oder fehlerhafte Bedienung der Fertigungsanlage durch das Bedienungspersonal.
2) Z.B. Feuchtigkeit, Schwingungen, etc.

94

arten treten in einer gewissen statistischen Regelmäßigkeit auf, können aber wegen unzureichender Quantifizierungsmöglichkeiten nicht als separate Einflußgrößen berücksichtigt werden. Bei diesen Einflüssen wird ein im Zeitablauf durchschnittlicher Einwirkungs- grad unterstellt, der in die Normalbedingungen eingeht, unter denen die Koeffizienten für die Regressionsanalyse ermittelt werden.

Wesentlich ist noch ein Hinweis auf die Zwangsläufigkeit des Ursa- che-Wirkungszusammenhanges. Im Gegensatz z.B. zum Verbrauch der Kostengüterart Strom, dem ausschließlich ein technologischer Zwangszusammenhang zugrunde liegt, wird beim Instandhaltungs- bedarf der technologisch bedingte zwangsläufige Ursache-Wirkungs- zusammenhang durch einen dispositiven Handlungsspielraum über- lagert. Dieser dispositive Handlungsspielraum ist das Ergebnis einer bestimmten Instandhaltungsstrategie. Im allgemeinen besteht bei der Durchführung von Instandhaltungsmaßnahmen der Wunsch, diese Maßnahmen nicht störungsabhängig, sondern geplant vorbeu- gend durchzuführen, um die Funktionsfähigkeit der Fertigungsan- lagen im Zusammenhang mit der Produktionsplanung sicherzustellen und die Bereitstellungsplanung der für die Instandhaltungsmaßnahme notwendigen Faktoren günstiger zu gestalten. Daher hat man als Instandhaltungsstrategie ein Vorgehen gewählt, bei dem zunächst Inspektionsmaßnahmen vorgenommen werden. Hierbei wird je nach Zustand des Anlagenelementes über den Bedarf einer Instandset- zungsmaßnahme entschieden[1]. Schwierigkeiten bei der Einschätzung des technischen Verbrauchs einerseits und das individuelle Risiko- verhalten des Inspekteurs andererseits erschweren es, von einem gleichbleibenden Inspektionsverhalten auszugehen[2]. Aus diesem Grund kann der Zeitpunkt einer geplanten Instandsetzungsmaßnahme nicht immer übereinstimmen mit dem technologisch bedingten Zeit- punkt der störungsbedingten Instandsetzung. Dieses Verhalten be- wirkt einen in engen Grenzen verschiebbaren periodischen Instand- haltungsbedarf bei sonst gleicher Höhe der quantifizierbaren Ein- flußgrößen. Es werden daher Regressionsfunktionen erwartet, deren Verlauf hauptsächlich durch den technologischen Zwangszusammen- hang zwischen den Ursachen des technischen Verbrauchs und dem

---

1) Die Forderung nach einer Inspektionsstrategie ist auch das Er- gebnis der Untersuchung von Voigt, J.-P., Erfassung, Auswer- tung und Nutzung von Schadensdaten in der Eisen- und Stahlindu- strie, a.a.O., S. 175.

2) Zu den Hilfsmitteln zur Festlegung von Instandsetzungszeitpunkten vgl. Kugler, H., Erfahrungen bei Schadensuntersuchungen und -auswertungen, in: Instandhaltung - Partner der Produktion, Vor- träge zur Fachtagung des Deutschen Komitee Instandhaltung, Stutt- gart 1973, S. 16/1-21.

Instandhaltungsbedarf bestimmt wird. Die Regressionsgerade wird jedoch von einem Streubereich der Zielgrößenwerte umgeben, der im wesentlichen auf den dispositiven Entscheidungsspielraum des Inspekteurs zurückzuführen ist. Die statistischen Maßzahlen werden Auskunft über die Größe des Streubereiches und damit Hinweise für die Eignung dieser Funktionen zur Bedarfsprognose der ordentlichen Instandhaltungsleistungen geben.

Der als Ergebnis empirischer Untersuchungen erwartete allgemeine funktionale Verlauf zwischen dem laufenden Instandhaltungsbedarf/ Periode und den wesentlichen Einflußgrößen Erzeugungsmenge/Periode bzw. Nutzungshauptzeit/Periode wird in Abb. 8 dargestellt.

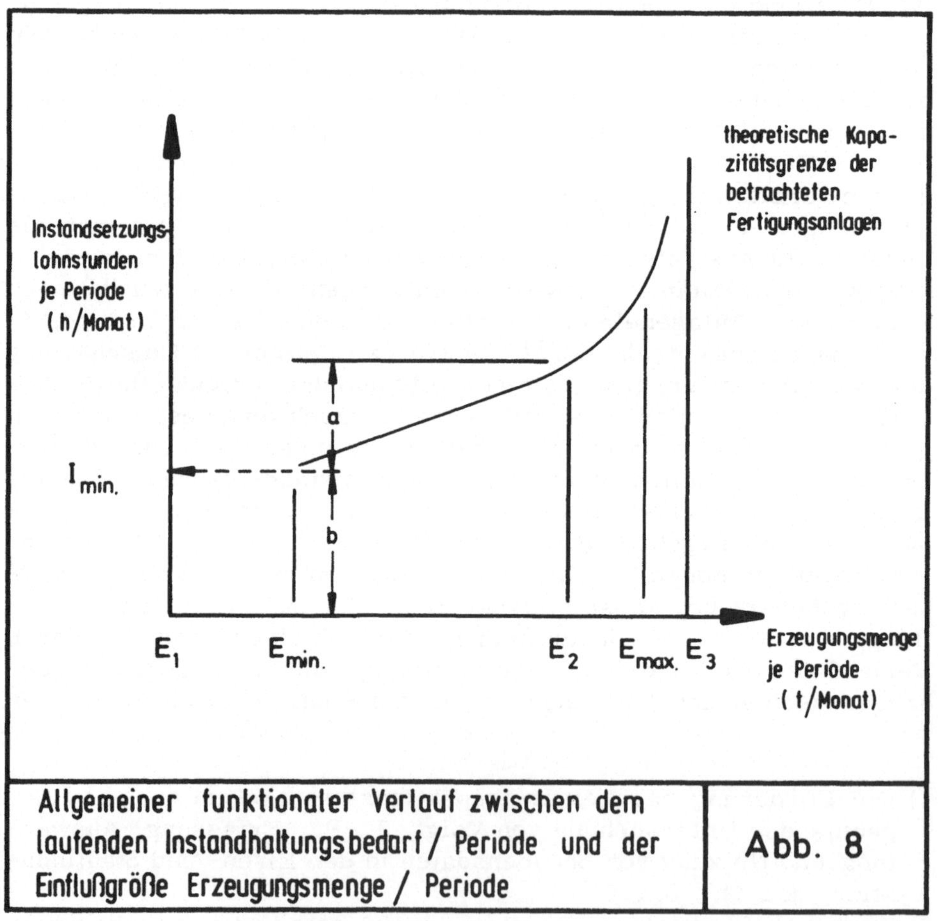

Allgemeiner funktionaler Verlauf zwischen dem laufenden Instandhaltungsbedarf / Periode und der Einflußgröße Erzeugungsmenge / Periode | Abb. 8

Der Gültigkeitsbereich der Bedarfsfunktion erstreckt sich auf die Variationsbreite der Einflußgröße während des Beobachtungszeitraumes (zwischen E_{min} und E_{max}). Hierbei wird eine ausreichende

Anpassungsfähigkeit der Zielgröße Instandhaltungslohnstunden/Periode unterstellt. Wenn die Kapazität des eigenen Instandhaltungspersonals bis zur kurzfristigen unteren Anpassungsgrenze abgebaut ist (I_{min}), verbleiben die Instandhaltungskosten auch bei weiter reduzierter Erzeugungsmenge/Periode auf dieser Höhe (Fixkostenanteil der Instandhaltungskosten aus der Sicht der Fertigungsanlage). Die Bedarfsfunktion schneidet also nicht die Ordinate. Der Instandhaltungsbedarf bei der Erzeugungsmenge $E_1 = 0$ ist mathematisch gesehen ein "singulärer Punkt". Die Instandhaltung bei der Erzeugungsmenge $E_1 = 0$ besteht aus gesonderten Maßnahmen, die speziell für die Zwecke kürzerer oder längerer Anlagenstillstände vorgesehen sind. Diese Maßnahmen führen zu Stillstandskosten der Fertigungsanlage und werden auftragsweise geplant. Ihr Umfang richtet sich nach den jeweiligen Gegebenheiten der Stillstandsdauer und dem zukünftigen Verwendungszweck der Fertigungsanlage. Diese Maßnahmen sind nicht Gegenstand dieser Untersuchung.

Von besonderem Interesse ist die Entwicklung des Instandhaltungsbedarfs bei wechselnder Inanspruchnahme der Fertigungsanlage. Hierbei wird zunächst ein linearer Anstieg zwischen E_1 und E_2 angenommen. Diesem Verlauf liegt der proportionale Verlauf zahlreicher Verschleißerscheinungen in Abhängigkeit ihrer Einflüsse zugrunde. Bei zunehmender Inanspruchnahme der Fertigungsanlage, quantifiziert durch die jeweilige Höhe der Erzeugungsmenge, steigt der technische Verbrauch der zeitfesten Anlagenelemente derart an, daß die Funktion in einen progressiven Verlauf übergeht (von E_2 bis E_3). Der im Beispiel angeführte Lohnstundenbedarf/Periode wird nach oben begrenzt durch die Kapazitätsgrenze der Fertigungsanlage. Diese Kapazitätsgrenze wird bei Fertigungsanlagen selten bzw. gar nicht erreicht, da vor Erreichung dieser Grenze ein progressiver technischer Verbrauch einsetzt (Phase E_2 bis E_3). Die Belastungshöhe und zeitliche Folge der Krafteinwirkungen nehmen ein Ausmaß an, daß die vom Konstrukteur erwartete Belastungsgrenze überschritten wird. In bezug auf den Hochofenschmelzbetrieb kann dies z.B. bedeuten, daß die Windformen zur Kühlung oder die Winderhitzer, also insbesondere die peripheren Aggregate, über die übliche Belastungshöhe hinaus beansprucht werden. Die zunehmenden Instandhaltungsmaßnahmen sind mit einem erhöhten Reserveteilwechsel verbunden, der einen zusätzlichen Instandhaltungsbedarf durch Anfangsausfälle hervorruft. Daher geht der lineare Verlauf in einen progressiven Instandhaltungsbedarf über.

Die Anteile a und b in Bild 8 können in bezug auf die normalerweise zu erwartende Beschäftigungsschwankung als einflußgrößenfixe und -proportionale Bestandteile aufgefaßt werden. Aus den später im einzelnen zu erläuternden Regressionsrechnungen sind beispielhaft folgende Verhältnisse zu ersehen: Hochofenschmelzbetrieb: a : b =

50 % : 50 %; LD-Stahlwerk: a : b = 40 % : 60 %. Der einflußgrößen-unabhängige Leistungsanteil geht auf Maßnahmen zurück, die unabhängig von der Höhe der produktionsbedingten Inanspruchnahme in den regelmäßig stattfindenden Reparaturschichten (wöchentlich, monatlich) durchgeführt werden. Die Bedarfsfunktionen werden mit Hilfe von Regressionsrechnungen ermittelt. Je nach Lage der Wertepaare, die der Regressionsrechnung zugrunde liegen, werden folgende typischen Verläufe der Regressionsgeraden unterschieden.

Liegen die Wertepaare im proportionalen Bereich E_1/E_2, so wird eine Regressionsfunktion gemäß Abbildung 9 erwartet:

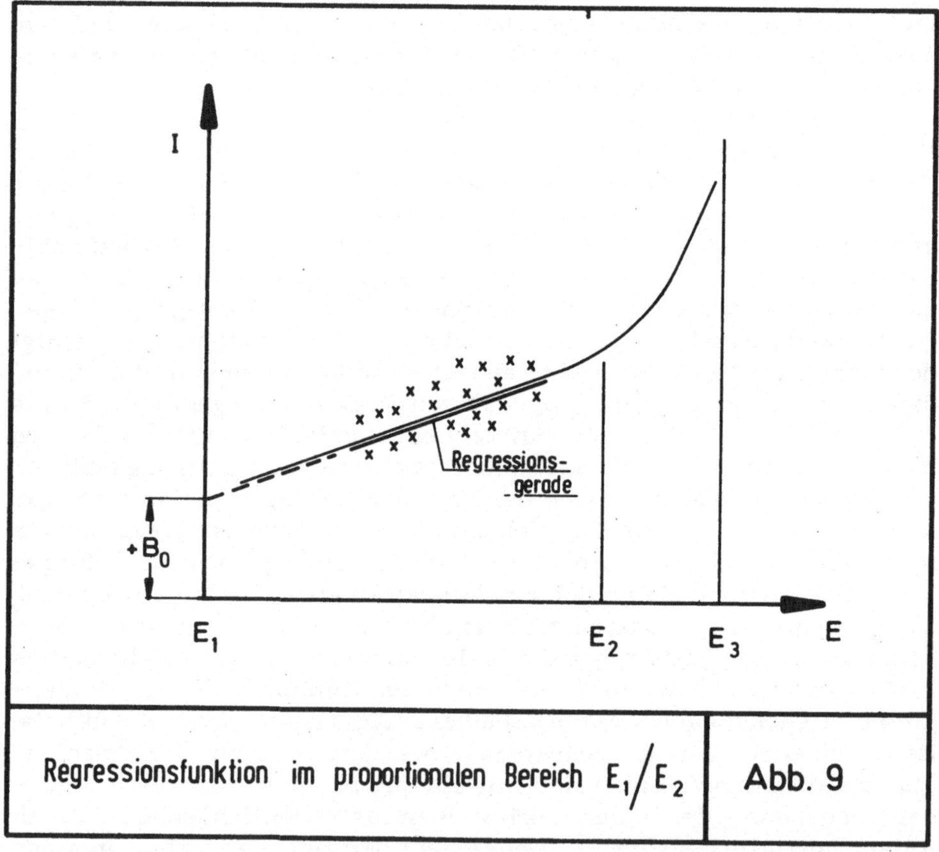

Regressionsfunktion im proportionalen Bereich E_1/E_2 — Abb. 9

Liegt die Punktewolke im nicht linearen Bereich (Abb. 10), so können auf Grund des mathematischen Algorithmus bei Regressionsanalysen negative Regressionskonstanten B_O vorkommen, die betriebswirtschaftlich keine Bedeutung haben, da man sonst feststellen würde, daß bei Betriebsstillstand (Erzeugung = 0) negative Instandhaltungsleistungen erforderlich wären.

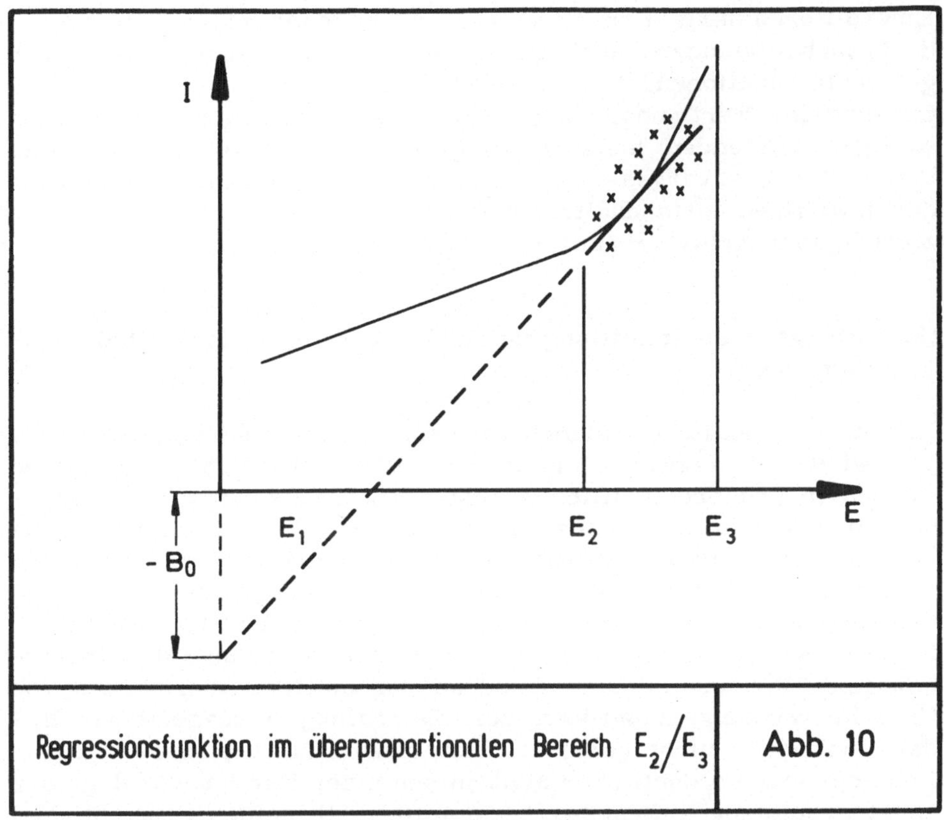

| Regressionsfunktion im überproportionalen Bereich E_2/E_3 | Abb. 10 |

Regressionsgerade $\qquad I_{(E)} = B_0 + a \times E_{(t)}$

$I_{(E)}$ = Bedarf an einer Instandhaltungskostengüterart in Abhängigkeit von der Einflußgrößenhöhe

$E_{(t)}$ = Einflußgröße in Abhängigkeit von der Zeit

B_0 = Regressionskonstante

a = spezifischer Bedarf der Instandhaltungskostengüterart (Bedarfsstandards)

Der Gültigkeitsbereich der Funktion beschränkt sich auf die Variationsbreite der Eingangsdaten, die in der Regel in der Nähe des Nullpunktes der Einflußgröße nicht mehr gemessen werden können. Für einzelne empirische Untersuchungen kann sich die Variationsbreite der Daten über den ersten linearen Bereich bis zum progressiven Bereich erstrecken. Für diesen Fall werden zwei lineare Regressionsfunktionen abschnittweise ermittelt. Im einzelnen werden diese Probleme im empirischen Teil erläutert.

Eine differenzierte Ermittlung des ordentlichen Instandhaltungsbedarfs nach leistenden Maschinen-, Elektro- oder Baubetrieben durch
getrennte Funktionen ist nicht vorgesehen. Die Erfahrung zeigt, daß
für einzelne Fertigungsanlagen die Leistungsstruktur nach den jeweiligen leistenden Instandhaltungsbetrieben weitgehend konstant
bleibt. Daher ist vorgesehen, zur bedarfsgerechten Dimensionierung
der jeweiligen Instandhaltungsbetriebe die erforderliche Differenzierung über Äquivalenzziffern vorzunehmen.

(3) Auftragsweise Ermittlung der außerordentlichen Instandhaltungs-
    leistungen

Der außerordentliche Instandhaltungsbedarf für die Fertigungsanlagen wird auftragsweise ermittelt. Außerordentliche Maßnahmen
werden in größeren zeitlichen Abständen durchgeführt (z. B. Kranbahnreparatur alle 3 Jahre). Der technische Verbrauch der Fertigungsanlage bis zum Zeitpunkt des Funktionsverlustes erstreckt sich
über viele Perioden, während die hierdurch ausgelöste Instandhaltungsmaßnahme im allgemeinen in einer Periode durchgeführt wird.
Durch diesen zeitraumbezogenen Ursachenverlauf und die zeitpunktbezogene Wirkung ist die periodenbezogene Gegenüberstellung von
Ursache-Wirkungsmaßgrößen zur Ermittlung aussagefähiger Bedarfsfunktionen nicht geeignet. Daher wird für die überschaubare
Zahl der außerordentlichen Maßnahmen einer Fertigungsanlage der
Leistungsumfang auftragsweise ermittelt. Um eine Übersicht über
den außerordentlichen Instandhaltungsbedarf einer Fertigungsanlage
und seine zeitliche Verteilung zu erhalten, werden die Einzelmaßnahmen nach Durchführungszeitpunkt und leistenden Elektro-, Ma-
schinen- oder Baubetrieben mit dem jeweiligen Leistungsumfang
prognostiziert.

Der technische Verbrauch, der zu außerordentlichen Instandsetzungsmaßnahmen führt, erstreckt sich über einen langen Zeitraum.
Der Durchführungszeitpunkt der Instandsetzungsmaßnahmen ist durch
diesen langsamen Verbrauch in gewissen Grenzen variabel. Eine
kleine Verschiebung führt nicht sofort zum Funktionsverlust der
Fertigungsanlage. Daher kann der Durchführungszeitpunkt für die
Maßnahmen einerseits vom technischen Verbrauchsverhalten, andererseits aber auch von der günstigen Verfügbarkeit von Instandhaltungskapazität abhängig gemacht werden. Hierdurch entsteht ein
günstiger Dispositionsspielraum für die Instandhaltungsbetriebe.

Zur Prognose des periodenbezogenen Instandhaltungsbedarfs muß
zusätzlich der Leistungsumfang der Einzelmaßnahmen geschätzt
werden. Das geschieht in der gleichen Differenzierung wie bei den
ordentlichen Maßnahmen, d. h. nach benötigten Lohnstunden, Hilfs-

und Betriebsstoffen und Reserveteilen. Als Hilfsmittel zur Schätzung
des benötigten Leistungsumfangs werden im allgemeinen Arbeits-
ablaufpläne verwendet. Zur Unterstützung der zeitlichen Disposition
der Einzelmaßnahmen kann u. a. die Netzplantechnik verwendet werden.

(4) Ergebnis der Bedarfsermittlung

Der mit Hilfe der Bedarfsfunktionen ermittelte ordentliche Instandhaltungsbedarf und der auftragsweise disponierte außerordentliche
Instandhaltungsbedarf einer Periode ergeben den Gesamtbedarf einer
Fertigungsanlage. Während der ordentliche Instandhaltungsbedarf
aus einem relativ hohen technologischen Zwangszusammenhang resultiert und damit eine hohe Eintrittswahrscheinlichkeit hat, sind
die Einzelmaßnahmen des außerordentlichen Bedarfs in gewissen
Grenzen zeitlich verschiebbar. Diese höhere Flexibilität kann sich
der Instandhaltungsbetrieb bei der Planung der Instandhaltungsleistungen zunutze machen und die Auslastung der Instandhaltungsbetriebe verbessern.

Der über alle Fertigungsanlagen eines Hüttenwerkes zusammengefaßte Instandhaltungsbedarf je Periode, differenziert nach leistenden
Elektro-, Maschinen- und Baubetrieben sowie nach leistungsempfangenden Fertigungsanlagen, stellt das Leistungsprogramm zur Bedarfsdeckung durch die jeweiligen Instandhaltungsbetriebe dar.

Der Aufbau von Bedarfsfunktionen und ihre Verwendbarkeit für die
Ermittlung des Instandhaltungsbedarfs wurde durch empirische Untersuchungen, die im einzelnen in Kapitel II dargestellt werden,
abgesichert.

Als zentrale Bemessungsgröße für das Leistungsprogramm zur Bedarfsdeckung wird die Instandhaltungsstunde verwendet. Diese Instandhaltungsstunden sind entsprechend der Ermittlungsstruktur getrennt nach den Instandhaltungsarten Wartung, Inspektion und Instandsetzung, nach leistenden Instandhaltungsbetrieben und nach
leistungsempfangenden Fertigungsanlagen verfügbar.

Trotz dieser weitgehenden Differenzierung darf nicht übersehen
werden, daß z. B. der periodische Instandsetzungsbedarf eines Walz-
werks, angegeben in Stunden des leistenden Elektrobetriebs, ganz
unterschiedliche Tätigkeiten beinhaltet wie z. B. den Ersatz eines
Elektromotors oder den Ausbau eines Schalters. Durch die Tatsache, daß jedoch das Leistungsprogramm des Elektrobetriebs über
den Zeitraum einer Periode eine relativ stabile Struktur aufweist,
kann die Instandhaltungsstunde als brauchbare Maßgröße verwendet

werden. Bei dieser kritischen Betrachtung der Maßgröße Instandhaltungsstunde darf jedoch nicht vergessen werden, daß der eingangs
dargestellte Planungsansatz auf der Grundlage von Einzelmaßnahmen am Anlagenelement aus Gründen der unwirtschaftlichen Infor-
mationsbeschaffung- und -verarbeitung verworfen wurde. Die im
neuen Ansatz vorgenommene Aggregation von Einzelmaßnahmen am
Anlagenelement zu einem periodischen Leistungsbündel für eine
Fertigungsanlage verringert natürlich den Differenziertheitsgrad in
der Festlegung des Leistungsprogramms für den leistenden Instandhaltungsbetrieb. Gegenüber den bisher in der betrieblichen Praxis
geübten Planungsmethoden ist jedoch eine weitergehende Berücksichtigung der Einflußarten auf den Instandhaltungsbedarf erreicht.

b) Die Bedarfsdeckung der Instandhaltungsleistungen durch die In-
    standhaltungsbetriebe

Der Instandhaltungsbedarf der Fertigungsanlagen eines Unternehmens ist die Orientierungsgröße zur wirtschaftlichen Bedarfsdek-
kung durch die Instandhaltungsbetriebe. Durch alternative Maßnahmen wie z. B.

- die Festlegung unterschiedlicher Verhältnisse zwischen Eigenfertigung und Fremdbezug oder

- die Variation zwischen Normal- und Mehrarbeitsstunden

kann die wirtschaftliche Bedarfsdeckung beeinflußt werden. Der
Vergleich der periodischen Instandhaltungskosten einer bestimmten
Einsatzstrategie mit der finanzpolitisch vertretbaren Kostenvorgabe
kann unter Umständen eine Bedarfsänderung notwendig machen.
Diese Änderung läßt sich durch begrenzte zeitliche Verschiebung von
außerordentlichen Instandhaltungsmaßnahmen erreichen.

Als Entscheidungshilfe für die wirtschaftliche Kombination der zur
Bedarfsdeckung notwendigen Einsatzfaktoren (z. B. Instandhaltungspersonal, Energie, Werkzeuge etc.) wird ein Funktionensystem
vorgeschlagen. Dieses Funktionensystem soll aus Verbrauchsfunktionen, die die Abhängigkeiten zwischen den erforderlichen Einsatzfaktoren und relevanten Einflußgrößen erfassen, und aus Preisvektoren zur Bewertung der Einsatzfaktoren bestehen. Dieses Funktionensystem hat die Aufgabe, Informationen über die wirtschaftlichen
Auswirkungen von geplanten Instandhaltungsleistungen einer Periode
zur Verfügung zu stellen. Die errechneten Plankosten einer Periode
können zur Beurteilung verschiedener Einsatzstrategien herangezogen werden. Nach der Entscheidung für eine bestimmte Vorgehensweise werden die Plankosten je Leistungseinheit der jeweiligen In-

standhaltungsbetriebe errechnet und als Verrechnungspreis zur Verrechnung in der Dokumentationsrechnung und zur Planung der Instandhaltungskosten in den Produktionsbetrieben verwendet.

Auf der Grundlage der bisherigen Erfahrungen wird ein methodisches Gerüst für das Funktionensystem im Instandhaltungsbetrieb dargestellt. Es soll als Ausgangspunkt vertiefender Untersuchungen im Instandhaltungsbetrieb dienen können und einen möglichen Lösungsweg für ein Plankostensystem im Instandhaltungsbetrieb aufzeigen.

Zu diesem Zweck werden zunächst der Instandhaltungsbetrieb in seinem Aufbau und die zur Bedarfsdeckung erforderlichen wesentlichen Einsatzfaktoren beschrieben. Den darauf folgenden Möglichkeiten verschiedener Einsatzstrategien folgt die Konzeption des Funktionensystems im Instandhaltungsbetrieb.

(1) Der Instandhaltungsbetrieb als derivativer Kombinationsprozeß

Die Instandhaltungsleistungen werden von Heinen[1] als Ergebnis eines "derivativen" Kombinationsprozesses von Elementarfaktoren angesehen, weil sie nicht direkt in das von den Fertigungsanlagen erzeugte Produkt eingehen, sondern die Funktionsfähigkeit der Fertigungsbetriebe erhalten. Die Instandhaltungsleistungen setzen sich zusammen aus den Leistungsarten: Reparaturbetriebsleistungen, auftragsspezifische Hilfs- und Betriebsstoffe und auftragsspezifische Reserveteile.

Aus der Forderung nach wirtschaftlicher Bedarfsdeckung entsteht zunächst die Frage, welche Einsatzfaktoren hierfür erforderlich sind. Ebenso wie bei einem originären Kombinationsprozeß werden zur Durchführung von Instandhaltungsleistungen die Elementarfaktorarten sowie der dispositive Faktor benötigt[2].

Bei den für die Instandhaltungsleistungen benötigten Repetierfaktoren müssen zwei Gruppen unterschieden werden. Einerseits gibt es Repetierfaktoren, die zum Leistungsinhalt einer bestimmten Instand-

---

1) Vgl. Heinen, E., Betriebswirtschaftliche Kostenlehre, Band I, a. a. O., S. 262: "Input- bzw. Produktionsverfahren, die den Output bereits im Betrieb vorgenommener Kombinationen darstellen, sollen im folgenden als derivative Faktoren bezeichnet werden."
2) Zu den Einsatzfaktoren vgl. Steffen, R., Analyse industrieller Elementarfaktoren aus produktionstheoretischer Sicht, a. a. O., S. 20 ff.

haltungsmaßnahme gehören. Hierzu gehören die auftragsspezifischen
Hilfs- und Betriebsstoffe und Reserveteile. Diese Faktorverbräuche
führen zu auftragsspezifischen Einzelkosten bei den leistungsempfangenden Fertigungsanlagen. Andererseits gibt es Repetierfaktorver-
bräuche, die im leistenden Instandhaltungsbetrieb bei der Durchführung der Instandhaltungsmaßnahme entstehen, z.B. Energieverbrauch, Werkzeugverbrauch etc. Die Kosten dieser Faktorverbräuche sind Bestandteil der Reparaturbetriebskosten und werden indirekt
auf die leistungsempfangenden Fertigungsanlagen weiterverrechnet.

Die auftragsspezifischen Hilfs- und Betriebsstoffe und Reserveteile
werden selten im betriebseigenen Instandhaltungsbetrieb gefertigt[1],
sondern werden von dafür spezialisierten Unternehmen beschafft.
Material- bzw. Reserveteillager dienen als Puffer zwischen Beschaffung und Verwendung. Die Beschaffungs- und Bevorratungs-
funktionen gehören im allgemeinen nicht zum Aufgabenbereich des
Instandhaltungsbetriebes. Die Funktionen des Instandhaltungsbetriebes erstrecken sich darauf, den Bedarf der beiden Faktoren zu
überwachen, Beschaffungsaufträge auszulösen und die termingerechte auftragsbezogene Bereitstellung zu gewährleisten[2].

Neben den Repetierfaktoren müssen für die Durchführung der Instandhaltungsleistungen Potentialfaktoren bereitgestellt werden.
Hierzu gehören sowohl das Instandhaltungspersonal als auch die benötigten technischen Vorrichtungen und Anlagen. Vor allem diese
längerfristig im Instandhaltungsbetrieb verbleibenden Potentialfaktoren sind unter dem Gesichtspunkt der kurzfristig variierbaren
Einsatzmöglichkeiten zu analysieren. Die Einsatzmerkmale des Potentialfaktors Instandhaltungspersonal sind hierbei von besonderem
Interesse. Produktionstechnische Einsatzmerkmale sind die qualitative, quantitative und zeitliche Kapazität sowie Elastizität und das
potentialfaktorspezifische Verbrauchsverhalten[3]. Unter "qualita-

---

1) Vgl. in diesem Zusammenhang z.B. den Anteil der Reserveteilfertigung im untersuchten Instandhaltungsbetrieb. Der durchschnittliche Anteil der für die Reserveteilfertigung verfahrenen
   Lohnstunden in % der Gesamtinstandhaltungsstunden betrug während eines Beobachtungszeitraumes von 16 Monaten 0,77 %.
2) Zur Reserveteilwirtschaft vgl. im einzelnen Heilig, H., Gerke, S.,
   Reserveteilwirtschaft in Hüttenwerken, in: Stahl und Eisen, 93. Jg.
   (1973), S. 1114-1119; vgl. ferner Renkes, D., Reserveteilwirtschaft, in: Stahl und Eisen, 94. Jg. (1974), S. 87-93.
3) Vgl. Männel, W., Anlagen und Anlagenwirtschaft, in: Handwörterbuch der Betriebswirtschaftslehre, a.a.O., S. 139 f.

tiver Kapazität" werden die zur Durchführung von Instandhaltungsmaßnahmen notwendigen geistigen und körperlichen Voraussetzungen
des Potentialfaktors Instandhaltungspersonal zusammengefaßt. Eine
Differenzierung der qualitativen Kapazität z. B. auf der Grundlage
analytischer Arbeitswerte[1] wird nicht vorgenommen, da die hierzu
notwendigen Informationen gegenwärtig noch fehlen. Die Eignung
des Personals für die unterschiedlichen Instandhaltungsmaßnahmen
wird jedoch insoweit berücksichtigt, als z. B. zwischen elektrotechnischen, maschinellen und baulichen Tätigkeiten und hierzu erforderlichen Personalkapazitäten unterschieden wird.

Der mengenmäßige Arbeitsumfang des Potentialfaktors Arbeit wird
durch das Merkmal "Nutzung der quantitativen Kapazität" gekennzeichnet. Als Maßgröße[2] für die quantitative Kapazität wird die
Mengeneinheit Instandhaltungsmannstunde gewählt[3]. Die quantitative
Kapazität der Instandhaltungsarbeiter setzt sich zunächst aus den
Mannstunden der betriebseigenen Arbeiter zusammen. Bezogen auf
die zeitliche Lage der Arbeitsausführung muß zwischen Normalstunden und Mehrarbeitsstunden unterschieden werden. Übersteigt
der Stundenbedarf die verfügbare betriebseigene Stundenkapazität
einer Periode, so wird die vorhandene quantitative Kapazität durch
zugekaufte Kapazitäten fremder Unternehmen ergänzt. Diese Anpassungsmöglichkeiten der quantitativen Kapazität an einen veränderten
Bedarf werden unter den Merkmalen der zeitlichen (Normal- und
Mehrarbeitsstunden) und quantitativen (Stunden fremder Unternehmer) Elastizität zusammengefaßt.

Zur Ausführung der Instandhaltungstätigkeiten benötigt der Instandhaltungsarbeiter die erwähnten Einsatzfaktoren wie Energie, Werkzeug etc. sowie technische Vorrichtungen und Anlagen. Die Aufgabe,
diesen Kombinationsprozeß herbeizuführen und wirtschaftlich zu
vollziehen, obliegt dem dispositiven Faktor. Zusätzlich sorgt der
dispositive Faktor für die termingerechte Bereitstellung der auftragsspezifischen Hilfs- und Betriebsstoffe und Reserveteile. Ebenso
koordiniert der dispositive Faktor die Tätigkeiten, die notwendig

---

1) Vgl. hierzu den Vorschlag zur Formalisierung von Maßgrößen auf
   der Grundlage analytischer Arbeitswerte bei Steffen, R., Analyse
   industrieller Elementarfaktoren aus produktionstheoretischer
   Sicht, a. a. O., S. 104 ff.
2) Zum Problem der Maßgrößen beim Potentialfaktor Arbeiter vgl.
   Steffen, R., Analyse industrieller Elementfaktoren, a. a. O.,
   S. 102 f.
3) Analog dazu wird die quantitative Kapazität der technischen Anlagen durch die Maßgröße Maschinenstunde ausgedrückt.

werden, um einen entstandenen Instandhaltungsbedarf zu decken.
Die verschiedenen Vorgehensweisen werden unter dem Begriff "Instandhaltungsstrategie"[1] zusammengefaßt.

Im Hinblick auf die differenzierte technologische Struktur der Fertigungsanlagen erwarten die Produktionsbetriebe von Instandhaltungsbetrieben ein weit gefächertes Leistungsangebot[2]. Zur wirtschaftlichen Erfüllung der Instandhaltungsleistungen werden organi-
satorische Vorbedingungen benötigt, die diesem differenzierten Instandhaltungsbedarf Rechnung tragen. Um flexible Einsatzmöglichkeiten und eine damit verbundene hohe durchschnittliche Auslastung
der Instandhaltungskapazität zu gewährleisten, wird eine Organisa-
tionsform gefordert, bei der entsprechend der erforderlichen aus-
zuführenden Teilfunktionen eine Gliederung in Maschinen-, Elektro-
und Baubetriebe vorgenommen wird. Die funktionsorientierten Teilbetriebe werden in Anlehnung an die Struktur der leistungsempfangenden Hauptbetriebe zusätzlich in Betriebsgruppen gegliedert, die
vornehmlich für die jeweiligen Hauptbetriebe (Hochofenwerk, Stahlwerk, Walzwerk etc.) Instandhaltungsleistungen erbringen.

Für den rationellen Maßnahmenablauf im Störungsfall soll ein Teil
der Instandhaltungskapazität dezentral den verschiedenen Fertigungsbetrieben ständig zugeordnet werden, um Maßnahmen kleineren Umfangs sofort durchführen zu können. "Die Mannschaft vor
Ort ist so klein wie möglich zu halten"[3]; denn umfangreichere Instandhaltungsmaßnahmen, wie z.B. wöchentliche Instandhaltungs-
schichten, werden von zentral gelenkten Einsatzgruppen durchgeführt. Die bedarfsweise Lenkung der verfügbaren Instandhaltungskapazität zu den jeweiligen Fertigungsbetrieben gewährleistet eine
höhere Ausnutzung der qualitativen und quantitativen Instandhaltungs-

---

1) Zum Inhalt der Instandhaltungsstrategie vgl. Mertens, P., Die
   gegenwärtige Situation der betriebswirtschaftlichen Instandhaltungstheorie, a.a.O., S. 813 ff.; vgl. ferner Erdmann, W., Kriterien zur Bestimmung zweckmäßiger Instandhaltungsstrategien,
   in: Industrial Energineering, 1/1971, Heft 3, S. 111-121; vgl. auch
   Mertens, P., Die Auswahl einer Instandhaltungsstrategie, in:
   ZfürO 1972, Heft 6, S. 9-14; vgl. ferner Schelo, St.J., Integrierte
   Instandhaltungsplanung und -steuerung mit elektronischer Datenverarbeitung, a.a.O., S. 143.
2) Vgl. Heilig, H., Organisation und Aufgaben von Dienstleistungsbetrieben in Hüttenwerken, in: Stahl und Eisen, 90. Jg. (1971),
   S. 70 ff.
3) Kunz, R., Der Instandhaltungsbetrieb aus der Sicht der Unternehmensleitung, a.a.O., S. 960.

kapazität[1]. Zusätzlich kann die unternehmungseigene Instandhaltungskapazität durch Zukauf unternehmungsfremder Instandhaltungskapazität ergänzt werden, indem sowohl Spezialaufträge als auch andere geschlossene Aufträge an fremde Unternehmungen vergeben werden oder fremdes Instandhaltungspersonal in den eigenen Instandhaltungsteilbetrieben eingesetzt wird.

Bevor nach Gesetzmäßigkeiten für den Verbrauch an Einsatzfaktoren in Abhängigkeit standardisierter periodenbezogener Maßnahmenbündel in den einzelnen Instandhaltungsbetrieben bzw. Betriebsteilen gesucht wird und auf dieser Grundlage ein Funktionensystem als Steuerungsinstrument geschaffen wird, sollen die für den dispositiven Faktor, - die Instandhaltungsleitung -, möglichen Handlungsalternativen insbesondere zwischen Eigenfertigung und Fremdbezug von Instandhaltungsleistungen aufgezeigt werden.

(2) Handlungsalternativen für die Instandhaltungsleitung, insbesondere zwischen Eigenfertigung und Fremdbezug

Für die wirtschaftliche Bedarfsdeckung steht die Instandhaltungsleitung vor der wichtigen Aufgabe, die erforderlichen Einsatzfaktoren, besonders die für längere Zeit im Instandhaltungsbetrieb verbleibenden Potentialfaktoren, bedarfsgerecht zu dimensionieren.

"Bedarfsgerecht" heißt zunächst, daß die Instandhaltungsleitung der unterschiedlichen Dringlichkeit zwischen ordentlichem und außerordentlichem Bedarf Rechnung tragen kann. Hierbei ist der in gewissen Termingrenzen verschiebbare Durchführungszeitpunkt außerordentlicher Instandhaltungsmaßnahmen gemeint. Durch diese zeitliche Verschiebung kann die wirtschaftliche Auslastung der Instandhaltungsbetriebe begünstigt werden. Den Anpassungsmöglichkeiten durch Bedarfsverschiebung sind jedoch enge Grenzen gesetzt, weil die zeitliche Verschiebung durch das technische Verbrauchsverhalten der Fertigungsanlage bestimmt wird.

Größere Bedeutung haben die Anpassungsmöglichkeiten der Instandhaltungsbetriebe bei gegebenem Instandhaltungsbedarf.

Zunächst gibt es Substitutionsmöglichkeiten zwischen betriebseigenen Normal- und Mehrarbeitsstunden des Instandhaltungspersonals. Die Entscheidung für die eine oder andere Stundenart wird wesentlich

---

1) Die gleiche Ansicht vertritt Renkes, D. , Organisation und Planung der Instandhaltung in Hüttenwerken, in: Stahl und Eisen, 89. Jg. (1970), S. 1231.

durch die Anpassungsgeschwindigkeit an einen veränderten Bedarf bestimmt. Die Anpassung der Normalstunden ist nur mittelfristig möglich, indem z. B. Neueinstellungen bzw. Kündigungen vorgenommen werden, Kurzarbeit unter besonderen Umständen beantragt wird oder das durch natürliche Fluktuation verminderte Personal nicht wieder ersetzt wird. Daher bezieht man bei der Dimensionierung von Instandhaltungskapazitäten zugunsten einer hohen Flexibilität im allgemeinen einen bestimmten Anteil Mehrarbeitsstunden in die Berechnung ein.

Eine zusätzliche betriebswirtschaftliche Wahlmöglichkeit für die Instandhaltungsleitung besteht jedoch zwischen Eigenfertigung und Fremdbezug für einen großen Teil der Instandhaltungsleistungen. Die hohe Bedeutung liegt an der ständig wechselnden produktionsbedingten Inanspruchnahme der Fertigungsanlagen, die wesentlich zum entsprechend veränderten Instandhaltungsbedarf beiträgt. Dieser veränderte Bedarf erfordert Anpassungsmaßnahmen. Dieses gilt vor allem für die regelmäßig wiederkehrenden Zyklen der Hoch- und Niedrigkonjunktur, in deren Verlauf die Erzeugungsmengen z. B. in der Eisen- und Stahlindustrie um mehr als 30 % schwanken können. Die Instandhaltungsleitung ist in diesen Zeiten gezwungen, die Personalkapazität in den Instandhaltungsbetrieben durch zeitliche und quantitative Anpassungsmaßnahmen an der jeweiligen Höhe des Instandhaltungsbedarfs auszurichten[1]. Die mit diesen Anpassungsmaßnahmen verbundenen Überlegungen, insbesondere zur Variation zwischen Eigenfertigung und Fremdbezug[2], stehen im Mittelpunkt der folgenden Ausführungen.

Die Durchführung spezieller Instandhaltungsmaßnahmen an fremde Unternehmen zu übertragen, ist grundsätzlich nicht neu. Für dieses Vorgehen können technologische Gründe vorliegen; denn die für bestimmte Maßnahmen notwendigen Spezialisten und Spezialmaschinen können von hierfür ausgerüsteten Fremdunternehmen häufig besser und wirtschaftlicher bereitgestellt werden. Die Wahlmöglichkeit zwischen Eigenfertigung und Fremdbezug soll jedoch nicht auf Spezialaufträge beschränkt bleiben. Vielmehr soll grundsätzlich darüber entschieden werden, in welchem Umfang für einen längeren

---

1) Vgl. in diesem Zusammenhang Heinen, E., Anpassungsprozesse und ihre kostenmäßigen Konsequenzen, dargestellt am Beispiel des Kokereibetriebes, Köln und Opladen 1957; vgl. ferner Lücke, W., Betriebliche Anpassung und Strategie in der Rezession, in: ZfB, 44. Jg. (1974), S. 715 f.
2) Zu den Unterschieden zwischen Eigenherstellung und Fremdbezug im Instandhaltungsbereich vgl. Männel, W., Wirtschaftlichkeitsfragen der Anlagenerhaltung, a. a. O., S. 216 ff.

Zeitraum ein gewisser Anteil der Personalkapazität im Instandhaltungsbetrieb aus unternehmensfremdem ("zugekauftem") Personal besteht, das für eine absehbare Zeit die eigene Personalkapazität ergänzt[1].

Welche Gründe sprechen gegen, welche für die Aufteilung der Instandhaltungskapazität in einen eigenen und einen fremdbezogenen Anteil? Vorteile der Eigenerstellung von Instandhaltungsleistungen liegen in der "engen Vertrautheit des betriebseigenen Personals mit den besonderen Einsatzbedingungen der Anlagen"[2]. Ebenso vorteilhaft wirken sich hohes Verantwortungsgefühl des eigenen Personals und die ständige Betriebsbereitschaft aus. Ein zusätzlicher Gesichtspunkt bei der Beurteilung von Eigenfertigung und Fremdbezug ist die unterschiedliche Anpassungsfähigkeit der jeweiligen Kapazitäten an einen veränderten Instandhaltungsbedarf. So sind z. B. die Mehrarbeitsstunden der eigenen Personalkapazität und der fremdbezogenen Personalkapazität wesentlich anpassungsfähiger gegenüber der eigenen Normalkapazität. Die wirtschaftlichen Vorteile der höheren Anpassungsfähigkeit können gegebenenfalls sogar den vorübergehenden Einsatz von fremdem Instandhaltungspersonal für den Fall rechtfertigen, daß deren Marktpreis den kostenorientierten Verrechnungspreis auf Teilkostenbasis der eigenen Personalkapazität übersteigt[3].

Der hohe Anpassungsgrad der leistenden Fremdunternehmen an die Bedarfsdispositionen der Instandhaltungsbetriebe beruht darauf, daß vor allem in industriellen Ballungsgebieten die Unternehmen, die Fremdleistungen erbringen, ihre Auftragsstruktur so gestalten, daß unterschiedliche Branchen beliefert werden. Auf diese Weise unterliegt die Nachfrage nach Instandhaltungsleistungen bei den leistenden Fremdunternehmen nicht nur einem branchenbezogenen Konjunkturrhythmus.

----

1) Bei der Wahl zwischen Eigenfertigung und Fremdbezug unterscheidet auch Männel zwischen Dispositionen auf kurzfristige und langfristige Sicht. Vgl. Männel, W., Grundprobleme der Wahl zwischen Eigenfertigung und Fremdbezug im Industriebetrieb, in: BFuP, 21. Jg. (1969) Nr. 2, S. 84 f. und 94 f.
2) Männel, W., Wirtschaftlichkeitsfragen der Anlagenerhaltung, a. a. O., S. 216.
3) Vgl. hierzu auch Stech, W., Bien, J., Wann lohnt sich der Einsatz von Fremdleistungen in der Instandhaltung, in: VDI-Berichte Nr. 215, 1974, S. 74; vgl. ferner Seitz, U., Erfahrungen beim Einsatz von Fremdleistungen in der Instandhaltung, in: VDI-Berichte Nr. 215, 1974, S. 82 f.; vgl. auch Lücke, W., Selbstanfertigung oder Fremdbezug - was ist billiger?, in: Kostenrechnungspraxis (1969), S. 69 f.

Die Beurteilung der verschiedenen Möglichkeiten der bedarfsgerechten Dimensionierung der Instandhaltungskapazität kann nur über Wirtschaftlichkeitsgrößen erfolgen. Bis heute werden zur Abschätzung der ökonomischen Auswirkungen bei Eigenfertigung oder Fremdbezug stückbezogene bzw. auftragsbezogene Vergleichsrechnungen verwendet, die von der Kosten- und Preissituation zu einem bestimmten Zeitpunkt ausgehen[1]. Mit diesen Berechnungsverfahren können die ökonomischen Fragestellungen der Instandhaltungsleitung nicht ausreichend beantwortet werden; denn die unterschiedlichen Anpassungselastizitäten bei Eigenfertigung und Fremdbezug werden nicht berücksichtigt.

Um die schnellere Anpassungsfähigkeit an Bedarfsveränderungen bei fremdbezogenen Instandhaltungsleistungen gegenüber möglichen auftragsbezogenen Kostennachteilen gewichten zu können, sind Planungsrechnungen erforderlich, die für mehrere Perioden die periodischen Kosten beider Verfahrenswege gegenüberstellen[2]. Hierbei geht man nicht mehr von auftragsweisen Instandhaltungsmaßnahmen aus, sondern sieht den gesamten Instandhaltungsbetrieb in seiner Dienstleistungsfunktion, auf der Grundlage vorhandener Kapazitäten und verschiedener Handlungsmöglichkeiten zur Kapazitätsergänzung

---

1) Vgl. hierzu auch Ferner, W., Lindner, K., Straesser, H., Eigenfertigung oder Fremdbezug - ein Praxisfall, gelöst mit linearer Programmierung, in: ZfB, 38. Jg. (1968), 1. Ergänzungsheft, S. 45 f.; vgl. ferner Kilger, W., Entscheidungskriterien zur Wahl zwischen Eigenherstellung und Fremdbezug, in: Das Rechnungswesen als Instrument der Unternehmensführung, hrsg. W. Busse von Colbe, Bielefeld 1969, S. 78; vgl. ferner Männel, W., Wahl zwischen Eigenfertigung und Fremdbezug nach den Grundsätzen der Vollkosten- oder Deckungsbeitragsrechnung?, in: Neue Betriebswirtschaft, 22. Jg. (1969) Nr. 4, S. 1-13.

2) Die hier angedeutete Erweiterung einperiodischer Planungsrechnungen auf mehrere Perioden wird im Kapitel III. A. 2. am Beispiel näher erläutert. Vgl. zu dieser Vorgehensweise auch Hölscher, K., Eigenfertigung oder Fremdbezug, Wiesbaden 1971, S. 11. Hölscher führt im einzelnen aus: "Die eine als traditionell zu bezeichnende Konzeption baut auf dem Instrumentarium der Kostenrechnung auf und ermittelt alternativ die Kosten der Selbstherstellung und bei Fremdbezug. Der andere Ansatz geht von den vorhandenen Kapazitäten aus und wendet Möglichkeiten der Programmplanung und der Investitionsrechnung auf die Entscheidung an". Vgl. ferner hierzu Coenenberg, A. G., Möglichkeiten des Wirtschaftlichkeitsvergleichs zwischen Eigenfertigung und Fremdbezug von Vorratsgütern, in: ZfB, 37. Jg. (1967), S. 278.

oder -verminderung einen sich ständig veränderten Instandhaltungsbedarf zu decken[1]. Die Forderung nach der zeitraumbezogenen Behandlung des Problems Eigenfertigung oder Fremdbezug bezieht sich
jedoch nicht darauf, "ein ein für alle Mal optimales Niveau, sondern
eine optimale zeitliche Entwicklung des Eigenversorgungs- oder kurz
Autarkiegrades (Anteil der Eigenfertigung am Gesamtbedarf) fest-
zulegen"[2].

(3) Konzeption eines Funktionensystems als Dispositionsgrundlage
    im Instandhaltungsbetrieb

Ergebnis des Planungsprozesses zur Deckung des Instandhaltungsbedarfs durch die Instandhaltungsbetriebe soll eine möglichst wirtschaftliche Kombination der erforderlichen Faktoreinsatzmengen
sein. Das Schwergewicht liegt hierbei auf einer möglichst günstigen
Strukturierung der Personalkapazität im Instandhaltungsbetrieb. Auf
der Grundlage von geplanten "originären" Instandhaltungskosten der
Periode sollen verschiedene realisierbare Handlungsmöglichkeiten
beurteilt und die kostengünstigste ausgewählt werden. Zu diesen
Handlungsmöglichkeiten zählen z. B.

- die Variation zwischen Eigenfertigung und Fremdbezug bzw. die
  Wahl zwischen eigenen Normal- und Mehrarbeitsstunden und fremden Unternehmerstunden,

- die Veränderung des Leistungsprogramms der Instandhaltungsbetriebe durch die zeitliche Verschiebung außerordentlicher Instandhaltungsmaßnahmen in andere Planungsperioden und

- die alternative Festlegung von Verrechnungspreisen zur Bewertung der erforderlichen Faktoreinsatzmenge zur Deckung des Instandhaltungsbedarfs.

---

1) Auf die Schwierigkeiten, nicht quantifizierbare Vor- oder Nach-
   teile von Fremdbezug oder Eigenfertigung in die Beurteilung einzubeziehen, weist Hahn hin. Vgl. Hahn, D., Streit, H., Entscheidung über Eigenfertigung oder Fremdbezug von Produktteilen, in:
   Entscheidungsfälle aus der Unternehmenspraxis, Bd. 1, hrsg. K.
   Alewell, K. Bleicher, D. Hahn, Wiesbaden 1971, S. 231.
2) Ramser, H.J., Fremdbezug oder Eigenfertigung als intertemporales Entscheidungsproblem, in: ZfB, 45. Jg. (1975), S. 407.

Durch die Zusammenfassung der einzelnen Instandhaltungsmaßnahmen einer Periode zu einem geschlossenen periodischen Leistungsprogramm können Veränderungen in der Reihenfolge einzelner Aufträge innerhalb einer Periode und damit verbundene wirtschaftliche Konsequenzen auf die Höhe der Periodenkosten nicht berücksichtigt werden.

Zur Berechnung der Plankosten für die jeweiligen Handlungsalternativen wirkt sich vorteilhaft aus, wenn die Abhängigkeiten zwischen dem Verbrauch an Faktoreinsatzmengen und den wesentlichen Einflußgrößen durch Verbrauchsfunktionen erfaßt werden können. In Betrieben der Massen- und Sortenfertigung wurden für die wichtigsten Faktorverbräuche bereits Verbrauchsfunktionen erfolgreich aufgebaut und als Grundlage für die Ermittlung von Plankosten verwendet. Die heterogenen Leistungsstrukturen in den Instandhaltungsbetrieben erschweren dagegen den Aufbau von Verbrauchsfunktionen. Das Leistungsergebnis der Instandhaltungsbetriebe ist der einzelne Instandhaltungsauftrag. Vergleicht man die Aufträge untereinander, so sind selten Aufträge ähnlichen Umfangs und Inhalts zu finden, - ihre Struktur ist sehr heterogen. Daher ist es notwendig, Leistungsgruppen zu finden, die periodenbezogen ein möglichst homogenes Verbrauchsverhalten haben.

Die Gliederung in Leistungsgruppen kann entsprechend der bereits dargestellten Struktur der Instandhaltungsleistungen nach Inspektion, Wartung und Instandsetzung sowie nach Reparaturbetriebsleistungen, auftragsspezifischen Hilfs- und Betriebsstoffen und auftragsspezifischen Reserveteilen erfolgen. Als zusätzliches Merkmal ist die Herkunft der Instandhaltungsleistungen zu verwenden. Hiermit ist zunächst die Gliederung des Instandhaltungsbetriebs nach Funktionen in Elektro-, Maschinen- oder Baubetriebe gemeint. Darüber hinaus werden diese funktionsorientierten Betriebe weiter untergliedert in Verantwortungsbereiche, die nahezu ausschließlich Leistungen für eine bestimmte Fertigungsanlage erbringen, z. B. Elektro-Instandsetzungsleistungen für ein bestimmtes Walzwerk.

Unter Reparaturbetriebsleistungen werden die Leistungen der einzelnen Elektro-, Maschinen- oder Baubetriebe bzw. der darin enthaltenen kleineren Verantwortungsbereiche zusammengefaßt. Als Maßgröße für die Leistungen dieser Einheiten soll die Instandhaltungsmannstunde verwendet werden. Obwohl im Laufe einer Periode die Instandhaltungsmannstunde unterschiedliche Tätigkeiten wie z. B. Montieren eines Getriebes oder Schweißen eines Kühlkastens enthalten kann, zeigt sich im Vergleich verschiedener Perioden eine

stabile Struktur des periodischen Leistungsprogramms[1]. Daher
kann die Instandhaltungsmannstunde als geeignete Bezugsgröße für
das Verbrauchsverhalten der im Rahmen von Instandhaltungsleistungen erforderlichen Faktoreinsatzmengen (z. B. Energie, Werkzeuge etc.) angesehen werden.

Die Abhängigkeiten zwischen dem periodischen Verbrauch an Einsatzfaktoren, die im Zusammenhang mit der Leistung einer Instandhaltungsmannstunde erforderlich sind, und den jeweiligen Einflußgrößen sollen für die abzugrenzenden Verantwortungsbereiche im
Instandhaltungsbetrieb (z. B. Kostenstelle Walzwerksinstandhaltung
im Elektrobetrieb) erfaßt werden. Als Einflußgrößen werden die Instandhaltungsmannstunden (in der jeweils notwendigen Differenzierung nach Inspektion, Wartung und Instandsetzung) und die Periode
(z. B. bei betriebsnahen und betriebsfernen Verwaltungskosten) verwendet. Die errechneten Verbrauchsmengen werden mit den jeweiligen Verrechnungspreisen bzw. Marktpreisen pro Einheit des Ver-
brauchsfaktors (z. B. beim Stromverbrauch) bewertet. Die Formulierung der Verbrauchsfunktionen und die Beschreibung der organi-
satorischen Voraussetzungen wie z. B. die Abgrenzung geeigneter
Abrechnungseinheiten werden beispielhaft in Kapitel II. B. 3. dargestellt.

Die Verbrauchsfunktionen und Preisvektoren können zu einem Funktionensystem verknüpft werden, das auf der Grundlage des Instandhaltungsbedarfs der Fertigungsanlagen Informationen über die zu
planenden Periodenkosten im Instandhaltungsbetrieb liefert (primäre
Zielgröße des Funktionensystems[2]). Diese Periodenkosten sind zunächst eine geeignete Vorgabegröße für die jeweiligen Verantwortungsbereiche im Instandhaltungsbetrieb. Unterschiedliche Bedarfsentwicklungen als Folge von Veränderungen der Erzeugungsmengen
in den Produktionsbetrieben, zeitliche Verschiebungen von außerordentlichen Instandsetzungsmaßnahmen oder Variationen der Preise
zur Bewertung der erforderlichen Einsatzfaktoren können bei der

---

1) Eine begrenzte Differenzierung der Produktgruppen (hier Leistungsgruppen) ist teilweise auch in Betrieben mit Massen- und
   Sortenfertigung notwendig. So werden z. B. nicht für alle Abmes-
   sungsgruppen eines Produktes separate Verbrauchskoeffizienten
   ermittelt, sondern es wird eine periodische Durchschnittsbildung
   vorgenommen, die sich auf der stabilen Struktur des Produktionsprogramms abstützt.
2) Die Unterscheidung primärer und sekundärer Zielgrößen wird auch
   bei Laßmann vorgenommen. Vgl. Laßmann, G., Die Kosten- und
   Erlösrechnung als Instrument der Planung und Kontrolle in Industriebetrieben, a.a.O., S. 50 f.

Berechnung der Periodenkosten differenziert berücksichtigt werden.
Hiermit ist gegenüber der bisherigen pauschalen Budgetierung eine
wesentliche Verbesserung möglich. Zusätzlich können die Periodenkosten im Instandhaltungsbetrieb auch zur Entscheidungsfindung über
eine möglichst kostengünstige Verwendung der verfügbaren Einsatzfaktoren im Instandhaltungsbetrieb herangezogen werden. Im Rahmen von Planungsüberlegungen können die Anteile der eigenen Nor-
mal- und Mehrarbeitsstunden und fremdbezogener Unternehmerstunden variiert und der periodische Instandhaltungsbedarf durch
die zeitliche Verschiebung außerordentlicher Instandsetzungsmaßnahmen in andere Perioden verändert werden. Die Periodenkosten
sind für diese möglichen Handlungsalternativen ein betriebswirtschaftlich sinnvoller Beurteilungsmaßstab, da insbesondere auch
variable Produktionsbedingungen in den Instandhaltungsbetrieben die
Höhe der periodischen Instandhaltungskosten beeinflussen.

Hierzu zählen z. B. die Substitutionsmöglichkeiten zwischen Eigenfertigung und Fremdvergabe. Es fehlen also die starren Proportionalitäten zwischen den Gesamtkosten und den jeweiligen Bezugs-
größen (z. B. den Leistungsmengen), die Voraussetzung für konstante
Grenzkosten sind[1].

Planungsrechnungen sollen nicht nur für eine Periode, sondern kom-
parativ-statisch für mehrere aufeinanderfolgende Perioden durchgeführt werden. Vor allem im Rahmen mehrperiodischer Betrachtungen wird die Bedeutung der Plankosten zur Beurteilung der unterschiedlichen Anpassungsmöglichkeiten für Normal-, Mehrarbeits-
und Unternehmerstunden erkennbar. Zeitpunktbezogene Preisver-
gleiche für die verschiedenen Stundenarten liefern keine ausreichen-
den Informationen zur Festlegung der Stundenstruktur. Erst die
Summe der Periodenkosten von aufeinanderfolgenden Einzelperioden
eines mittelfristigen Planungszeitraumes von 6 - 12 Perioden kann
als Vergleichsgröße unterschiedlicher Alternativen im Verhältnis
der Stundenarten zueinander verwendet werden. Im Kapitel Anwendungsmöglichkeiten werden diese mittelfristigen Überlegungen noch
näher erläutert.

Nach der Entscheidung für einen bestimmten periodischen Gesamtbedarf und der erforderlichen Stundenstruktur im Instandhaltungsbetrieb sollen Kalkulationsrechnungen durchgeführt werden. Die mit
Hilfe dieser Kalkulationsrechnungen ermittelten Verrechnungspreise

---

1) Vgl. auch Laßmann, G. , Die Kosten- und Erlösrechnung als Instrument der Planung und Kontrolle in Industriebetrieben, a. a. O. ,
S. 40 f.

sind als Bewertungsfaktoren für die Instandhaltungsmannstunden
vorgesehen. Diese Verrechnungspreise sind durchschnittliche Ko-
stensätze, die Verbrauchsmengen- und Preiselemente zusammenfassen. Sie enthalten neben den Lohnkosten und lohnverbundenen Kosten zusätzlich z. B. anteilige Energie- oder Werkzeugkosten sowie
sonstige Gemeinkostenelemente, die nicht auftragsspezifisch sind.
Diese Verrechnungspreise dienen dazu, die im Instandhaltungsbetrieb entstandenen originären Instandhaltungskosten entsprechend
dem errechneten Instandhaltungsbedarf der Fertigungsanlagen auf
diese weiterzuverrechnen, um so die zu erwartenden Instandhaltungskosten der Fertigungsanlagen zu ermitteln. Da es sich bei dem
Verrechnungspreis um einen Durchschnittskostensatz handelt, ist in
bezug auf einzelne Instandhaltungsleistungen keine Weiterverrechnung im Sinne einer genauen verursachungsgerechten Verrechnung
möglich. Über eine Vielzahl von Einzelleistungen ist jedoch im Laufe
einer Periode eine Angleichung des geplanten an den effektiven Kostenverlauf zu erwarten.

Neben Planungsrechnungen kann das Funktionensystem im Instandhaltungsbetrieb für Kontrollrechnungen verwendet werden. Die in
der Planungsrechnung ermittelten Vorgabegrößen können mit den in
der Dokumentationsrechnung festgestellten Istgrößen verglichen und
die entstandenen Abweichungen analysiert und begründet werden.
Der Detailliertheitsgrad der Abweichungsanalyse muß der formalen
Struktur des Funktionensystems Rechnung tragen. Da dem Funktionensystem keine auf die einzelnen Instandhaltungsprozesse bezogenen
Plankostenfunktionen zugrunde liegen, sondern die Einzelleistungen
zu periodischen Leistungsbündeln zusammengefaßt wurden, deren
durchschnittlicher periodischer Verbrauch an Einsatzfaktoren über
Verbrauchsfunktionen erfaßt wurde, muß sich die Abweichungsanalyse auf durchschnittliche Verbrauchsabweichungen und Preisabweichungen bei den Preisen zur Bewertung der Faktoreinsatzmengen
beschränken. Darüber hinaus ist eine Abweichungsanalyse bei den
Eigen- und Fremdleistungsanteilen sowie den Normal- und Mehrar-
beitsstundenanteilen möglich. Zusätzlich können Teilabweichungen
auf Bedarfsveränderungen der Fertigungsanlagen infolge Umdispositionen der ursprünglich geplanten Erzeugungsmengen und infolge
zeitlicher Bedarfsverschiebungen außerordentlicher Maßnahmen in
andere Perioden zurückgeführt werden. Diese Abweichungsarten
werden im Rahmen periodischer Kontrollrechnungen nach Ablauf der
Planungsperiode berechnet.

Die für den Aufbau des Funktionensystems im Instandhaltungsbetrieb
benötigten Voraussetzungen wie der mögliche Aufbau der Funktionen
und die Datenbasis zur Ermittlung der Verbrauchskoeffizienten werden im Kapitel II. 3. ausführlich dargestellt.

II. Der Aufbau eines Modells zur Planung und Kontrolle der Instandhaltungsleistungen auf der Basis von Plankosten für Betriebe eines Eisenhüttenwerkes

Die auf der Basis erklärungstheoretischer Gesichtspunkte formulierten gestaltungstheoretischen Forderungen an die Informationsstruktur, -beschaffung und -verarbeitung können in der betrieblichen Wirklichkeit gegenwärtig mit wirtschaftlichen Mitteln nicht voll erfüllt werden[1]. Daher wurden für ein anwendungsfähiges System Vereinfachungen hinsichtlich des Umfanges, des Detaillierungsgrades und der Struktur der Informationen vorgenommen. Die Brauchbarkeit eines auf dieser Basis entwickelten Modells zur verbesserten Planung und Kontrolle der Instandhaltungsleistungen auf der Basis von Plankosten soll am Beispiel von Betrieben eines Eisenhüttenwerkes gezeigt werden.

A. Technologische Grundlagen für den Aufbau des Modells

1. Die technische Struktur des untersuchten Hüttenwerkes

Die empirischen Untersuchungen wurden in einem gemischten Hüttenwerk durchgeführt, in dem die Fertigungsstufen Hochofenwerk, Stahlwerk, Walzwerk und Weiterverarbeitungsbetriebe unterschieden wurden. Als Beispiel für ein modernes gemischtes Hüttenwerk ist in Abbildung 11, Anhang 1, eine Betriebsgruppengliederung in Stoffflußrichtung dargestellt[2].

---

1) Die Aussage "mit wirtschaftlichen Mitteln nicht erfüllt werden" bedeutet, daß bestimmte Informationen (z. B. die technische Nutzungsdauer aller Anlagenelemente) gegenwärtig nur mit unangemessen hohen Kosten beschafft werden können.

2) Vgl. hierzu die ausführlichen Beschreibungen eines Hüttenwerkes in: Verein Deutscher Eisenhüttenleute, Gemeinfaßliche Darstellung des Eisenhüttenwesens, 17. Auflage, Düsseldorf 1971, S. 247 ff.

2. Die Instandhaltungsmaßnahmen

Die Instandhaltungsmaßnahmen im untersuchten Hüttenwerk wurden
je nach Einwirkungsgrad der Einzelmaßnahmen auf die Fertigungsanlagen aufgeteilt in

- Wartungsmaßnahmen
- Inspektionsmaßnahmen
- Instandsetzungsmaßnahmen.

In Ergänzung zu den allgemeinen Begriffsbestimmungen (vgl. S. 64
dieser Untersuchung) sollen beispielhaft einige charakteristische
Maßnahmen genannt werden.

Zur Wartung gehören:

- Reinigung des Wartungsfeldes
- Ergänzung und Erneuerung von Schmierstoff
- Kontrollen, soweit diese eine Voraussetzung für die
  Ausführung von Wartungsoperationen sind (z. B. Öl-
  standskontrolle)
- Einstellen/Nachstellen Schmierstoff verteilender und/
  oder schmierstoffdosierender Einrichtungen
- Wechseln von Schmierarmaturen
- Erneuerung des Korrosionsschutzes

Basierend auf den Wartungsanleitungen des Herstellers und den Be-
triebserfahrungen des Anwenders werden Wartungspläne erstellt.
Sie enthalten Angaben über Ort, Umfang, Häufigkeit, Dauer, Schmier-
mittelart- und -menge, sowie über die erforderlichen Hilfsgeräte
und den Betriebszustand für die einzelnen Wartungsmaßnahmen.
Mehrere Wartungsmaßnahmen mit gleicher Häufigkeit werden auf
einer Wartungskarte zusammengefaßt und dem Wartungspersonal als
Arbeitsanweisung (Auftrag) übergeben.

Aus Abbildung 12 ist am Beispiel eines Walzwerkes die Verteilung
des jährlichen Stundenumfangs (Spalte 9 = 100 %) auf die Maßnahmen
mit unterschiedlichem Wiederholcharakter zu ersehen.

Es ist zu erkennen, daß sich nahezu 95 % der Wartungsmaßnahmen
innerhalb eines Monats wiederholen. Der Anteil bei anderen Betrieben schwankt zwischen 85 % und 97 %.

*)	s	tgl	w	w 3	w 6	4 j	2 j	j	Σ
Sp.	1	2	3	4	5	6	7	8	9
%	18,8	48,4	8,7	18,0	3,6	1,3	1,2	/	100,0

*) <u>Wiederholung</u>: s - schichtweise; tgl - täglich; w - wöchentlich; w 3 / 6 - alle 3 / 6 Wochen; 4 j - vierteljährlich; 2 j - halbjährlich; j - jährlich

Verteilung des jährlichen Stundenumfangs von Wartungsmaßnahmen auf Maßnahmen unterschiedlicher Wiederholung	Abb. 12

Unter Inspektionen fallen alle Maßnahmen, die zur Festlegung und Beurteilung des Istzustandes von Anlagen, Gebäuden und anderen technischen Hilfsmitteln durchgeführt werden. Diese Maßnahmen sollen das Risiko eines überraschenden Ausfalls einer Fertigungsanlage verringern. Durch die Inspektionsmaßnahmen werden Daten über das Verschleißverhalten und die Alterung der Fertigungsanlage ermittelt. Inspektionsaufträge enthalten Ort, Umfang, Art, Häufigkeit und Dauer der Kontrollen sowie Angaben über Art und Anzahl der Hilfsmittel (Meßinstrumente, Werkzeuge) und den erforderlichen Betriebszustand.

Im einzelnen können dies folgende Maßnahmen sein:

Suche: Verschleiß, Verformung, Bruch, Undichtigkeit, Verunreinigung, Korrosion, Erosion

Prüfe: Funktion, Sicherheitseinrichtungen, Temperatur-, Druck-, Mengenanzeige

Messe: Materialdicke, Temperatur, Schwingweite

Aus Abbildung 13 ist die Verteilung des für Inspektionen erforderlichen Stundenumfangs auf die Maßnahmen mit unterschiedlichem Wiederholcharakter zu ersehen.

Nahezu 90 % aller Maßnahmen werden in einem Zyklus von 4 Wochen wiederholt.

118

tgl.	w	w 3	4 j	2 j	j	Σ
1	2	3	4	5	6	7
80,5	3,7	2,8	2,4	5,1	5,5	100,0 %

Verteilung des jährlichen Stundenumfangs von Inspektions - maßnahmen auf Maßnahmen unterschiedlicher Wiederholung — Abb. 13

Die bei der Inspektion festgestellten Schäden werden durch eine Schadensmeldung an die Instandsetzungsablaufplanung weitergeleitet. Hier wird gegebenenfalls eine Instandsetzungsmaßnahme ausgelöst.

Eine Instandsetzungsmaßnahme umfaßt die Erneuerung, Überholung und Funktionsabnahme von Anlageelementen oder -elementgruppen. Diese Tätigkeiten sind im allgemeinen mit einem auftragsspezifischen Hilfs- und Betriebsstoff- sowie Reserveteilverbrauch verbunden.

Bezogen auf ein Walzwerk können Instandsetzungen folgende Tätigkeiten beinhalten: Rollgangrollen wechseln, Elektromotor austauschen, Treibrolle nachschleifen, Gelenkwelle erneuern, Hochstelltreiber wechseln, Getriebe überholen etc.

Etwa 60 % der jährlich für Instandsetzungsleistungen verfahrenen Stunden entfallen auf Tätigkeiten, die sich monatlich wiederholen. Hierzu zählen z.B. beim Walzwerk Instandsetzungen an den Rollgängen, bei der Sinteranlage Instandsetzungen an den Heißsieben, den Bandanlagen oder an der Misch- und Rolliertrommel, beim Hochofen Instandsetzungen an der Kühlung, an den Bandanlagen und Sieben. Etwa 25 % der Instandsetzungen wiederholen sich in einem Zyklus von ein bis sechs Monaten. Etwa 15 % der Maßnahmen treten in jährlichem oder längerem Abstand auf.

Die Struktur der Instandhaltungsmaßnahmen sowie ihre Wirksamkeitsdauer sind von besonderem Gewicht in bezug auf die Entscheidung, für welchen Anteil der Instandhaltungsleistungen die Bedarfsermittlung mit Hilfe funktionaler Zusammenhänge und für welchen Anteil die auftragsweise Bedarfsermittlung vorgenommen wird[1].

---

1) Vgl. hierzu auch die Erläuterungen auf S. 88 f. dieser Untersuchung.

B. Die Komponenten des Ermittlungsmodells

1. Umfang und Differenziertheitsgrad des Modells

Die Kostenartengruppe Instandhaltungskosten wird im untersuchten
Hüttenwerk nach

- Wartungskosten und
- Instandsetzungskosten

getrennt. Die Inspektionskosten werden wegen ihres geringen Umfangs an den gesamten Instandhaltungskosten nicht einzeln ausgewiesen, sondern sind Bestandteil der Instandsetzungskosten.

Der Detaillierungsgrad der Dokumentationsrechnung während des
Beobachtungszeitraumes ermöglichte die für den Aufbau von Bedarfs-.
funktionen notwendige Trennung in ordentliche und außerordentliche
Instandhaltungskosten. Die nachfolgende Übersicht zeigt die prozentualen Kostenanteile der Instandhaltung:

Anteil in %	ordentlich	außerordentlich	Gesamt
1. Wartungskosten	6 %	—	6 %
2. Inspektions - und Instandsetzungs- kosten	79 %	15 %	94 %
Instandhaltungs- kosten Gesamt	8 5%	1 5%	100 %

Die Ermittlung funktionaler Beziehungen bezieht sich ausschließlich
auf den ordentlichen Teil der Instandhaltungskosten, d.h. auf die

Wartungs- und ordentlichen Instandsetzungskosten. Die kostenrechnerische Behandlung der außerordentlichen Instandsetzungskosten erfolgt auftragsweise.

Die Planung und Kontrolle der Instandhaltungsleistungen, die zur Deckung des ordentlichen und außerordentlichen Instandhaltungsbedarfs notwendig sind, wird nach den Leistungsarten Reparaturbetriebsleistung und auftragsspezifische Hilfs- und Betriebsstoffe und Reserveteile vorgenommen. Die periodischen Kostenverbräuche dieser Leistungsarten bilden die primären Zielgrößen des Ermittlungsmodells.

Unter Reparaturbetriebsleistungen werden die Leistungen des Instandhaltungspersonals, d.h. der Maschinenschlosser, der Elektriker etc., verstanden, die in Verbindung mit Werkzeugen, Maschinen und Vorrichtungen den Instandhaltungsauftrag ausführen.

Zur Durchführung der Leistungen wird der Instandhaltungsbetrieb in funktionsorientierte Verantwortungsbereiche gegliedert, die identisch sind mit den Abrechnungseinheiten. Als Maßgröße für die Art und den Umfang der in den funktionsorientierten Einheiten zu erbringenden Leistungen wird die Instandhaltungsmannstunde verwendet. Diese Instandhaltungsmannstunde kann im Rahmen einer Wartungs- oder Instandsetzungsmaßnahme der jeweiligen leistenden Elektro-, Maschinen- oder Baubetriebe anfallen. Zusätzlich kann sich der Leistungsinhalt in Abhängigkeit der leistungsempfangenden Fertigungsanlagen unterscheiden. Je nach Leistungsinhalt wird die Instandhaltungsmannstunde mit einem unterschiedlichen Verrechnungspreis bewertet, der die originären Verbrauchsmengen und Preiselemente zusammenfaßt, die im Zusammenhang mit der Leistung einer Instandhaltungsmannstunde normalerweise anfallen. Hierzu zählen die Lohnkosten und lohnverbundenen Kosten ebenso wie z. B. anteilige Energie- und Werkzeugkosten sowie sonstige Gemeinkostenelemente wie betriebsnahe und betriebsferne Verwaltungskosten.

Durch die fiktive Trennung in eine Mengen- und Preiskomponente ist es möglich, die preisbedingten Einflüsse bei den Verrechnungs- oder Marktpreisen zur Bewertung der Verbrauchsmengen (z. B. tarifbedingter Lohnsatz/Stunde, Preis/KWh Strom etc.) zu isolieren. Sie wirken ausschließlich auf die Höhe des Bewertungsfaktors der Instandhaltungsmannstunde. Durch die stabile Leistungsstruktur der Instandhaltung während einer Periode kann die Entwicklung der Instandhaltungsmannstunden/Periode über einen längeren Zeitraum als ein von preisbedingten Einflüssen unabhängiges Maß für den Instandhaltungsbedarf der Fertigungsanlagen angesehen werden.

Bei der Ermittlung funktionaler Zusammenhänge auf der Basis von Vergangenheitswerten wird der Differenziertheitsgrad der Daten natürlicherweise durch die bisherige Ist-Aufschreibungsnorm bestimmt. Die vorliegenden objektweisen Aufschreibungen entsprechen der erwähnten Leistungsartengliederung. Der Differenziertheitsgrad der Aufschreibungen ist sowohl für die die Instandhaltungsleistungen empfangenden als auch für die ausführenden Betriebe einheitlich. Zusätzlich ist aus der Sicht der empfangenden Betriebe eine Differenzierung nach den einzelnen leistenden Betrieben wie z. B. nach maschinentechnischen, elektrotechnischen und bautechnischen Instandhaltungsbetrieben möglich.

Die Abgrenzung der Planungs- und Kontrollbereiche wurde entsprechend der betriebs- und betriebsgruppenweisen Gliederung des Hüttenwerkes vorgenommen. Hierbei standen die Gesichtspunkte, produktionstechnische Einheiten mit gleichartigen Leistungen zu bilden und eine wirtschaftliche Informationsbeschaffung und -verarbeitung zu ermöglichen, im Vordergrund. Es werden daher produktionstechnische Einheiten wie z. B. Hochofenschmelzbetriebe oder Mittelstahlstraße u. ä. als sinnvolle Planungs- und Kontrollbereiche für die Bedarfsermittlung gewählt[1].

2. Die empirische Ermittlung von Richtgrößenfunktionen zur Bedarfsprognose der ordentlichen Instandhaltungsleistungen

Die auftragsweise Ermittlung der außerordentlichen Instandhaltungsleistungen bringt keine grundsätzliche Schwierigkeiten und erfolgt in Anlehnung an bekannte Methoden der Arbeitsablaufplanung und Vorkalkulation. Das Schwergewicht der Untersuchung liegt darauf, Funktionen zwischen den ordentlichen Instandsetzungs- und Wartungsleistungen und den sie bestimmenden Einflußgrößen aufzustellen und als Hauptbausteine eines Rechenmodells für Zwecke der Bedarfsplanung zu verwenden. Zur Ermittlung und Beurteilung der funktionalen Abhängigkeiten wird die mathematische Methode der Regressionsanalyse als Hilfsmittel verwendet. Die Eignung dieser Rechenmethode für den hier vorgesehenen Anwendungszweck soll zunächst erläutert werden.

---

1) Eine detaillierte Beschreibung der einzelnen Aggregate in den produktionstechnischen Einheiten wurde bereits auf S. 86 f. dieser Untersuchung vorgenommen.

a) Die Regressionsrechnung als Hilfsmittel zur Ermittlung und Beurteilung funktionaler Zusammenhänge

(1) Mathematische Grundlagen der Regressionsrechnung

Mit dem Aufbau von Richtgrößenfunktionen für die Bedarfsprognose von Instandhaltungsleistungen soll ein für Planungs- und Kontrollzwecke hinreichend genauer funktionaler Zusammenhang zwischen dem ordentlichen Instandhaltungskostengüterverbrauch und den Maßgrößen der produktionsbedingten Inanspruchnahme der Fertigungsanlagen geschaffen werden. Für diesen Zweck ist die Regressionsrechnung das geeignete Untersuchungsverfahren. Die Wertepaare der Einfluß- und Zielgrößen bilden eine mehr oder weniger stark streuende Punktewolke. Die Streuung dieser Punktewolke hängt von der Art der verwendeten Ziel- und Einflußgrößen bzw. von zufälligen Störungen unterschiedlichen Ausmaßes ab. Der statistische Zusammenhang zwischen Einfluß- und Zielgröße wird durch eine mathematische Funktion, die Regressionsfunktion, als theoretische Modellvorstellung dargestellt. Bei den Regressionsrechnungen wurde in erster Annäherung von linearen Beziehungen ausgegangen. Bei nichtlinearen Zusammenhängen wurde eine abschnittweise lineare Regession angesetzt.

Die Korrelationsanalyse gibt mit Hilfe von berechneten statistischen Maßzahlen begründete Hinweise, ob die gewählte Einflußgröße in bezug auf die Zielgröße ausreichend und der mathematische Ansatz der Regressionsrechnung brauchbar ist. Mathematisch läßt sich dieser Sachverhalt wie folgt darstellen: Mit Hilfe der Korrelationsanalyse wird der stochastische Zusammenhang zwischen der Zufallsvariablen einer oder mehrerer Einflußgrößen und der Zielgröße aufgrund einer theoretischen Häufigkeitsverteilung daraufhin untersucht, ob die Verminderung der Gesamtstreuung vor der Regression auf die unvermeidbare Reststreuung nach der Regression befriedigend ist.

Die wichtigste statistische Maßzahl zur Beurteilung der Stärke des Zusammenhangs zwischen Einfluß- und Zielgröße ist der Korrelationskoeffizient. Er gibt die relative Reduzierung der Anfangsvarianz an, d.h. er ist die dimensionslose Maßzahl für die Verminderung der Streuung der Eingangswerte durch Einführen einer Einflußgröße.

Der Korrelationskoeffizient wird beeinflußt

- durch die Vollzähligkeit der wesentlichen Einflußgrößen,
- von der Richtigkeit des mathematischen Ansatzes, d.h. von der gewählten Funktionsform und -type,
- durch die Anzahl und Spannweite der Eingangsdaten.

Im Gegensatz zu der sehr abstrakten Maßzahl Korrelationskoeffizient
erlaubt die Maßzahl "Standardfehler der Schätzung" eine anschauliche Beurteilung darüber, ob ein für Planungszwecke hinreichender
Zusammenhang vorhanden ist. Der Standardfehler der Schätzung
wird aus dem Quotienten des Mittelwertes der Residuen bezogen auf
den Mittelwert der Zielgröße berechnet. Die grafische Darstellung
der Residuenverteilung ermöglicht eine zusätzliche qualitative Beurteilung.

Die Beurteilung der Residuen ist für die in dieser Untersuchung verwendeten Beziehungen von besonderer Wichtigkeit, da es sich nicht
um deterministische, sondern stochastische Zusammenhänge handelt. Jedem beliebigen Punkt x_i als unabhängige Variable entsprechen mehrere voneinander unabhängige Zielgrößenwerte y_i, deren
Abstand zur Regressionsgerade den Gesetzmäßigkeiten einer Häufigkeitsverteilung genügt. Abbildung 14 veranschaulicht den Zusammenhang bei einer unabhängigen Variablen x_i (Einflußgröße).

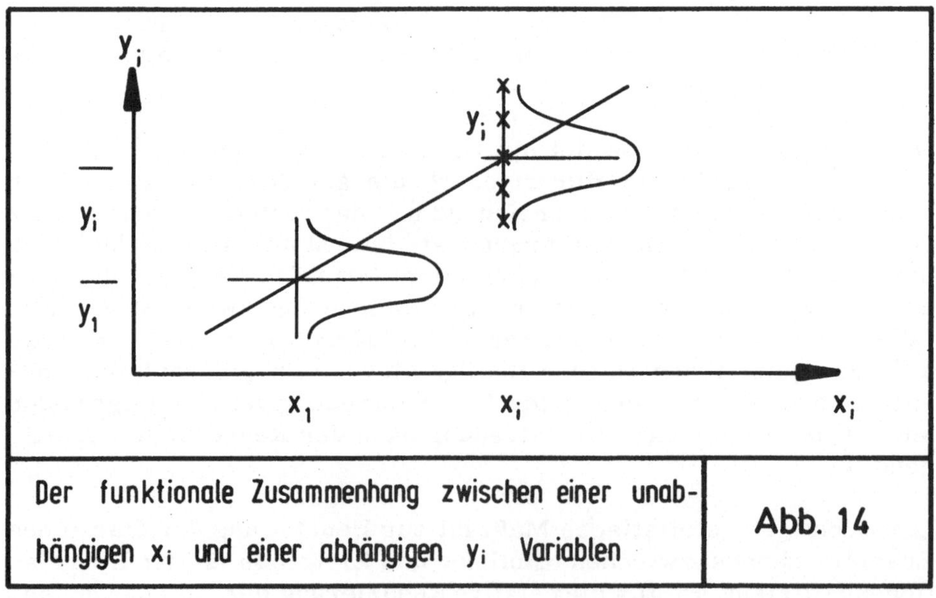

Der funktionale Zusammenhang zwischen einer unab- hängigen x_i und einer abhängigen y_i Variablen	Abb. 14

Für die Berechnung funktionaler Zusammenhänge in dieser Untersuchung wurde das Standardprogramm SIEST 2 der Siemens AG,
München[1], verwendet.

---

1) Siemens-Statistik-System SIEST 2, Beschreibung PBS 4004, München, Dezember 1971.

(2) Voraussetzungen für die Anwendbarkeit der Regressionsrechnung

Der Eignungswert mathematisch-statistischer Methoden zur Verbesserung betrieblicher Entscheidungsprozesse hängt eng mit dem
Umfang und der Qualität der verfügbaren Daten zusammen. Auch
bei der Ermittlung funktionaler Beziehungen zwischen den Maßgrößen
der produktionsbedingten Inanspruchnahme der Fertigungsanlagen
und ihrem Instandhaltungskostengüterverbrauch werden verschiedene
Anforderungen an das Datenmaterial gestellt, die notwendige Voraussetzung für eine sinnvolle Anwendung sind.

Der Aussagegehalt der Regressionsrechnung wird u. a. beeinflußt
durch die Menge der zur Verfügung stehenden Daten. Zur Ermittlung
funktionaler Zusammenhänge bei technischen Sachverhalten können
häufig mehrere hundert Datensätze herangezogen werden. Für ökonomische Analysen ist der Monat eine häufig verwendete Bezugsgröße. Während des Beobachtungszeitraumes, dem die Wertepaare
entstammen, soll nach Möglichkeit die Kostenarten- und Kostenstel-
lenstruktur der untersuchten Betriebe konstant bleiben. Hieraus ergeben sich zwangsläufig gewisse Beschränkungen im Datenumfang.
Wird einer Regressionsrechnung ein Beobachtungszeitraum von drei
Jahren zugrunde gelegt, erhält man auf Monatsbasis z. B. 36 Wertesätze.

Eine sehr wesentliche Voraussetzung für die Interpretierbarkeit von
Regressionsanalysen ist die ausreichende Variationsbreite der Einflußgrößen. Verändert sich z. B. die Einflußgröße nur sehr unwe-
sentlich, so ergibt sich eine sehr eng zusammenliegende Punktewolke der Wertepaare, durch die Geraden mit beliebiger Steigung
gelegt werden können.

Als Maßgröße für die Inanspruchnahme der Fertigungsanlagen, die
als bestimmte Variable in den Regressionsansatz eingehen sollte,
wurde im allgemeinen die Erzeugungsmenge technisch verbundener
Anlagenkomplexe verwendet. Werden Fertigungsanlagen durch verschiedene Produktgruppen mit unterschiedlicher Intensität beansprucht (z. B. bei Walzwerken), so werden die Nutzungshauptzeiten
(z. B. Laufstunden bei Walzstraßen) auf der Grundlage von Lei-
stungskennziffern verwendet.

Von ebenso großer Bedeutung ist die ausreichende Anpassungsfähigkeit der Zielgröße an Einflußgrößenveränderungen. Diese Voraussetzung spielt bei der Berechnung des Instandhaltungsbedarfs in Abhängigkeit von Einflußgrößen insofern eine große Rolle, als aus dem
technologisch bedingten Zwangszusammenhang zwischen den Ur-
sache-Wirkungsgrößen die Anpassung der Instandhaltungskapazität
an den veränderten Bedarf möglich sein muß. Erst hierdurch ist

gewährleistet, daß z.B. aus einem verminderten Instandhaltungsbedarf der Fertigungsanlagen verminderte Instandhaltungskosten
der Instandhaltungsbetriebe resultieren.

b) Darstellung und Diskussion der ermittelten funktionalen Zusammenhänge

(1) Eigenschaften der Ziel- und Einflußgrößen im Beobachtungszeitraum

Die eben genannten Voraussetzungen wurden in dem als Untersu-
chungsobjekt dienenden Hüttenwerk erfüllt. Über einen Fünfjahreszeitraum (1971/1972/1973/1974/1975) wurden Wertesätze, welche
die periodische Höhe der genannten Ziel- und Einflußgrößen beinhalten, zusammengestellt und zur Bestimmung empirisch fundierter
Funktionen in Regressionsrechnungen verarbeitet.

Um zunächst die wesentlichen Voraussetzungen, nämlich die ausreichende Anpassungsfähigkeit der Zielgrößen, empirisch zu verdeutlichen, wurden für den Fünfjahreszeitraum die monatsbezogenen
Daten der Rohstahlerzeugung dem entsprechenden Verbrauch an Instandsetzungslohnstunden des Hüttenwerkes gegenübergestellt (Abbildung 15, Anhang 1)[1]. Diese globale Gegenüberstellung ist nur
zulässig, weil während des Beobachtungszeitraumes die Struktur
des Hüttenwerkes, d.h. die Produktionswege sowie die Proportionen
zwischen den Erzeugungsmengen der einzelnen Produktionsstufen
Hochofen-, Stahl-, Walzwerk und Weiterverarbeitungsbetriebe weitgehend konstant geblieben sind. Bei zunehmender Veränderung dieser konstanten Struktur z.B. durch eine Substitution der Blockbram-
menwalzwerke durch Stranggießanlagen oder durch die zunehmende
Belieferung anderer Werkseinheiten mit Zwischenerzeugnissen der
einzelnen Produktionsstufen verliert die Vergleichbarkeit verschiedener Perioden auf der Grundlage des Gesamthüttenwerkes an Aussa-
gekraft. Bei dieser Entwicklung kann man nur auf der Basis anlagenbezogener Betrachtungseinheiten, z.B. der Hochofenschmelzbetrieb,
das LD-Stahlwerk, das einzelne Walzwerk etc. eine aussagefähige
Gegenüberstellung von produktionsbedingter Inanspruchnahme und
Maßgrößen für den anlagenbezogenen Verbrauch erwarten.

---

1) Aus Vertraulichkeitsgründen werden in den Abbildungen auf den
   Ordinaten und Abzissen keine absoluten Mengen- und Wertgrößen
   bekanntgegeben. Dies ist zur Untermauerung der betriebswirtschaftlichen Aussagen auch nicht notwendig. Auf den Achsen sind
   Zeiteinheiten angegeben, die ein Maß für die Schwankungsbreite der
   jeweiligen Einfluß- oder Zielgrößen sind. Der Kurvenverlauf entspricht dem Originalverlauf.

126

In Abbildung 15, Anhang 1, kommt sowohl die ausreichende Variationsbreite der Einflußgröße Rohstahlerzeugung als auch ein erster qualitativer Zusammenhang zwischen dem chronologischen Verlauf dieser Einflußgröße und dem Verlauf der verfahrenen Instandsetzungsstunden zum Ausdruck. Die Instandhaltungsstunden sind eine Maßgröße für die Kapazität des Potentialfaktors Instandhaltungspersonal. Die Höhe der maximal möglichen Normalstunden/Monat bildet das Maß für die Normalkapazität des Instandhaltungsbetriebes. Diese Normalkapazität setzt sich aus der tariflich vereinbarten Stundenzahl der Stammbelegschaft zusammen. Schwankungen im Verlauf der Normalstunden treten ein z. B. durch einen veränderten Krankenstand oder eine wechselnde Urlaubsquote. So kommen die Ferienmonate Juni 1971, Juli 1972 und August 1973 in den jeweiligen Jahren deutlich zum Ausdruck. Diese Normalkapazität kann durch zeitliche und mengenmäßige Anpassungsmöglichkeiten erweitert werden[1]. Die zeitliche Anpassung wird durch Verfahren von Mehrarbeitsstunden vorgenommen. Zusätzliche Veränderungen der Normalkapazität sind durch die mengenmäßige Anpassung in Form fremdbezogener Unternehmerstunden möglich. Abbildung 16, Anhang 1, enthält den separaten Verlauf der Mehrarbeits- und Unternehmerstunden in einem Dreijahreszeitraum. Die Anpassungsfähigkeit des Instandhaltungspersonals durch den Auf- und Abbau von Mehrarbeits- und Unternehmerstunden zeigt, daß die auf die Fertigungsanlagen verrechneten Instandhaltungsstunden entsprechend dem wechselnden Instandhaltungsbedarf der Fertigungsanlagen verändert werden können. In gleicher Weise sind die hieraus resultierenden verrechneten Instandhaltungskosten zum Teil variabel. Ein Großteil der Instandhaltungsstunden (ca. 60 % der in Zeiten der Hochkonjunktur angefallenen Gesamt-Instandhaltungsstunden) entfällt auf die Normalstunden und entspricht der ständig notwendigen Bereitschaftsleistung, die auch in Zeiten der Niedrigkonjunktur nicht unterschritten wird. Die hieraus resultierenden Instandhaltungskosten kann man als beschäf-

---

1) Zum Problem der Anpassungsarten vgl. Gutenberg, E., Die Produktion, 1. Band, a.a.O., S. 346 ff.; vgl. auch Heinen, E., Anpassungsprozesse und ihre kostenmäßigen Konsequenzen dargestellt am Beispiel eines Kokereibetriebes, Köln und Opladen 1957. Ein quantitativer Nachweis intensitätsmäßiger Anpassungsmaßnahmen beim Potentialfaktor Arbeiter ist wegen der unzureichenden Meßmöglichkeiten bisher ungelöst. Auch Gutenberg bezieht sich bei der Diskussion der intensitätsmäßigen Anpassung in erster Linie auf technische Anlagen und geht nicht näher auf die intensitätsmäßige Anpassung des Potentialfaktors Arbeiter ein. "Es ist schwierig, für diese Intensitätsschwankungen quantitative Maßstäbe zu finden." Gutenberg, E., Die Produktion, 1. Band, a.a.O., S. 353.

tigungsunabhängigen Kostenanteil ansehen. Rund 40 % der Instandhaltungsstunden entfallen auf den variablen Anteil der Mehrarbeits- und Unternehmerstunden. Diese Aussagen bezogen sich zunächst auf das Verhalten der ordentlichen Instandsetzungsstunden aus der Sicht der leistungsempfangenden Fertigungsanlagen eines gesamten Hüttenwerkes. Um diese Aussagen auf den leistenden Instandhaltungsbetrieb zu übertragen, müssen zusätzlich die außerordentlichen Instandsetzungsstunden und die Wartungsstunden in die Überlegungen einbezogen werden, damit das gesamte Leistungsprogramm des Instandhaltungsbetriebs erfaßt wird. Die außerordentlichen Instandsetzungsstunden überlagerten etwa gleichmäßig den Verlauf der ordentlichen Instandsetzungsstunden und vergrößerten im Instandhaltungsbetrieb den fixen Bestandteil. Die Wartungsstunden zeigten ein ähnliches Verhalten wie die ordentlichen Instandsetzungsstunden. Der Anteil von beschäftigungsabhängigen und unabhängigen Instandhaltungsstunden veränderte sich daher zugunsten der beschäftigungsunabhängigen, so daß etwa ein Verhältnis von 65 % zu 35 % im Instandhaltungsbetrieb vorhanden war, d. h. 35 % der verfahrenen Stunden bestanden aus schnell auf- bzw. abbaufähigen Mehrarbeits- und Unternehmerstunden, und 65 % der Stunden waren feste Bereitschaftsleistungen im Rahmen der Erzeugungsvariationen während des Beobachtungszeitraums. Diese Bereitschaftsleistung setzte sich im wesentlichen aus der tariflichen Arbeitszeit der Stammbelegschaft zusammen, die kurzfristig kaum veränderbar ist.

Neben diesen Erfahrungen in der betrieblichen Praxis wird in der betriebswirtschaftlichen Literatur[1] teilweise die Ansicht vertreten, Instandhaltungskosten hätten ausschließlich Fixkostencharakter. Hierzu ist anzumerken, daß eine genauere Kennzeichnung der Instandhaltungskosten, - ob originäre Instandhaltungskosten der leistenden oder verrechnete Instandhaltungskosten der leistungsempfangenden Betriebe -, bisher fehlt. Darüber hinaus zeigen die Ergebnisse der empirischen Untersuchungen, daß ein beachtlicher Teil der Instandhaltungskosten auch variablen Charakter haben kann.

Aus Abbildung 16, Anhang 1, ist ferner zu ersehen, daß in 1971 ein Strategiewechsel in bezug auf den Anteil der Mehrarbeits- und Unternehmerstunden vorgenommen worden ist: Die Normalstundenkapazität wurde zugunsten eines höheren Anteils an Mehrarbeits- und Unternehmerstunden abgebaut, um eine größere Anpassungsfähigkeit in Zeiten hoher konjektureller Veränderungen zu gewährleisten.

---

1) Vgl. Käfer, K., Standardkostenrechnung, a.a.O., S. 254 und die
   dort angegebenen Autoren Bay, Müller, Neumayer, Schmola,
   Thiebert und Wille.

Bei der Analyse der Mehrarbeits- und Unternehmerstunden fällt auf,
daß der Anteil der Mehrarbeitsstunden im Konjunkturtief 1971/1972
bis auf Null zurückfällt. Demgegenüber bleibt der Anteil der Unternehmerstunden auf einem bestimmten Niveau stehen. Dies gibt Anlaß
zu einer differenzierteren Betrachtung der Unternehmerstunden.
Die Summe der Unternehmerstunden wurde im untersuchten Unternehmen in vier Gruppen aufgeteilt (Abbildung 17, Anhang 1):

- Stunden infolge Unterbelegung
- Stunden infolge Spezialaufträge
- Stunden infolge Aufmaß- und Festpreisarbeiten
- Stunden infolge geschlossener Aufträge[1].

Vor allem der Verlauf der Unternehmerstunden infolge Unterbelegung zeigt eine starke Anpassung an veränderte Erzeugungsmengen
der Produktionsbetriebe, während die Stunden infolge von Spezialaufträgen und Aufmaß- und Festpreisarbeiten keine eindeutige Abhängigkeit zeigen. Diese Erscheinung ist vor allem für die Stunden
infolge Spezialaufträgen einsichtig, da die Vergabe von Spezialaufträgen in erster Linie von technologischen Notwendigkeiten abhängt[2]
und auch in Zeiten niedrigster Konjunktur an Fremdunternehmen
vergeben werden.

Diese Globalanalyse vermittelt einen ersten Einblick in die Eigenschaften der Ziel- und Einflußgrößen im Beobachtungszeitraum. Ein
qualitativer Zusammenhang zwischen Maßgrößen der produktionsbedingten Inanspruchnahme, z.B. der Erzeugungsmenge, und den

---

1) Stunden infolge Unterbelegung: Die maximal mögliche eigene Personalkapazität wird durch Richtzahlen festgelegt. Ist auf der
   Grundlage dieser Richtzahlen eine Unterbelegung vorhanden, kann
   diese durch unternehmensfremdes Instandhaltungspersonal aus-
   geglichen werden.
   Stunden infolge Spezialaufträge: Aufgrund technologischer, gesetz-
   licher oder wirtschaftlicher Gegebenheiten durch Fremdunterneh-
   mer ausgeführte Spezialaufträge.
   Stunden infolge Aufmaß- und Festpreisarbeiten: Tätigkeiten, für
   die pauschale Festpreise vereinbart werden.
   Stunden infolge geschlossener Aufträge: Hierbei wird nicht nur
   Instandhaltungspersonal, sondern auch das mit der Tätigkeit verbundene Material fremdbezogen.
2) Bestimmte Instandsetzungsmaßnahmen erfordern Spezialmaschinen, deren Anschaffung durch die seltene Nutzung unwirtschaft-
   lich ist. Daher werden diese Spezialaufträge unabhängig von der
   eigenen verfügbaren Personalkapazität als Fremdauftrag vergeben.

Instandhaltungsleistungen ist erkennbar. Sowohl die Variationsbreite der Einflußgröße als auch die Anpassungsfähigkeit der Zielgröße während des Beobachtungszeitraums sind aus den Abbildungen zu ersehen.

(2) Die Ergebnisse der Regressionsrechnungen

Für verschiedene Betriebe aus den unterschiedlichen Produktionsstufen eines Hüttenwerkes sind Regressionsanalysen durchgeführt worden. Hierzu zählen im einzelnen folgende Betriebe: Sinteranlage, Hochofenschmelzbetrieb, LD-Stahlwerk, Stranggießanlage, E-Stahlwerk, Blockstraße, Halbzeugstraße, 300er Straße, Drahtstraße und Mittelstahlstraße. Einzelne Ergebnisse sind beispielhaft in Anhang 2 dargestellt. Die Darstellungen enthalten im einzelnen die Regressionsfunktionen sowie die zur Beurteilung notwendigen statistischen Maßzahlen wie

- den Korrelationskoeffizient
- den Standardfehler der Schätzung
- die Verteilung der Restabweichungen mit dem Mittelwert der Zielgröße und der Standardabweichung.

Da der Korrelationskoeffizient als statistische Maßzahl einen hohen Abstraktionsgrad aufweist, greifen die Anwender der regressionsanalytischen Ergebnisse häufig auf die Maßzahl "Standardfehler der Schätzung" zurück. Diese Maßzahl erlaubt eine anschauliche Beurteilung über die Größe des Streubereiches der Einzelwerte um die Regressionsgerade. Die Höhe der Maßzahl gibt gleichzeitig einen Hinweis auf die Planungsgenauigkeit der mit Hilfe der Regressionsfunktion ermittelbaren Werte.

Die grafische Darstellung der Punktewolken, die einen qualitativen Eindruck über die Anordnung der Einzelwerte zur Regressionsgeraden geben, werden ergänzt durch "die Verteilung der Restabweichungen" um die Regressionsgerade. Hierdurch wird die Aussage der Maßzahl "Standardfehler der Schätzung" erweitert, da die Anzahl der Abweichungswerte in gestaffelten Toleranzbereichen (5 %, 10 %, etc.) um die Regressionsgerade angegeben wird.

Beispielhaft sollen für einen ausgewählten Betrieb die funktionalen Zusammenhänge zwischen dem Kostengüterverbrauch der einzelnen Leistungsarten und ihrer Einflußgröße erläutert werden.

Am Beispiel des Hochofenschmelzbetriebes ist im Anhang 1, Abbildung 18, der funktionale Zusammenhang zwischen der Leistungsart Reparaturbetriebsleistung, Maßgröße: Instandsetzungsstunden/Monat, und der Einflußgröße: Roheisenmenge/Monat dargestellt. Die Variationsbreite der Einflußgröße war so groß, daß sowohl der linear aufsteigende Anfangsbereich als auch der überproportionale Verlauf der Instandsetzungsstunden erkennbar wird. Zur Abbildung des gesamten funktionalen Zusammenhangs wurden abschnittsweise zwei lineare Regressionsrechnungen durchgeführt. Der Gültigkeitsbereich der ersten Funktion F 1 liegt zwischen

$$160.000 \ (to/Monat) < Roheisenerzeugung < 270.000 \ (to/Monat)$$
$$pro \ Monat$$

Die Regressionsgerade wird beschrieben durch die Funktion[1]:

$$ILS = B_O + a \ x \ RE$$

ILS = Instandsetzungslohnstunde (Stunde/Monat)
(errechnete Faktorverbrauchsmenge)

B_O = Regressionskonstante (Stunde/Monat)

a = spezifischer Faktorverbrauch (Stunde/to)

RE = Roheisenmenge (to/Monat)
(Einflußgröße)

Der Korrelationskoeffizient beträgt 78,6 %, der Standardfehler der Schätzung 6,3 %. Einen zusätzlichen Aufschluß über die Lage der Wertepaare zur Regressionsgeraden ergibt die Verteilung der Restabweichungen (Abb. 19, Anhang 1). Die Verteilung der Restabweichungen ergänzt die Maßzahl "Standardfehler der Schätzung", indem sie zusätzlich aussagt, daß für dieses Beispiel

57 % der Abweichungswerte kleiner als ± 5 %
91 % der Abweichungswerte kleiner als ± 10 % sind.

Der Gültigkeitsbereich der zweiten linearen Funktion F 2, die das Verhalten im überproportionalen Bereich beschreiben soll, liegt zwischen

$$240.000 \ (to/Monat) < Roheisenerzeugung/Monat < 320.000 \ (to/Monat)$$

---

1) Zum allgemeinen Aufbau der funktionalen Zusammenhänge vgl. S. 93 ff. dieser Untersuchung.

Die Regressionsgerade wird beschrieben durch die Funktion:

$$ILS = B_O + a \times RE$$

ILS = Instandsetzungslohnstunde (Stunde/Monat)
(errechnete Faktorverbrauchsmenge)

B_O = Regressionskonstante (Stunde/Monat)

a = spezifischer Faktorverbrauch (Stunde/to)

RE = Roheisenmenge (to/Monat)
(Einflußgröße)

Der Korrelationskoeffizient beträgt 74 %, der Standardfehler der Schätzung 7,6 %. Einen zusätzlichen Aufschluß über die Lage der Wertepaare zur Regressionsgeraden ergibt die Verteilung der Restabweichungen (Abb. 20, Anhang 1). Die Verteilung der Restabweichungen ergänzt die Maßzahl "Standardfehler der Schätzung", indem sie zusätzlich aussagt, daß für dieses Beispiel

50 % der Abweichungswerte kleiner als ± 5 %
75 % der Abweichungswerte kleiner als ± 10 % sind.

In ähnlicher Weise sind die funktionalen Zusammenhänge zwischen dem monatsbezogenen Verbrauch an Hilfs- und Betriebsstoffkosten (Abb. 21, Anhang 1) sowie Reserveteilkosten (Abb. 22, Anhang 1) und ihrer Einflußgröße dargestellt. Als Maßgröße für den monatsbezogenen Verbrauch dieser Leistungsarten können keine Mengengrößen, sondern nur Wertgrößen verwendet werden[1]. Weitere ergänzende Beispiele von Funktionen für andere Fertigungsanlagen sind im Anhang 2 enthalten.

(3) Die Auswertung der Regressionsrechnungen

Vor der Interpretation der ermittelten Funktionen ist es notwendig, noch einmal auf die Eigenschaften der Daten einzugehen, mit deren Hilfe die funktionalen Zusammenhänge empirisch ermittelt worden sind. Die Daten spiegeln das Verhalten während eines Beobachtungszeitraumes wieder, der durch eine ausgeprägte Niedrigkonjunktur und anschließende Hochkonjunktur gekennzeichnet war. Hierdurch wird die notwendige Variationsbreite der Daten gewährleistet und

---

1) Zu dieser Problematik vgl. auch Laßmann, G. , Die Kosten- und Erlösrechnung als Instrument der Planung und Kontrolle in Industriebetrieben, a.a.O. , S.88.

132

die Aussagefähigkeit der Regressionsrechnungen, deren Gültigkeitsbereich sich ausschließlich auf diese Variationsbreite beschränkt,
erhöht.

So können z. B. konjunkturbedingte Einflüsse den Verlauf der empirisch ermittelten Funktionen beeinträchtigen. Finanzielle Beschränkungen, die aus einer Niedrigkonjunktur erwachsen, bewirken eine
stärkere Kontingentierung der periodischen Instandhaltungskosten.
Diese stärkere Kontingentierung verändert die Instandhaltungsstrategie des Instandhaltungspersonals. Das Beurteilungsvermögen des
Inspekteurs in bezug auf die weitere Funktionstüchtigkeit eines Anlagenelementes (Inspektionsmaßnahme) verändert sich. Während
vorher ein heißgelaufenes Lager als Indiz für einen bevorstehenden
Elementausfall gewertet wurde, wird nun ein höheres Ausfallrisiko
in Kauf genommen. Hierdurch können die Durchführungszeitpunkte
zahlreicher Maßnahmen in gewissen Grenzen hinausgezögert werden und auf diese Weise den periodischen Instandhaltungsbedarf in
gewissen Grenzen beeinflussen. Zusätzlich verändert das Instandsetzungspersonal die Durchführungsart einer Instandsetzungsmaßnahme, d. h. austauschende werden durch ausbessernde Maßnahmen
ersetzt. Hierdurch kann kurzfristig die Funktionsbereitschaft der
Fertigungsanlagen mit geringeren Kosten gesichert werden.

Das sich wandelnde subjektive Risikoverhalten des Inspekteurs sowie die Austausch-/Ausbesserungsstrategie des Instandsetzungspersonals wirken neben dem technologisch bedingten Zwangszusammenhang zwischen den Ursache-Wirkungsmaßgrößen als dispositionsbedingte Bestimmungsgründe auf die periodische Höhe der ordentlichen
Instandhaltungsstunden bzw. Kosten. Durch die Veränderung dieser
Instandhaltungsstrategien wird der Streubereich der Wertepaare um
die Regressionsfunktion beeinflußt.

In größerem Umfang kann der gesamte periodische Leistungsumfang
des Instandhaltungsbetriebs durch die zeitliche Verschiebung außerordentlicher Instandsetzungsmaßnahmen verändert werden. Dieses
Vorgehen wirkt sich jedoch nicht auf die Lage der Bedarfsfunktion
aus, da sie sich ausschließlich auf den ordentlichen Instandhaltungsbedarf bezieht. Daher soll diese Möglichkeit nur der Vollständigkeit
wegen hier erwähnt werden.

Ein weiterer Grund für die Bandbreite der Wertepaare ist der heterogene Leistungsinhalt der einzelnen Instandhaltungsstunden. Der
periodenbezogene Leistungsbedarf der einzelnen Fertigungsanlagen
hat zwar eine relativ stabile Struktur, doch sind gewisse Abweichungen von Periode zu Periode nicht auszuschließen. Diese strukturellen
Abweichungen führen dann zur unterschiedlichen Höhe des Verbrauchs
an Instandhaltungsleistungen bei gleicher Einflußgrößenmenge.

Da die für die Regressionsrechnung verwendeten Daten einem Vergangenheitszeitraum entstammen, haben die erwähnten Strategiemerkmale die Vergangenheitsdaten beeinflußt. Die ermittelten statistischen Kennzahlen, die zur Beurteilung der Regressionsfunktionen errechnet worden sind, sowie die Lage der Punktewolke im Zusammenhang mit dem Funktionenverlauf sprechen dafür, daß bei gegebener technologischer Struktur der einzelnen Fertigungsanlagen die produktionsbedingte Inanspruchnahme als Haupteinflußgröße auf den Verlauf der von diesen Fertigungsanlagen verbrauchten Instandhaltungsstunden angesehen werden kann. Zusätzlich wurde zur Absicherung dieser Aussage eine Expertenbefragung[1] durchgeführt: Das Ergebnis dieser Befragung bestätigte, daß die produktionsbedingte Inanspruchnahme, vertreten durch die Maßgröße Erzeugungsmenge oder Nutzungshauptzeit, den Haupteinfluß auf die Höhe der benötigten Instandhaltungsleistungen einer Fertigungsanlage ausübt.

Im Regressionskoeffizienten der Regressionsfunktion (Bedarfsstandard) kommen die Normalbedingungen zum Ausdruck, unter denen die Regressionsfunktion ermittelt wurde. Zu diesen Normalbedingungen zählen die Materialeigenschaften und die konstruktive Gestaltung, also die technologische Struktur der Fertigungsanlage. Eine Änderung der Technologie infolge einer anderen konstruktiven Gestaltung oder eine Verbesserung der Materialeigenschaften einzelner Anlagenelemente als Folge einer Schwachstellenanalyse führen zur Änderung des Koeffizienten.

Ebenso zählen zu den Normalbedingungen die nicht quantifizierbaren Einflüsse, die durch die Verhaltensweise des Bedienungspersonals oder das Risikoverhalten des Instandhaltungspersonals auf den Verbrauch an Instandhaltungsleistungen der Fertigungsanlage wirken. Auch diese Merkmale beeinflussen die Höhe des Bedarfsstandards und führen bei nachhaltiger Änderung zu einem anderen Standard, so daß der Verlauf der Funktion geändert wird.

Die Freiheitsgrade der Instandhaltungsstrategie sowie das individuelle Verhalten des Bedienungspersonals führen weniger zu einem völlig anderen Verhalten des Kostengüterverbrauchs, sondern vielmehr zu einem zufallsbedingten (z. B. durch das Verhalten des Bedienungspersonals) und zum Teil dispositionsbedingten (z. B. durch die Maßnahmen der Unternehmens- bzw. Instandhaltungsleitung) Streubereich um die Regressionsgerade. Die Regressionsgerade selbst repräsentiert in erster Linie den durch die konstruktive Struktur und die technologischen Eigenschaften der Elemente hervorge-

---

1) Zu den Aussagen der Expertenbefragung vgl. im einzelnen S. 90 dieser Untersuchung.

rufenen signifikanten Zusammenhang zwischen der jeweiligen Haupteinflußgröße und den einzelnen Leistungsarten, aus denen sich der Instandhaltungsbedarf zusammensetzt.

Der Gültigkeitsbereich der Regressionsfunktionen liegt ausschließlich im Variationsbereich der Eingangsdaten. Der Versuch, den gesamten Verlauf der Funktionen empirisch zu ermitteln, scheitert daran, daß die Variationsbreite der Einflußgrößen im allgemeinen nicht über einen bestimmten Schwankungsbereich hinausgeht. Dieser Schwankungsbereich wird durch den periodischen Leistungsumfang der Fertigungsanlagen in der Vergangenheit bestimmt. In erster Linie bewegt sich die Variationsbreite der Daten im proportionalen Bereich der Funktionen[1]. Durch die ungewöhnliche Hochkonjunktur im Jahre 1974 wurden bei gleicher Kapazität durch die Steigerung des Nutzzeitgrades bisher nicht erreichte Erzeugungsmengen produziert. Die Verringerung der Stillstandszeiten und damit die Erhöhung des Nutzzeitgrades wurde wesentlich durch eine verstärkte Instandhaltung erreicht. Die Auswertungen zeigen, daß in diesem Bereich ein zur Einflußgröße überproportionaler Anstieg des Instandhaltungskostengüterverbrauchs erfolgt. Der Grund hierfür liegt in der außergewöhnlich hohen Belastung der Fertigungsanlagen bei diesen Erzeugungsmengen und in einer Veränderung der Instandhaltungsstrategie. Dies bedeutet, daß die Inspekteure ihr Risikoverhalten bei der Einschätzung reparaturbedürftiger Anlagenelemente umstellen. Der Anteil der geplanten Maßnahmen mit frühzeitigem Austausch derjenigen Anlagenelemente, die vom Funktionsverlust bedroht sind, nimmt ständig zu. Darüber hinaus werden ausbessernde Maßnahmen zugunsten austauschender Maßnahmen vermindert. Diese Verhaltensweisen führen zu einem bezogen auf die Höhe der Einflußgröße überproportionalen Anstieg des Instandhaltungsbedarfs. Ein Sonderfall, der außerhalb der Variationsbreite der empirisch erfaßten Daten liegt, soll kurz betrachtet werden: Der Instandhaltungskostengüterverbrauch beim Stillstand der Fertigungsanlage. Beim Stillstand der Fertigungsanlage wird die Einflußgröße Erzeugungsmenge oder Nutzungshauptzeit zu Null, so daß formalmathematisch die Regressionskonstante den erzeugungsunabhängigen Kostengüterverbrauch repräsentieren würde. Diese Interpretation der Regressionskonstante widerspricht jedoch der Tatsache, daß die Regressionsfunktion nur Gültigkeit hat innerhalb der Variationsbreite der Einflußgrößenmengen während des Bedarfszeitraumes.

Die erforderlichen kontinuierlichen Wartungs- und Instandsetzungsmaßnahmen für eine über längere Zeit stillstehende Fertigungsan-

---

1) Vgl. hierzu auch die grafische Darstellung über den theoretischen Verlauf der Funktionen auf S. 96 f.

lage müssen je nach späterer Verwendungsmöglichkeit als Sonder-
maßnahmen festgelegt werden. Die hieraus entstehenden Kosten
werden gesondert als Stillstandskosten ausgewiesen.

Zusammenfassend ist festzustellen, daß die empirischen Untersuchungen einen für die globale Bedarfsprognose der Instandhaltungs-
leistungsarten verwendbaren funktionalen Zusammenhang gezeigt
haben. Die Anwendung der ermittelten Funktionen zur Bedarfsprognose trägt bei unveränderten Fertigungsbedingungen der Hauptbetriebe zur realitätsnahen Berechnung des zukünftigen Leistungsbedarfs bei und ist damit gegenüber den Methoden der herkömmlichen
Budgetrechnung eine geeignetere Basis zur Planung und Kontrolle
der Instandhaltungsleistungen auf der Basis von Plankosten in den
Instandhaltungsbetrieben. Hinweise auf die Vorteilhaftigkeit der Bedarfsplanung auf der Grundlage von Einflußgrößenfunktionen gegenüber den Methoden der herkömmlichen Budgetrechnung sind deutlich
aus Abbildung 23, Anhang 1, zu ersehen. Hier werden auf der Basis
der Bedarfsfunktionen der Ist-Einflußgrößen und der Ist-Verrech-
nungspreise des vergangenen Beobachtungszeitraumes die periodischen Instandhaltungskosten berechnet und den Budgetkosten gegenübergestellt. Mit Hilfe der empirisch ermittelten Bedarfsfunktionen
ist die Grundlage für die Planung der Instandhaltungsleistungen in
den Instandhaltungsbetrieben gegeben. Hiervon ausgehend kann eine
bedarfsgerechte Verrechnung der in den Instandhaltungsbetrieben
entstehenden Plankosten auf die leistungsempfangenden Fertigungsanlagen vorgenommen werden. Auf dieser Grundlage kann auch die
Aussagefähigkeit der kurzfristigen Periodenerfolgsrechnung in den
Hauptbetrieben gesteigert werden.

Für die einzelnen Leistungsarten kann folgendes ausgesagt werden:
Bei der Leistungsart Reparaturbetriebsleistungen, vertreten durch
die Maßgröße Instandhaltungslohnstunde, wird ein enger funktionaler
Zusammenhang in Abhängigkeit von den sie bestimmenden Einflußgrößen erreicht. Der hohe Teilbarkeitsgrad der Leistungsart sowie
die gute Anpassungsfähigkeit an Bedarfsveränderungen begünstigen
dieses Verhalten. Die Instandhaltungslohnstunden sind die fiktive
mengenbezogene Komponente der Reparaturbetriebskosten, die ih-
rerseits ca. 70 % der Instandhaltungskosten umfassen. Durch die
fiktive Trennung in eine Mengen- und Wertkomponente (Verrech-
nungspreis/Instandhaltungsstunde) kann für die Reparaturbetriebskosten der mengenorientierte Anteil Instandhaltungsstunden und der
Bewertungsfaktor, der Verbrauchsmengen-[1] und Preiseinflüsse

---

1) Diese Verbrauchsmengen sind die im Rahmen einer Instandhaltungsstunde normalerweise erforderlichen Verbrauchsmengen an
   Werkzeugen, Energie etc.

zusammengefaßt, getrennt behandelt werden. Dies bezieht sich sowohl auf die Bedarfsermittlung als auch auf die Planung und Kontrolle der Instandhaltungsleistungen in den Instandhaltungsbetrieben.

Bei den Leistungsarten Hilfs- und Betriebsstoffe und Reserveteile ist eine Trennung in einzelne Mengen- und Preisbestandteile nicht praktikabel. Als Maßgröße für den periodischen Verbrauch der jeweiligen Leistungsart muß eine wertorientierte Durchschnittsgröße verwendet werden. Der funktionale Zusammenhang für den Hilfs- und Betriebsstoffverbrauch sowie den Reserveteilverbrauch in Abhängigkeit der Einflußgrößen ist durch die geringere Homogenität dieser Kostenarten nicht so ausgeprägt. Setzt man den Korrelationskoeffizient der einzelnen Verbrauchsfaktoren in Beziehung zu ihrem Teilbarkeitsgrad, so erhält man folgenden qualitativen Zusammenhang:

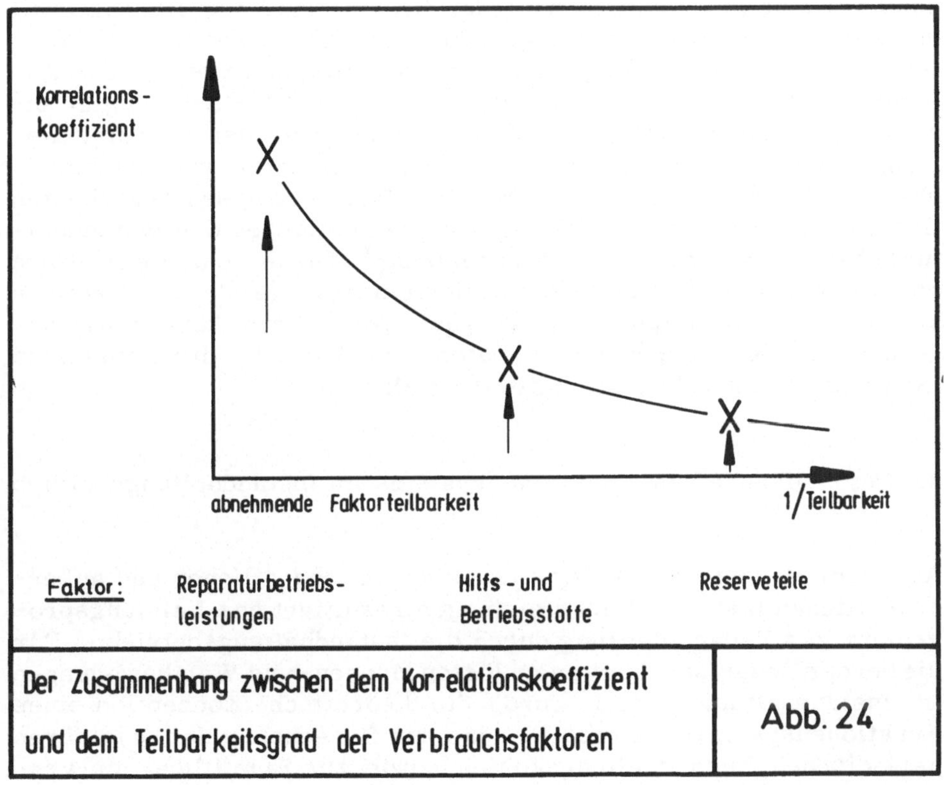

Der Zusammenhang zwischen dem Korrelationskoeffizient und dem Teilbarkeitsgrad der Verbrauchsfaktoren

Abb. 24

Der funktionale Zusammenhang zwischen Hilfs- und Betriebsstoff- sowie Reserveteilverbrauch und seinen Einflußgrößen beeinflußt die Planungsgenauigkeit des Instandhaltungsbedarfs jedoch relativ gering, da sich der Anteil dieser Faktoren im Vergleich zu den Repa-

raturbetriebskosten an den Instandhaltungskosten wie 30 % zu 70 %
verhält. Die Planungsgenauigkeit wird in erster Linie durch den
funktionalen Zusammenhang zwischen den Reparaturbetriebsleistungen und ihren Einflußgrößen bestimmt.

Ursprünglich war vorgesehen, einzelne Bedarfsfunktionen für den
Instandhaltungsbedarf der Fertigungsanlagen an Elektro-, Maschi-
nen- oder Bau-Instandhaltungsstunden zu ermitteln. Hierbei wurde
von Überlegungen ausgegangen, der jeweilige Bedarf an unterschiedlichen Stundenarten könne von verschiedenen Einflußgrößen (z. B.
Erzeugungsmenge für elektrotechnische Leistungen, Periodenlänge
für bautechnische Leistungen u. ä.) abhängig gemacht werden. Die
empirischen Untersuchungen zeigten, daß die produktionsbedingte
Inanspruchnahme als Haupteinflußgröße für den Bedarf jeder der
drei Stundenarten angesehen werden kann. Für die differenzierten
funktionalen Zusammenhänge ergaben sich ähnliche statistische Maßzahlen wie beim Zusammenhang der Gesamtstunden in Abhängigkeit
der produktionsbedingten Inanspruchnahme. Daher wird für die weitere Vorgehensweise vorgeschlagen, Bedarfsfunktionen für den Zusammenhang zwischen Gesamtstunden und produktionsbedingter Inanspruchnahme aufzubauen und zur bedarfsgerechten Dimensionierung der Personalkapazität in den einzelnen Verantwortungsbereichen des Instandhaltungsbetriebs die Aufgliederung des errechneten
Gesamtstundenbedarfs nach leistenden Teilbetrieben der Instandhaltung über Äquivalenzziffern vorzunehmen[1]. Diese Äquivalenzziffern
enthalten den prozentualen Anteil der einzelnen leistenden Betriebe
an der Gesamtleistung. Diese Äquivalenzziffern können auf der
Grundlage von Vergangenheitsdaten aus der sehr differenzierten
Dokumentationsrechnung ermittelt werden.

3. Der Aufbau eines Funktionensystems im Instandhaltungsbetrieb

Aus dem Bedarf der Fertigungsanlagen an ordentlichen und außerordentlichen Instandhaltungsleistungen resultiert das Leistungsprogramm zur Bedarfsdeckung durch die Instandhaltungsbetriebe. Für
die bei der Bedarfsdeckung ausgelösten Mengen- und Wertbewegungen
im Instandhaltungsbetrieb wurde die theoretische Konzeption eines
Funktionensystems dargestellt, das zur Berechnung der originären
periodischen Instandhaltungskosten sowie zur Ermittlung von Ver-

---

1) Zur Wahl zwischen Äquivalenzziffern oder Teilfunktionen bei der
   Produktdifferenzierung vgl. Laßmann, G. , Die Produktionsfun-
   tion und ihre Bedeutung für die betriebswirtschaftliche Kostentheorie, a. a. O. , S. 108 f.

rechnungspreisen je Leistungseinheit (Instandhaltungslohnstunde) der
Instandhaltungsbetriebe geeignet sein soll. Für eine mögliche Über-
tragung der theoretischen Konzeption auf die Gegebenheiten der betrieblichen Praxis sollen im folgenden einige Gesichtspunkte

- zur Gliederung des Instandhaltungsbetriebs
- zur Art und zum Umfang der wesentlichen zur Bedarfsdeckung erforderlichen Faktoreinsatzmengen
- zur Wahl relevanter Kosteneinflußgrößen und
- zum formalen Aufbau der Verbrauchsfunktionen
  im Instandhaltungsbetrieb diskutiert werden.

a) Die Gliederung des Instandhaltungsbetriebs

Kriterien für die Bildung von Verantwortungsbereichen im Instandhaltungsbetrieb sind:

- Möglichst homogene Leistungsabgaben und gesicherte Erfaßbar-
  keit durch geeignete Maßgrößen

- Verursachungsgerechte Zuordnung der für den Leistungsprozeß
  erforderlichen Faktoreinsatzmengen.

Die Forderung nach möglichst homogenen Leistungsabgaben ist so
zu verstehen, daß ein geschlossenes Leistungsbündel oder verschiedene in sich möglichst homogene Leistungsgruppen gebildet werden
sollen, die ein ähnliches Verbrauchsverhalten an Faktoreinsatzmengen aufweisen. Hiervon ausgehend erscheint zunächst eine Gliederung
in funktionsbezogene Verantwortungsbereiche wie Maschinen-, Elek-
tro- oder Baubetriebe zweckmäßig. Darüber hinaus können diese
Funktionsbereiche nach dem Merkmal der leistungsempfangenden
Fertigungsanlagen untergliedert werden, so daß Verantwortungsbereiche entstehen wie z. B. mechanische Instandhaltungsleistungen
für Profilwalzwerke oder elektrotechnische Instandhaltungsleistungen für Stahlwerke. Bei dieser Gliederung des Instandhaltungsbetriebs wird der Tatsache Rechnung getragen, daß die Ausrichtung
von Verantwortungsbereichen auf ein und dieselbe leistungsempfangende Fertigungsanlage zur wachsenden Erfahrung bei der Instandhaltung führt und auf Dauer ein Rationalisierungseffekt durch Verbesserung des Maßnahmenablaufs erreicht wird. Darüber hinaus
kann man davon ausgehen, daß diese Verantwortungsbereiche durch
die Vielzahl der wiederkehrenden ordentlichen Instandhaltungsmaßnahmen ein über die Periode stabiles Leistungsprogramm haben.
Als mögliche weitere Untergliederung des periodischen Leistungs-
bündels ist die Trennung nach Wartungs- und Instandsetzungsstunden
anzusehen. Diese zusätzliche Aufteilung ist zweckmäßig, weil im

Rahmen einer Instandsetzungsstunde andere Einsatzfaktoren ver-
braucht werden als im Rahmen einer Wartungsstunde.

Die Gliederung des Instandhaltungsbetriebs kann entsprechend der
vorgenannten Verantwortungsbereiche nach Kostenstellen, Hauptkostenstellen, die zum Betrieb zusammengefaßt werden, erfolgen.
Die Kostenstelle als kleinste Einheit umfaßt z. B. die elektrotechnischen Leistungen für Profilwalzwerke. Als Leistungsgruppen werden Wartungs- und Instandsetzungsleistungen (Maßgröße: Stunden)
unterschieden. Mehrere Kostenstellen bilden eine Hauptkostenstelle,
in der ausschließlich z. B. elektrotechnische Leistungen zusammengefaßt sind. Unter dem Begriff Instandhaltungsbetrieb können alle
funktionsorientierten Hauptkostenstellen zusammengefaßt werden.

b) Die zur Instandhaltung notwendigen Faktoreinsatzmengen

Die Faktoreinsatzmengen bilden das Mengengerüst der Kosten im
Instandhaltungsbetrieb. Es wurde bereits dargelegt, daß zur Ausführung der Reparaturbetriebsleistungen wie bei jedem Produktionsprozeß die Faktorarten: Repetierfaktoren und Potentialfaktoren notwendig sind. Die Gliederung der erforderlichen Faktoreinsatzmengen
wird nach Kostenstellen und Kostenarten getrennt vorgenommen. Die
folgenden Kostenarten bzw. Kostenartengruppen sind für die Ermittlung funktionaler Beziehungen von wesentlicher Bedeutung:

- Personalkosten; hierzu gehören die Betriebslöhne des eigenen und
  fremden Instandhaltungspersonals, die Mehrarbeits- und sonstigen Zuschläge sowie die dazugehörigen lohn- und gehaltsabhängi-
  gen Kosten

- Energiekosten z. B. infolge Strom-, Wasserverbrauch

- Werkzeugkosten

- Allgemeine Betriebsstoffkosten

- Übrige Betriebskosten; hierzu gehören z. B. die weiterverrech-
  neten Kosten der Hilfsbetriebe

- Kapitaldienst

- Betriebsnahe Verwaltungskosten

- Betriebsferne Verwaltungskosten

- Kosten für Sozialdienst

Die auftragsspezifischen Hilfs- und Betriebsstoffkosten und auftragsspezifischen Reserveteilkosten zählen nicht zu den Kostenarten
der leistenden Kostenstellen und sind daher nicht in dem Bewertungsfaktor für die Abrechnungsgröße der leistenden Kostenstelle enthal-

ten. Die auftragsspezifischen Kosten werden als Einzelkosten direkt auf die leistungsempfangende Fertigungsanlage verrechnet.

Die Entwicklung der einzelnen Kostenarten oder Kostenartengruppen, die im Verrechnungspreis pro Abrechnungsgröße (Lohnstunde) einer leistenden Kostenstelle enthalten sind, wird für einen Fünfjahreszeitraum dargestellt (Abb. 25, Anhang 1). Hierbei ist der herausragende Anstieg der Personal- und personalverbundenen Kosten zu ersehen, sowie der bedeutende Anteil der wenig beeinflußbaren Kosten für Sozialdienst, betriebsferne Verwaltungskosten und des Kapitaldienstes.

c) Die Kosteneinflußgrößen

Die Kosteneinflußgrößen müssen unterschieden werden in jene Einflußgrößen, die die Höhe der erforderlichen Faktoreinsatzmengen bestimmen, und in die Faktorpreise, die bei der Bewertung Einfluß auf die Kostenhöhe nehmen[1].

Der wesentliche Einfluß auf die Höhe der erforderlichen Faktoreinsatzmengen einer Abrechnungseinheit geht von der Höhe der zu erbringenden Reparaturbetriebsleistung aus. Als Maßgröße dient die Höhe der Instandhaltungslohnstunden, die in der Abrechnungseinheit erbracht werden. Informationen über die Höhe der benötigten Instandhaltungsstunden in der angesprochenen Differenzierung werden aus der Bedarfsrechnung gewonnen. Die für die spätere Bewertung relevanten Anteile von Normal-, Mehrarbeits- und Unternehmerstunden werden im Rahmen alternativer Planungsrechnungen zunächst unterschiedlich disponiert. Das für die erwartete Bedarfsentwicklung günstigste Verhältnis ist jedoch erst Ergebnis der Planungsrechnungen im Instandhaltungsbetrieb.

Beispeilhaft soll gezeigt werden, wie für alternative Planungsrechnungen das Zeitengerüst einer Kostenstelle ermittelt wird. Hierbei wird zunächst von der Stammbelegschaft ausgegangen. Die Stellenbesetzungspläne sind für den überwiegenden Teil der Personalkapazität die Grundlage zur Dimensionierung und Bewertung. Diese Stellenbesetzungspläne enthalten die erforderliche Anzahl der Arbeiter pro Arbeitsplatz. Neben der Stammbelegschaft wird eine Reservebelegschaft benötigt, weil eine bestimmte Personalanzahl im allgemeinen krank oder im Urlaub ist. Die für eine Planungsalternative disponierte Menge an Instandhaltungsmannstunden, differenziert

---

1) Zum System der Kosteneinflußgrößen vgl. Franke, R., Betriebsmodelle, a.a.O., S. 38 ff.

nach Normal-, Mehrarbeits- und Unternehmerstunden und den jeweils vorhandenen Lohngruppen, ist das Mengengerüst für die Berechnung der Personalkosten.

1)		Tarifliche Arbeitszeit der Stammbelegschaft[1]
2)	./.	Ausfallstunden
3)		Verfügbare Stunden der Stammbelegschaft (Z. 1 ./. 2)
4)	+	Zusätzliche Stunden durch Belegschaft aus anderen Kostenstellen des Werkes
5)	+	Zusätzliche genutzte Stunden mit Hilfe von Werksfremden
6)	+	Mehrarbeitsstunden
7)		Zusätzlich genutzte Stunden (Z. 4 + 5 + 6)
8)	./.	Nicht genutzte Stunden
9)		Betriebsstunden der Kostenstelle (Z. 3 + 7 ./. 8)
10)	./.	Bereitschaftsstunden
11)	./.	Sonstige nicht für Instandhaltungsaufträge verfahrene Stunden
12)		Nicht für Instandhaltungsaufträge verfahrene Stunden (Z. 10 + 11)
13)		Verfügbare Instandhaltungsmannstunden (Z. 9 - 12)

---

[1] Tarifliche Arbeitszeit der Stammbelegschaft:	Stammbelegschaft x tarifliche Arbeitszeit
Ausfallstunden:	Der Stammbelegschaft, z. B. wegen Krankheit, Urlaub und sonstiger Arbeitsverhinderung
Zusätzlich genutzte Stunden durch Belegschaft aus anderen Kostenstellen des Werkes:	Hierunter werden nur die Stunden der von anderen Kostenstellen abgezogenen und dem Instandhaltungsbetrieb zeitweilig unterstellten Belegschaft erfaßt. Hierzu gehören nicht die Stunden, die die eigene Belegschaft für Instandhaltung in der eigenen Kostenstelle verfährt.
Nicht genutzte Stunden:	Abwesenheitszeit wegen Abgabe an andere Betriebe, Kurzarbeit, abgesetzte Schichten, sonstige betriebsbedingte Ausfallstunden
Betriebsstunden der Kostenstellen:	Anwesenheitszeit
Bereitschaftsstunden:	Wartezeit
Sonstige, nicht für Aufträge verfahrene Stunden:	Z. B. I. u. R. -Leistungen an der eigenen Kostenstelle, Hilfsarbeiten, Hilfslohnstunden.

Die Instandhaltungsmannstunden (differenziert nach Wartung und Instandsetzung) können in den einzelnen Kostenstellen als Einflußgröße für den periodischen Verbrauch an Energie-, Werkzeug- und Allgemeinen Betriebsstoffkosten verwendet werden.

Für den Verbrauch an Kapitaldienst, betriebsnahen und betriebsfernen Verwaltungskosten wird die Periodenlänge als Einflußgröße verwendet, da diese Kosten unabhängig von der periodischen Leistungsmenge anfallen.

Neben den Einflußgrößen, die das Mengengerüst bestimmen, sind die Preisfaktoren zur Bewertung der Faktoreinsatzmengen als wesentliche Einflußgröße zu nennen[1]. Hier werden einmal Marktpreise für vom Markt bezogene Leistungen (z. B. für Unternehmerstunden) und zum anderen Verrechnungspreise für innerbetriebliche Leistungen (z. B. Energie) verwendet.

d) Der Aufbau von Richtgrößenfunktionen im Instandhaltungsbetrieb

Die für Planungs- und Kontrollzwecke erforderlichen Periodenkosten und die zur Weiterverrechnung benötigten Verrechnungspreise je Leistungseinheit der einzelnen Verantwortungsbereiche im Instandhaltungsbetrieb werden ermittelt, indem für jede Abrechnungseinheit kostenartenweise die Komponenten

- Einflußgrößen
- Verbrauchsstandard (d. h. spezifischer Faktorverbrauch je Einflußgrößeneinheit)
- errechneter Faktorverbrauch und
- Preis je Einheit der Faktoreinsatzmenge

rechnerisch miteinander verknüpft werden. Die Abhängigkeiten zwischen dem Verbrauch an Faktoreinsatzmengen und der jeweiligen Einflußgröße werden durch sogenannte Richtgrößenfunktionen erfaßt. Sie haben folgenden formalen Aufbau:

$$
\begin{matrix}
\text{errechneter} \\
\text{Verbrauch der} \\
\text{Faktoreinsatz-} \\
\text{menge/Periode}
\end{matrix}
=
\begin{matrix}
\text{einflußgrößen-} \\
\text{unabhängiger} \\
\text{Grundverbrauch/} \\
\text{Periode}
\end{matrix}
+
\begin{matrix}
\text{spezifischer} \\
\text{Faktorver-} \\
\text{brauch je Ein-} \\
\text{heit der Ein-} \\
\text{flußgröße}
\end{matrix}
\times
\begin{matrix}
\text{Menge der} \\
\text{Einfluß-} \\
\text{größe/} \\
\text{Periode}
\end{matrix}
$$

---

1) Die Bedeutung der Preisfaktoren kommt deutlich in Abb. 26, Anhang 1, zum Ausdruck. Hier ist die Entwicklung von Verrechnungspreisen für Reparaturbetriebsleistungen über 4 Jahre dargestellt.

In Abhängigkeit von einer geplanten Einflußgrößenmenge/Periode
wird der Verbrauch der jeweiligen Faktoreinsatzmengen/Periode
errechnet. Nach Bewertung dieser errechneten Verbrauchsmengen
mit den Preisen je Einheit der Faktoreinsatzmenge entstehen die
Plankosten/Periode für die jeweilige Faktorart. Nach Aufsummierung der artenbezogenen Plankosten/Periode über den jeweiligen
Verantwortungsbereich entstehen geplante Periodenkosten der einzelnen Verantwortungsbereiche.

Ausgangspunkt für die Ermittlung der periodischen Instandhaltungskosten im Instandhaltungsbetrieb sind die auf dem Wege der Bedarfsermittlung errechenbaren und teilweise dispositiv festlegbaren erforderlichen Instandhaltungsmannstunden der Fertigungsanlagen [1].
Im Rahmen von Planungsüberlegungen wird für eine in Erwägung gezogene Planungsalternative ein bestimmter Bedarf errechnet und
festgelegt. Auf dieser Grundlage wird eine mögliche Stundenstruktur
aus Normal-, Mehrarbeits- und Unternehmerstunden disponiert.
Orientierungsgröße für die verfügbaren Normalstunden ist die aus
der tariflichen Arbeitszeit der Stammbelegschaft errechnete Stundenzahl, abzüglich der Ausfallstunden dieser Stammbelegschaft wegen Krankheit, Urlaub und sonstiger Arbeitsverhinderung.

Der Anteil der Mehrarbeitsstunden kann sich an einem prozentualen
Zuschlag auf die Normalstunden orientieren (ca. 10 %), der im allgemeinen nicht überschritten werden sollte. Die Lücke zwischen
verfügbaren Normal- und Mehrarbeitsstunden der Stammbelegschaft
im Instandhaltungsbetrieb soll durch werksfremdes Instandhaltungspersonal geschlossen werden. Die einzelnen Stundenarten werden
mit unterschiedlichen Faktorpreisen bewertet. Für die Normal- und
Mehrarbeitsstunden des eigenen Stammpersonals wird jeweils ein
kostenorientierter Verrechnungssatz ermittelt, der die Lohnkosten
- unter Berücksichtigung der verschiedenen Lohngruppen - und die
lohnverbundenen Kosten enthält. Die Unternehmerstunden werden
mit den gegenwärtig geltenden bzw. zu erwartenden Marktpreisen
bewertet.

Am Beispiel der Stromkosten wird die Ermittlung eines Planver-
brauchs gezeigt. Es werden zunächst die statistischen Gesetzmäßigkeiten zwischen dem Stromverbrauch (kWh) und der Einflußgröße
Instandhaltungsmannstunde durch Funktionen erfaßt. Die Unterscheidung zwischen Normal-, Mehrarbeits- und Unternehmerstunden für

---

1) Franke unterscheidet in diesem Zusammenhang zwischen disponierbaren und nicht disponierbaren Einflußgrößen; vgl. Franke,
   R. , Betriebsmodelle, a.a.O. , S. 49 f.

144

die Einflußgröße ist nicht notwendig, da für die einzelnen Stundenarten kein unterschiedlicher spezifischer Energieverbrauch besteht.
Die Bewertung des errechneten Stromverbrauchs mit dem vereinbarten Verrechnungspreis/kWh des eigenen oder fremden Energie-
betriebs führt zu periodischen Stromkosten. Der Ermittlungsgang
der Stromkosten auf der Basis der Mengen- und Preisabhängigkeiten
ist in Abbildung 27 grafisch dargestellt.

Es werden alternativ zu erwartende Preise zur Bewertung des Strom-
verbrauchs/Leistungseinheit dargestellt. Unterschiedliche Erwar-
tungswerte können in die Planungsalternativen einbezogen werden,
so daß optimistische bzw. pessimistische Planwerte für die zu erwartenden Stromkosten berechnet werden können.

Auch für den Verbrauch der anderen Faktoren wie Werkzeuge, allgemeine Betriebsstoffe etc. werden funktionale Beziehungen in Abhängigkeit der Instandhaltungsstunden ermittelt. Hier ist jedoch
keine Trennung der periodischen Verbräuche in eine Mengen- und
Preiskomponente möglich, da für die heterogenen Mengen keine
sinnvolle mengenorientierte Maßgröße für den Verbrauch einer Periode gefunden werden kann. Daher werden als Zielgröße der Funktionen die periodischen Kostenwerte verwendet.

Der Kapitaldienst und die betriebsnahen und betriebsfernen Verwaltungskosten werden als konstante Kosten behandelt und auf die Periode bezogen.

Die hier beschriebenen Richtkostenfunktionen sind die Bausteine
eines Funktionensystems im Instandhaltungsbetrieb. Nachdem für
verschiedene in Erwägung gezogene Handlungsalternativen der Plan-
verbrauch der einzelnen Faktoreinsatzmengen disponiert (z.B. bei
den verschiedenen Stundenarten) oder in Abhängigkeit der jeweiligen
Einflußgrößen errechnet worden ist (z.B. beim Stromverbrauch oder
Werkzeugverbrauch), können nach Bewertung mit kosten- oder
marktorientierten Verrechnungspreisen die Plankosten der einzelnen Faktoreinsatzmengen und als Summe über alle Faktorarten die
periodischen Plankosten der einzelnen Verantwortungsbereiche berechnet werden. Diese Periodenkosten können zur Beurteilung der
verschiedenen in Erwägung gezogenen Handlungsmöglichkeiten herangezogen werden. Nachdem die Entscheidung für eine bestimmte
Vorgehensweise gefallen ist, werden die Verrechnungspreise je Abrechnungsgröße (die Instandhaltungsmannstunde) auf die Weise errechnet, daß die Periodenkosten eines Verantwortungsbereichs durch
die Anzahl der geplanten Instandhaltungsmannstunden (= Summe aus
Normal-, Mehrarbeits- und Unternehmerstunden) dividiert werden.
Dieser Verrechnungspreis ist ein Durchschnittspreis, der bezogen
auf eine einzelne Maßnahme nicht eine verursachungsgerechte Wei-

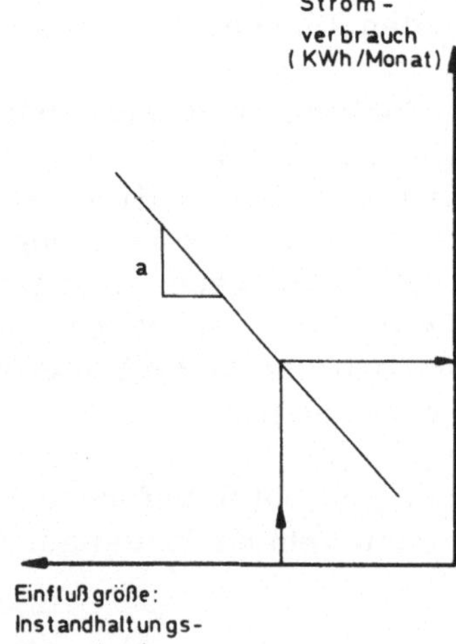
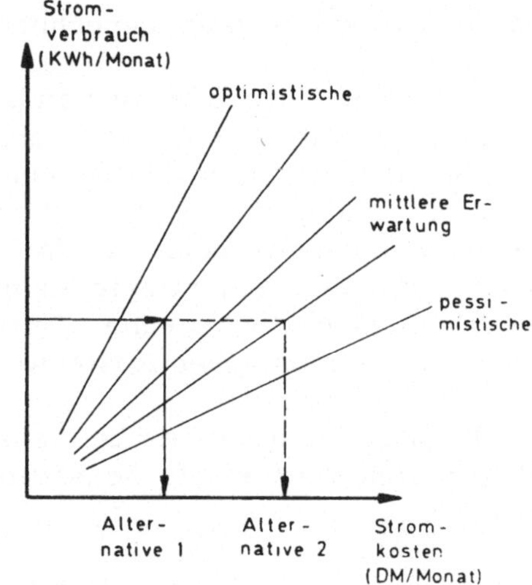

Die Ermittlung der Stromkosten auf der Basis von Mengen- und Preisabhängigkeiten

Abb. 27

terverrechnung gewährleistet. Durch das stabile Leistungsprogramm
einer Periode entspricht jedoch die periodische Höhe der weiter-
verrechneten Instandhaltungskosten einer Fertigungsanlage in hohem
Maße dem verursachungsgemäßen Anfall der originären Instandhaltungskosten einer Periode im Instandhaltungsbetrieb. Die weiter-
verrechneten Plankosten des Instandhaltungsbetriebs liefern für die
Ergebnisrechnung der Hauptbetriebe Informationen über die Höhe
der zu erwartenden Instandhaltungskosten in diesen Betrieben und
tragen so zu einer gesteigerten Aussagefähigkeit dieser Ergebnisrechnung bei.

4. Die Struktur des Ermittlungsmodells

Bisher wurden die Teilsysteme zur Bedarfsermittlung und zur Dis-
positionshilfe bei der Bedarfsdeckung getrennt beschrieben. Es fehlt
jedoch die Verknüpfung dieser Teilsysteme zu einem für Planungs-
und Kontrollzwecke anwendungsfähigen Ermittlungsmodells. Diese
Verknüpfung ist beispielhaft in Abbildung 28 für ein Hüttenwerk mit
den Fertigungsstufen Hochofenwerk, Stahlwerk und Walzwerk ver-
einfacht dargestellt. Der Umfang des Ermittlungsmodells wird bewußt nicht auf das Funktionensystem im Instandhaltungsbetrieb beschränkt, da der Instandhaltungsbetrieb als derivativer Kombinationsprozeß sich sehr stark an den Rahmendaten orientieren muß,
die durch die gewünschte Produktionsbereitschaft der Fertigungsbetriebe gegeben werden. Der hierdurch vorgegebene lang-, mittel-
und kurzfristige Instandhaltungsbedarf bildet den Bedingungsrahmen
zur Dimensionierung und Strukturierung der Personalkapazität im
Instandhaltungsbetrieb. Die ökonomischen Auswirkungen verschiedener beabsichtigter Alternativen zur Dimensionierung und Strukturierung liefert das Funktionensystem im Instandhaltungsbetrieb.

Je nach Umfang des Ermittlungsmodells ist zwischen einer manuellen
bzw. edv-technischen Verarbeitungstechnik für die Planungs- und
Kontrollrechnungen zu entscheiden. In der Eisenhüttenindustrie ist
durch die Größe der Instandhaltungsbetriebe im allgemeinen eine
edv-technische Handhabung des Ermittlungsmodells zweckmäßig.
Da im Instandhaltungsbetrieb häufig bereits Rechensysteme auf edv-
Basis für Dokumentations- und Kalkulationszwecke (Verrechnungs-
preisermittlung) vorhanden sind, ist eine zweistufige Vorgehensweise bei der Implementierung des Ermittlungsmodells denkbar.
Hierbei kann die Bedarfsermittlung der Instandhaltungsleistungen
für die Fertigungsanlagen vom Umfang her zunächst manuell durchgeführt werden, wobei die Bedarfsstandards mit Hilfe statistischer
Standardrechenprogramme ermittelt werden. Das vorhandene Rechensystem im Instandhaltungsbetrieb bleibt zunächst unverändert.

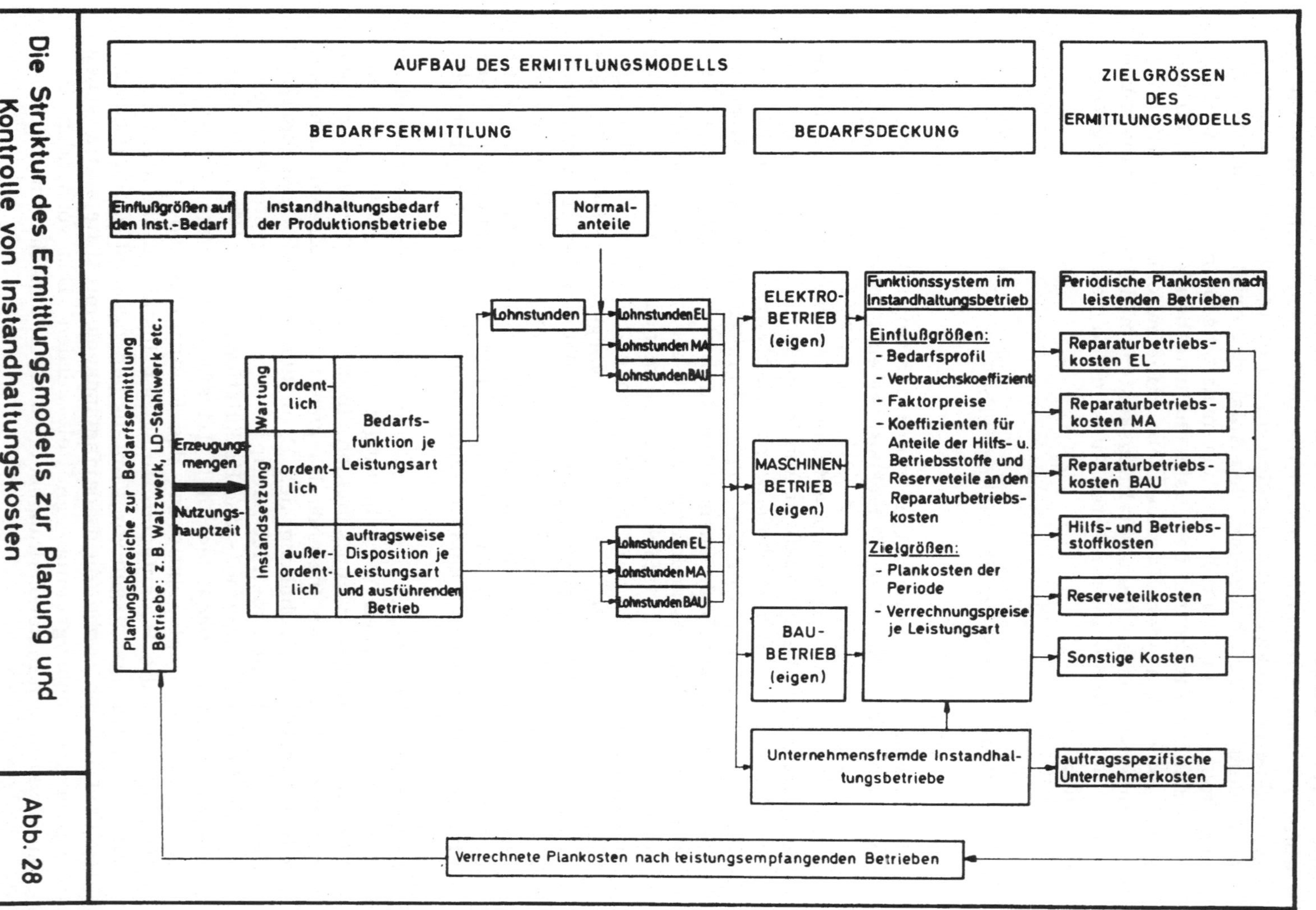

Die Struktur des Ermittlungsmodells zur Planung und Kontrolle von Instandhaltungskosten
Abb. 28
AUFBAU DES ERMITTLUNGSMODELLS
ZIELGRÖSSEN DES ERMITTLUNGSMODELLS
BEDARFSERMITTLUNG
BEDARFSDECKUNG
Einflußgrößen auf den Inst.-Bedarf
Instandhaltungsbedarf der Produktionsbetriebe
Normalanteile
Planungsbereiche zur Bedarfsermittlung
Betriebe: z.B. Walzwerk, LD-Stahlwerk etc.
Erzeugungsmengen
Nutzungshauptzeit
Wartung
ordentlich
Instandsetzung
ordentlich
außerordentlich
Bedarfsfunktion je Leistungsart
auftragsweise Disposition je Leistungsart und ausführenden Betrieb
Lohnstunden
Lohnstunden EL
Lohnstunden MA
Lohnstunden BAU
Lohnstunden EL
Lohnstunden MA
Lohnstunden BAU
ELEKTRO-BETRIEB (eigen)
MASCHINEN-BETRIEB (eigen)
BAU-BETRIEB (eigen)
Funktionssystem im Instandhaltungsbetrieb
Einflußgrößen:
- Bedarfsprofil
- Verbrauchskoeffizient
- Faktorpreise
- Koeffizienten für Anteile der Hilfs- u. Betriebsstoffe und Reserveteile an den Reparaturbetriebskosten
Zielgrößen:
- Plankosten der Periode
- Verrechnungspreise je Leistungsart
Unternehmensfremde Instandhaltungsbetriebe
Periodische Plankosten nach leistenden Betrieben
Reparaturbetriebskosten EL
Reparaturbetriebskosten MA
Reparaturbetriebskosten BAU
Hilfs- und Betriebsstoffkosten
Reserveteilkosten
Sonstige Kosten
auftragsspezifische Unternehmerkosten
Verrechnete Plankosten nach leistungsempfangenden Betrieben

Auf dieser Grundlage ist bereits eine bedarfsgerechte Dimensionierung bzw. Anpassung der Personalkapazität im Instandhaltungsbetrieb möglich. Die kostengünstigste Strukturierung kann jedoch erst mit Hilfe eines Funktionensystems auf Basis der Periodenkosten im Instandhaltungsbetrieb erfolgen. In einem zweiten Schritt wird im Instandhaltungsbetrieb dieses Funktionensystem mit den erforderlichen Verbrauchsfunktionen eingerichtet.

Die gegenwärtige objekt- und auftragsweise Abrechnung der Instandhaltungskosten für die leistungsempfangenden Hauptbetriebe und die leistenden Instandhaltungsbetriebe sowie die Kostenarten- und Kostenstellenrechnung im Instandhaltungsbetrieb sind eine ausreichende Basis zur Datengewinnung, um die im Ermittlungsmodell benötigten Bedarfs- und Verbrauchsstandards zu berechnen. Die Gültigkeitsdauer der Standards hängt von der technologischen Weiterentwicklung der Fertigungsanlagen sowie von den Rationalisierungserfolgen bei der Durchführung von Instandhaltungsmaßnahmen ab. Im allgemeinen sollten die Standards jährlich einmal überprüft werden.

III. Die Anwendungsmöglichkeiten des Ermittlungsmodells

Mit dem Ermittlungsmodell zur kurzfristigen Planung und Kontrolle der Instandhaltungsleistungen auf der Basis von Plankosten werden die im betrieblichen Rechnungswesen der Eisen- und Stahlindustrie durchgeführten Bestrebungen fortgesetzt, ein geschlossenes betriebliches Informationssystem des Unternehmens aufzubauen[1]. Das Ermittlungsmodell ist daher nicht isoliert, sondern als Bestandteil eines umfassenden Unternehmens-Gesamtmodells zu sehen[2].

---

1) Vgl. hierzu Betriebswirtschaftliches Institut der Eisenhüttenindustrie (Bearb.), Richtlinien für das Betriebliche Rechnungswesen der Eisen- und Stahlindustrie, Hrsg. Wirtschaftsvereinigung Eisen- und Stahlindustrie, Düsseldorf 1976; vgl. ferner Kilz, K., Die neuen Richtlinien für das Betriebliche Rechnungswesen in der Eisen- und Stahlindustrie, in: Stahl und Eisen 95 (1975) Nr. 15, S. 705-709; vgl. Wartmann, R., Steinecke, V., Sehner, G., System für Plankosten- und Planungsrechnung mit Matrizen-Anwendungsbeschreibung, Hrsg. IBM Deutschland GmbH, Düsseldorf 1975.
2) Vgl. die Zielformulierung dieser Untersuchung auf S. 19.

Planungsüberlegungen im Unternehmen sollen in eine längerfristige Grundsatzplanung über die zukünftige Entwicklung des Unternehmens eingebettet sein. Auf dieser Grundlage werden in der strategischen Planung die mittelfristig angestrebten Ziele konkretisiert. Im Rahmen der kurzfristigen oder operationalen Planung wird für einen überschaubaren Zeitraum von einem Jahr, gegebenenfalls in Quartale oder Monat gegliedert, ein Grundplan aufgestellt. Dabei werden die für den Planungszeitraum absehbaren Marktentwicklungen und die darauf ausgerichteten Verkaufs-, Produktions- und Beschaffungsmaßnahmen quantifiziert.

Ausgangspunkt der Planungsrechnung sind die geschätzten Absatzmengen und Erlöse, unterteilt nach Erzeugnisgruppen und Marktgebieten. Das Absatzprogramm wird unter Berücksichtigung notwendiger Bestandsveränderungen entsprechend der produktspezifischen Gliederung in ein Erzeugungsprogramm umgerechnet und den verfügbaren Kapazitäten der Fertigungsbetriebe gegenübergestellt. Reichen die vorhandenen Kapazitäten für das vorgesehene Produktionsprogramm aus, kann sofort die eigentliche Produktionsmengenplanung und Beschaffungsplanung durchgeführt werden. Die hierbei festgelegten Einflußgrößenmengen wie die Erzeugung, die benötigte Betriebszeit oder die über Leistungsstandards errechnete Nutzungshauptzeit bilden die Einflußgrößen für die Bedarfsermittlung der Instandhaltungsleistungen und der hierauf aufbauenden Überlegungen zur Bedarfsdeckung.

Alternativ anzusetzende Erzeugungsmengen oder Nutzungshauptzeiten in den Produktionsbetrieben bedeuten für die Instandhaltungsbetriebe jeweils die Bereitstellung einer bestimmten Instandhaltungskapazität zur Bedarfsdeckung. Durch die unterschiedliche Entwicklung des Instandhaltungsbedarfs im Zeitablauf werden fortlaufend Anpassungsmaßnahmen der ursprünglich festgelegten Instandhaltungskapazität hinsichtlich Umfang und Struktur notwendig. Die Bedeutung des hier entwickelten Rechenmodells liegt vor allem darin, auf der Grundlage der Jahresplanung Informationen zur Dimensionierung und Strukturierung der Instandhaltungskapazität für einen erwarteten Instandhaltungsbedarf zu liefern. Die Entscheidung für eine bestimmte Kapazitätshöhe und Kapazitätsstruktur im Instandhaltungsbetrieb muß das Ergebnis der Planungsüberlegungen sein. Aus der Planung einer bestimmten Einsatzstrategie in bezug auf Normal-, Mehrarbeits- und Unternehmerstunden und der Festlegung der außerordentlichen Instandhaltungsleistungen auf bestimmte Perioden im Rahmen der Jahresplanung folgt die Aufgabe, kürzerfristige Anpassungen dieser Instandhaltungskapazität an kurzfristig wechselnde Bedarfsentwicklungen vorzunehmen. Hierbei kann das Rechenmodell zur Beurteilung der Anpassungsmaßnahmen auf der Basis von Plankosten und zur anschließenden Steuerung der Instandhaltungskapazität dienen.

Durch die Verwendung periodenbezogener Plankosten ist ein relativ globales Steuerungsinstrument geschaffen. Erst der Aufbau eines Funktionensystems auf der Basis prozeßbezogener Richtgrößenfunktionen könnte den Einfluß alternativer Reihenfolgen einzelner Instandhaltungsmaßnahmen auf die Höhe der Plankosten berücksichtigen und so Vorgabegrößen für auftragsbezogene Instandhaltungsleistungen liefern, die zur verfeinerten Steuerung der Instandhaltungsaktivitäten beitragen könnten. Die periodenbezogenen Informationen auf der Grundlage einer differenzierten Einflußgrößenstruktur auf der Seite der Bedarfsermittlung und der Bedarfsdeckung liefern jedoch eine wesentliche Verbesserung der Budgetvorgaben sowohl für die leistenden Verantwortungsbereiche im Instandhaltungsbetrieb als auch für die leistungsempfangenden Produktionsbetriebe.

A. Planungsrechnungen

1. Die Bedarfsermittlung

Am Beispiel eines Walzwerkes und der dazugehörigen Instandhaltungsbetriebe soll die Anwendung der Planungsrechnung gezeigt werden (vgl. dazu auch Abb. 29, S. 152). Das aus dem Absatzplan abgeleitete monatliche Produktionsprogramm besteht aus den Mengen der drei Produktgruppen Formstahl, Profilstahl und Rundmaterial. Jede Produktgruppe beansprucht die Fertigungsanlage mit unterschiedlicher Intensität. Diese unterschiedliche Inanspruchnahme wird durch Leistungsstandards berücksichtigt. Aus der Multiplikation der jeweiligen Produktgruppenmengen mit ihren Leistungsstandards wird die benötigte Nutzungshauptzeit berechnet. Sie wird als Einflußgröße in den Bedarfsfunktionen verwendet. Die Koeffizienten der Bedarfsfunktionen werden empirisch aus Vergangenheitswerten ermittelt und berücksichtigen im wesentlichen die technologische Struktur der Fertigungsanlagen sowie das Normalverhalten des Bedienungs- und Instandhaltungspersonals. Durch Einsetzen der geplanten Nutzungshauptzeit in die Bedarfsfunktionen für Wartungs- und Instandsetzungsleistungen wird der ordentliche Instandhaltungsbedarf/Periode der Fertigungsanlagen berechnet. Mit Hilfe von Äquivalenzziffern werden aus dem Gesamtbedarf der Fertigungsanlage Normalanteile an Elektro-, Maschinen- und Baubetriebsleistungen ermittelt und den jeweiligen leistenden Betrieben zugeordnet.

Der außerordentliche Instandhaltungsbedarf wird, wie auch heute schon in der betrieblichen Praxis üblich, auftragsweise festgelegt. Im Rahmen der Jahresplanung werden zunächst Einzelmaßnahmen

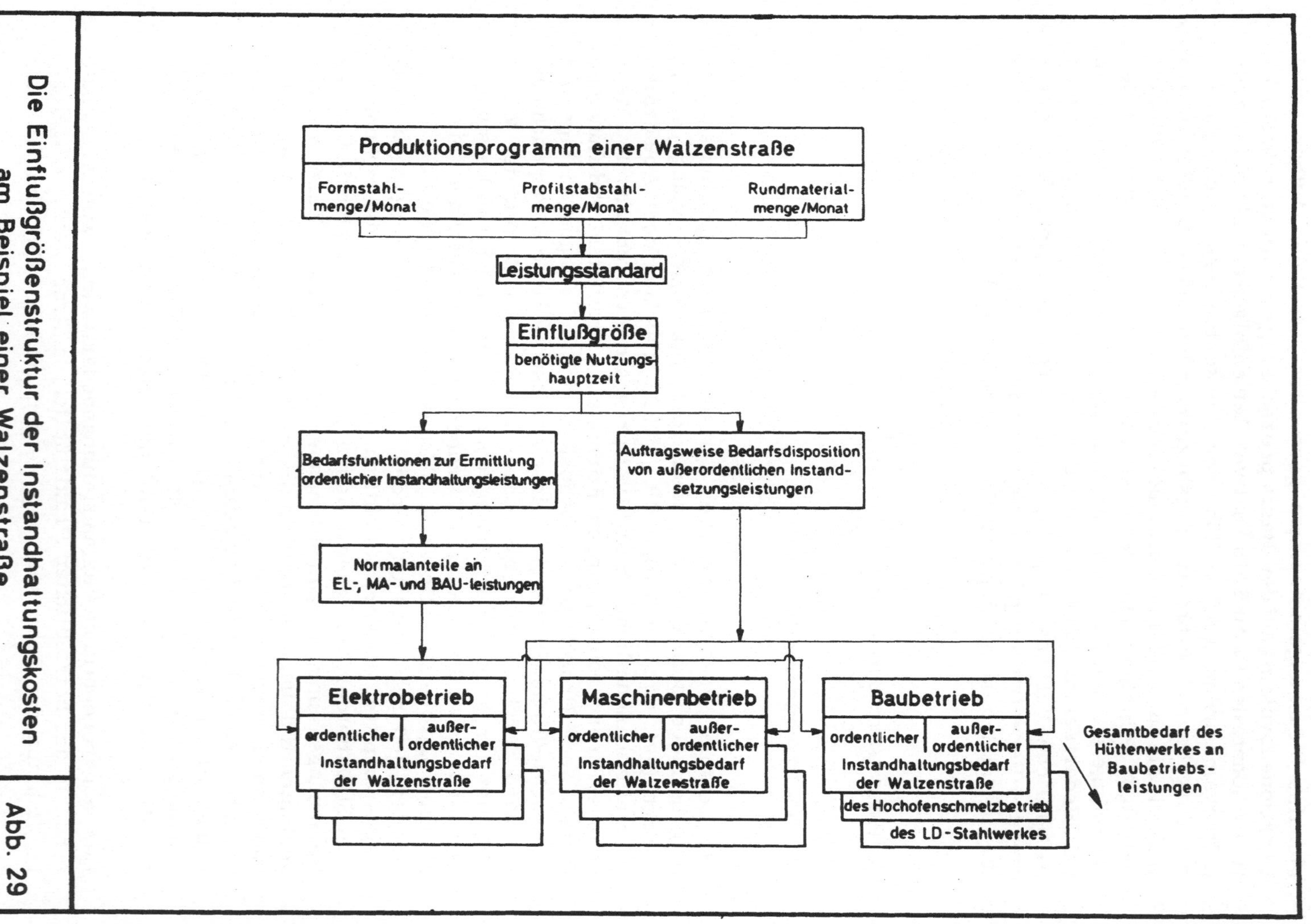

Die Einflußgrößenstruktur der Instandhaltungskosten am Beispiel einer Walzenstraße

Abb. 29

unter Berücksichtigung der Inanspruchnahme der Fertigungsanlagen nach Verschleißobjekt, Leistungsumfang und vorläufigem Durchführungszeitpunkt disponiert und den leistenden Instandhaltungsbetrieben zugeordnet. Die endgültige Festlegung der außerordentlichen Leistungen auf einzelne Perioden ist das Ergebnis der Planungsüberlegungen im Instandhaltungsbetrieb. Finanzielle Beschränkungen, ertragssteuerliche Überlegungen oder frühzeitig bekannte Kapazitätsrestriktionen können Anlaß zu Dispositionen geben, einzelne Instandhaltungsaufträge zeitlich zu verschieben. Gerade die außerordentlichen Instandhaltungsleistungen, die in gewissen Grenzen eine zeitliche Verschiebung erlauben, sind für diese Dispositionen besonders geeignet. Unterschiedliche Strategien werden hierbei verfolgt:

Einerseits kann eine antizyklische Strategie durchgeführt werden. Hierbei wird versucht, die in Zeiten der Hochkonjunktur gut ausgelasteten Instandhaltungsbetriebe nicht zusätzlich mit außerordentlichen Instandhaltungsaufträgen zu belasten, sondern diese Aufträge nach Möglichkeit in den Zeitraum der Niedrigkonjunktur mit vermindertem laufenden Instandhaltungsbedarf zu legen. Durch diese Verfahrensweise wird eine gleichmäßige Auslastung der Instandhaltungsbetriebe angestrebt.

Andererseits kann die Strategie verfolgt werden, die außerordentlichen Aufträge gleichmäßig über die Zeit zu verteilen. Hierbei geht man davon aus, daß bei guter Ertragslage in Zeiten der Hochkonjunktur kurzfristig Ergänzungen der eigenen Personalkapazität durch Personal fremder Unternehmen vorgenommen werden können. Die zusätzliche Personalbeschaffung trotz höherer Kosten[1] pro Leistungseinheit gegenüber den Kosten je Leistungseinheit des eigenen Personals wird auf der Grundlage der schnelleren Anpassungsfähigkeit (d. h. Auf- und Abbaufähigkeit) des Fremdpersonals vorgenommen. In Zeiten der Niedrigkonjunktur bei verminderter Ertragslage des Unternehmens wird zunächst eine Anpassung über den laufenden Instandhaltungsbedarf erfolgen, die nicht durch außerordentliche Aufträge kompensiert wird. Vielmehr wird der verminderte laufende Bedarf von einem relativ konstanten außerordentlichen Auftragsvolumen begleitet, in dem zusätzlich durch eine kurzfristige Verschiebbarkeit der Aufträge die Möglichkeit von Ausgabenverlagerungen steckt.

Ergebnis der Bedarfsrechnungen mit Hilfe von Funktionen und der auftragsweisen Bedarfsdispositionen ist der periodenbezogene In-

---

1) Der auftragsbezogene Kostenvergleich wird auf Basis von Teilkosten durchgeführt.

standhaltungsbedarf aus ordentlichen und außerordentlichen Instandhaltungsleistungen. Der über alle Produktionsbetriebe eines Hüttenwerkes aufsummierte Gesamtbedarf ergibt das Leistungsprogramm
einer Periode für die leistenden Instandhaltungsbetriebe. Aus dem
Instandhaltungsbedarf der einzelnen Perioden kann über einen längeren Zeitraum (6, 12 oder 18 Perioden) ein sogenanntes Bedarfsprofil an Instandhaltungsleistungen abgeleitet werden.

2. Die Bedarfsdeckung

Mit dem Bedarfsprofil sind die vorläufigen Ausgangsbedingungen
für strategische und operative Überlegungen zur Bedarfsdeckung
gegeben. Die endgültige Festlegung erfolgt erst nach Beurteilung
der ökonomischen Auswirkungen des geplanten Bedarfs.

Zu den strategischen Überlegungen gehört die bedarfsgerechte Dimensionierung und Strukturierung der Instandhaltungskapazität im
Rahmen der Jahresplanung. Zur Instandhaltungskapazität gehört
insbesondere die eigene Personalkapazität sowie die vertraglich ge-
bundene Personalkapazität fremder Unternehmen. In Erwartung einer
bestimmten Jahresbeschäftigung werden im Rahmen von Planungsüberlegungen alternative Kapazitätshöhen und -strukturen vorläufig
festgelegt (vgl. Abb. 30, S. 155).

Unterschiedliche Alternativen sind hierbei denkbar:

Alternative 1: Die Dimensionierung der eigenen Personalkapazität
                ist am Spitzenbedarf orientiert. Durch die unzurei-
                chende kurzfristige Abbaufähigkeit der Normalstun-
                den entsteht in Zeiten niedrigeren Bedarfs eine un-
                ausgenutzte Bereitschaftsleistung.

Alternative 2: Die Normalkapazität wird so ausgelegt, daß durch
                kurzfristig anpassungsfähige Mehrarbeitsstunden
                Bedarfsspitzen gedeckt werden können. Die Ober-
                grenze für die verfahrbaren Mehrarbeitsstunden wird
                aus arbeitsrechtlichen Gründen mit ca. 10 % der ta-
                riflich festgelegten Arbeitszeit angegeben.

Alternative 3: Die Normalkapazität wird so niedrig ausgelegt, daß
                zur Bedarfsdeckung zeitweise sowohl Mehrarbeits-
                als auch Unternehmerstunden mit einbezogen werden
                müssen.

Alternative 4: Hier wird selbst bei niedrigstem Bedarf nicht die
                Normalkapazität unterschritten.

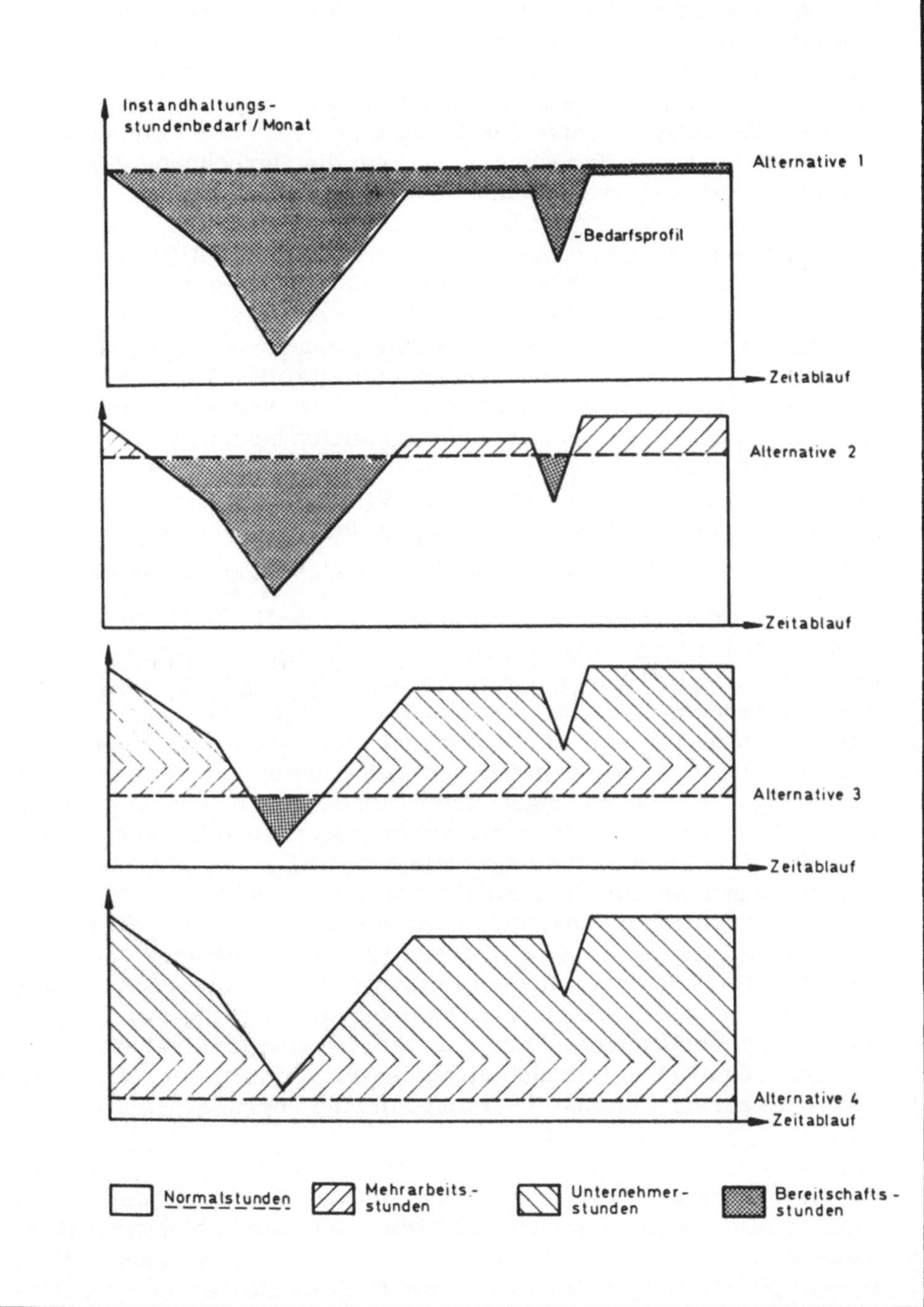

Das Bedarfsprofil der Instandhaltungsleistungen und vier Alternativen zur Bedarfsdeckung

Abb. 30

Mit Hilfe des Funktionensystems im Instandhaltungsbetrieb können die Plankosten/Periode der unterschiedlichen Handlungsalternativen berechnet werden. Die Periodenkosten des Instandhaltungsbetriebs bzw. die Summe der Instandhaltungskosten aller Perioden des Planungszeitraums bilden den Beurteilungsmaßstab für die verschiedenen Alternativen. Neben der Variation der Stundenstruktur können ebenso alternative Preise der Einsatzfaktoren (z. B. Lohnerhöhungen, Stromkostenveränderungen, etc.) in die Berechnung der Periodenkosten einbezogen werden.

Der zeitraumbezogene Vergleich verschiedener Alternativen zur Bedarfsdeckung kann dazu führen, daß Verrechnungspreise bzw. Marktpreise für Mehrarbeits- bzw. Unternehmerstunden in Kauf genommen werden, die den Verrechnungspreis der Normalstunden überschreiten. Die höhe Anpassungselastizität der Mehrarbeits- und Unternehmerstunden rechtfertigt jedoch die Vorgehensweise. Zur Durchführung zeitraumbezogener Vergleichsrechnungen ist ein mittelfristiger Planungszeitraum bis zu 2 Jahren vorgesehen. Die Länge des Planungshorizontes hängt wesentlich davon ab, ob noch operationale Prognosewerte für die Einflußgrößenmengen erwartet werden können.

Finanzwirtschaftliche Einflüsse können als isolierte Einflußgröße in diesem Ermittlungsmodell nicht berücksichtigt werden. Gleichwohl können finanzielle Überlegungen in den Entscheidungsprozeß miteinbezogen werden. Denn für jede Handlungsalternative kann überprüft werden, inwieweit die dazugehörigen Maßnahmen im Rahmen des verfügbaren finanzwirtschaftlichen Spielraumes realisierbar sind. Alternative Durchrechnungen unter Anpassung des zeitlich in gewissen Grenzen verschiebbaren außerordentlichen Instandhaltungsbedarfs ermöglichen eine begrenzte schrittweise Anpassung an gegebene Engpässe aus finanzwirtschaftlicher Sicht. Werden jedoch für die ordentlichen Instandhaltungskosten aus einem finanzwirtschaftlichen Zwang heraus Budgetvorgaben festgesetzt, die nur in geringem Maße den errechneten Budgetvorgaben entsprechen, so ist durch den hohen technologischen Zwangzusammenhang zwischen dem technischen Verbrauch und der produktionsbedingten Inanspruchnahme bei ordentlichen Instandhaltungsleistungen mit einer begrenzten Eintrittswahrscheinlichkeit der disponierten Vorgabegrößen zu rechnen.

Das Rechenmodell ist dazu geeignet, auf der Grundlage periodenbezogener Einflußgrößenmengen Hinweise auf eine kostengünstige Dimensionierung und Strukturierung der Instandhaltungskapazität zu geben. Beurteilungsgrößen sind die Periodenkosten der einzelnen Verantwortungsbereiche im Instandhaltungsbetrieb oder die Periodenkosten des gesamten Instandhaltungsbetriebs. Zur Berücksichtigung der unterschiedlichen Anpassungselastizitäten der jeweiligen Stundenarten werden alternative Einsatzstrategien von Normal-, Mehrarbeits- und Unternehmerstundenanteilen über mehrere Perioden auf der Basis von Plankosten verglichen. Entspricht die Höhe der Plankosten nicht den erwarteten Bedingungen, kann entweder die Personalstruktur modifiziert oder eine zeitliche Verschiebung außerordentlicher Instandsetzungsleistungen in andere Perioden vorgenommen werden.

Nachdem auf der Basis von periodenbezogenen Plankosten die Dimensionierung und Auswahl einer kostengünstigen Struktur der Personalkapazität vollzogen ist, werden für diesen festgelegten Bedingungsrahmen die Verrechnungspreise/Leistungseinheit der einzelnen Abrechnungseinheiten bestimmt. Dies dient zur Weiterverrechnung der originären Instandhaltungskosten auf die Fertigungsanlagen. Die Verrechnungspreise/Leistungseinheit im jeweiligen Abrechnungsbereich des Instandhaltungsbetriebs sind Durchschnittspreise, die Mengen- und Preisbestandteile enthalten. Zu den Mengenbestandteilen gehören die im Rahmen einer Instandhaltungsmannstunde erforderlichen Faktoreinsatzmengen wie Strom, Werkzeug etc., zu den Preisbestandteilen die Preise dieser Faktoreinsatzmengen. In erster Linie setzt sich der Verrechnungspreis jedoch aus dem Preis je Lohnstunde und dem Zuschlag für lohnverbundene Kosten zusammen (vgl. Abb. 26, Anhang 1). Die Verrechnungspreise sind kostenorientierte Preise. Sie werden so lange beibehalten, wie sich die Einflußarten auf ihre Höhe nicht wesentlich ändern. Zu diesen Einflußarten gehören u. a. die Auslastung der Instandhaltungsbetriebe, das Verbrauchsverhalten an Einsatzfaktoren je Instandhaltungsmannstunde und die Preise zur Bewertung der Faktoren einschließlich der Stunden. Im allgemeinen werden die Verrechnungspreise für den Zeitraum eines Jahres beibehalten. Kleinere Schwankungen der Einflußarten führen dann zu periodischen Beschäftigungs- oder Preisabweichungen. Sollte sich jedoch die ursprüngliche Ausgangssituation nachhaltig ändern, so werden auch die Verrechnungspreise überprüft.

Auf der Grundlage des voraussichtlichen Instandhaltungsbedarfs der Fertigungsanlagen können mit Hilfe der Verrechnungspreise die zu erwartenden Instandhaltungskosten der einzelnen Fertigungsanlagen geplant werden. Die verrechneten Instandhaltungskosten sind Bestandteil der Gesamtkosten in der Ergebnisrechnung der Fertigungsbetriebe. Durch die verbesserten Planungsmöglichkeiten der Instandhaltungskosten auf der Basis von Funktionen wird auch die Aussagefähigkeit der kurzfristigen Ergebnisrechnungen der Fertigungsbetriebe gesteigert. Damit ist gleichzeitig gegenüber der bisherigen pauschalisierten Budgetierung eine bessere Möglichkeit gegeben, alternative Handlungsweisen in den Hauptbetrieben zu beurteilen.

Zu den kürzerfristigen Maßnahmen im Instandhaltungsbetrieb gehört
die fortlaufende Anpassung der im Rahmen der Jahresplanung festgelegten Instandhaltungskapazität an wechselnde Bedarfsentwicklungen während des Ablaufs des Planungszeitraums. Der Instandhaltungsbedarf variiert vor allem durch konjunkturbedingte und saiso-
nale Beschäftigungsunterschiede der Fertigungsanlagen[1]. In diesem
Zusammenhang ist das Rechenmodell dazu geeignet, die in Abhängigkeit der veränderten Einflußgrößenmengen erforderlichen Instandhaltungskosten zu berechnen. Diese Kosten können als der aktuellen
Konjunktursituation angepaßte Budgetvorgaben im Instandhaltungsbetrieb verwendet werden und mit Hilfe der Verrechnungspreise auf
die Fertigungsanlagen weiterverrechnet werden. Auf diese Weise
findet fortlaufend eine Anpassung der ursprünglich gesetzten Budgetvorgaben in den Instandhaltungsbetrieben und bei den Fertigungsanlagen statt.

Abschließend sollen einige Gesichtspunkte zur Aussagefähigkeit und
zu den Grenzen der Planungsrechnung gemacht werden. Ausgangspunkt ist das Teilsystem zur Bedarfsermittlung von Instandhaltungsleistungen aus der Sicht der Fertigungsanlagen. Hier werden periodenbezogen die Abhängigkeiten zwischen den Instandhaltungsleistungen und der produktionsbedingten Inanspruchnahme der Fertigungsanlagen durch Bedarfsfunktionen erfaßt. Als Maßgröße für die In-
standhaltungsleistung, insbesondere die Reparaturbetriebsleistung,
wird die Instandhaltungsmannstunde verwendet. Die Instandhaltungsstunden werden nach Wartungs- und Instandsetzungsstunden für eine
bestimmte Fertigungsanlage aufgegliedert und zusätzlich nach leistenden Verantwortungsbereichen (Elektro-, Maschinen- oder Bau-
betrieb) im Instandhaltungsbetrieb aufgeteilt. Trotz dieser differenzierten Gliederung bleibt durch die periodische Bündelung der einzelnen Stundenarten ein gewisses Maß an heterogenem Leistungsinhalt erhalten; denn innerhalb dieser periodischen Stundensumme
können unterschiedliche Einzelmaßnahmen zusammengefaßt sein.
Dennoch ist durch die stabile Struktur des periodischen Leistungsbedarfs die Höhe der periodenbezogenen Instandhaltungsmannstunden

---

1) Vgl. in diesem Zusammenhang auch die Bemerkungen der Anpassung der Instandhaltungskosten an Hausse und Baisse bei Kunz, R. ,
   Der Instandhaltungsbetrieb aus der Sicht der Unternehmensleitung,
   a. a. O. , S. 961, sowie die Forderung nach kostenmäßigen Standards
   zur Ermittlung des Leistungsmaßstabes der Instandhaltungsdienste
   bei Wesemann, K. -F. , Kostentransparenz und Anwendung der
   elektronischen Datenverarbeitung in der Instandhaltung, a. a. O. ,
   S. 1135; vgl. ferner Wiegel, H. , Transparenz der Instandhaltungskosten - ein Mittel zur Betriebsführung, in: Stahl und Eisen, 88. Jg.
   (1968), S. 172-176.

einer bestimmten Leistungsart (z. B. Wartungsstunden des Elektrobetriebs im Kaltwalzwerk) eine sinnvolle Maßgröße für die Globalsteuerung der Instandhaltungsaktivitäten. Der ermittelte Instandhaltungsbedarf aus der Sicht der Fertigungsanlagen stellt das Leistungsprogramm für die Bedarfsdeckung durch die Instandhaltungsbetriebe
dar. Das Ziel, auf dieser Grundlage fundierte Aussagen über die
Wirtschaftlichkeit der Leistungserstellung im Instandhaltungsbetrieb
zu erhalten, kann nicht generell verwirklicht werden. Erst wenn auftragsweise oder arbeitsgangweise Richtkosten errechnet werden
könnten, wäre eine fundierte Beurteilung der wirtschaftlichen Leistungserstellung möglich. Auf der Grundlage des periodischen Stun-
denbedarfs der verschiedenen Leistungsarten lassen sich jedoch
sinnvolle Aussagen über die Dimensionierung und Strukturierung der
benötigten Personalkapazität im Instandhaltungsbetrieb machen.

Mit Hilfe des beschriebenen Funktionensystems im Instandhaltungsbetrieb können Plankosten für alternative Bedarfsentwicklungen, alternative Strukturen der Personalkapazität und alternative Faktorpreise berechnet und als Beurteilungsgröße für eine möglichst wirtschaftliche Vorgehensweise verwendet werden. Damit liefert das
Rechenmodell brauchbare Informationen zur Globalsteuerung der
Instandhaltungsaktivitäten. Nach der Entscheidung für eine bestimmte
Handlungsalternative ist es geeignet, um sowohl für die leistenden
Instandhaltungsbetriebe als auch für die leistungsempfangenden Fertigungsanlagen realistische Budgetvorgaben zu berechnen.

B. Kontrollrechnung

Die Kontrollrechnung hat zum Ziel, die tatsächlich eingetretenen
Ereignisse (Ist-Größen) mit den ursprünglich geplanten Maßnahmen
(Plan-Größen) auf der Grundlage von Mengen- und Kostengrößen zu
vergleichen und die entstandenen Abweichungen zu erklären. Dies
gilt sowohl für die Abweichungen bei der Bedarfsermittlung in den
Fertigungsbetrieben als auch bei der Bedarfsdeckung in den Instandhaltungsbetrieben.

Die Kontrollrechnung wird im allgemeinen als periodische Kontrollrechnung durchgeführt. Kennzeichnend für die periodische Kontrolle
ist die Ermittlung der Abweichungen nach Ablauf der Periode. Ähnlich wie bei der Planungsrechnung kann durch den begrenzten Differenziertheitsgrad der einzelnen Leistungsarten nur eine globale
Kontrolle periodenbezogener Größen vorgenommen werden. Eine
auftrags- oder arbeitsgangsweise Kontrolle, wie sie für eine fundierte
Wirtschaftlichkeitskontrolle notwendig wäre, kann auf der Grundlage des konzipierten Rechenmodells nicht vorgenommen werden.

Entsprechend der in der Planungsrechnung vorgenommenen Trennung von Bedarfsermittlung und Bedarfsdeckung wird auch in der Kontrollrechnung diese Unterscheidung vorgenommen. Ebenso wird die Trennung in ordentliche und außerordentliche Instandhaltungskosten beibehalten. Die verrechneten ordentlichen Instandhaltungskosten werden mit Hilfe der Bedarfsfunktionen kontrolliert, die außerordentlichen Instandhaltungskosten werden auftragsweise kontrolliert.

Am Beispiel der verrechneten ordentlichen Reparaturbetriebskosten (ca. 70 % der Instandhaltungskosten) soll in Abbildung 31, S. 161, die periodische Kontrolle näher erläutert werden. In der Abbildung werden folgende Abkürzungen verwendet:

M_p = Plan-Menge $\qquad\qquad$ M_I = Ist-Menge

P_p = Plan-Preis $\qquad\qquad$ P_I = Ist-Preis

E_p = Plan-Einflußgröße $\qquad$ E_I = Ist-Einflußgröße

EA = Abweichung infolge einer Veränderung der Einflußgrößenmenge (Plan-/Richt-Abweichungsanteil)

BA = Abweichung durch verändertes Bedarfsverhalten (Plan-/Richt-Abweichungsanteil)

VA = Verbrauchsabweichung (Richt-/Ist-Abweichung)

M_R = Richt-Menge

K_R = Richt-Kosten

Bei der periodischen Kontrollrechnung wird zunächst die Gesamtabweichung zwischen den ursprünglich ermittelten Plan-Reparaturbetriebskosten K_p und den eingetretenen Ist-Kosten K_I ermittelt. Bei einer weitergehenden Analyse kann die Gesamtabweichung in eine Plan-/Richt-Abweichung und eine Richt-/Ist-Abweichung aufgeschlüsselt werden. Richtwerte als Vergleichsgröße für Kontrollrechnungen werden auch mit dem Ermittlungsmodell berechnet, indem die Ist-Einflußgrößenmengen in die Bedarfsfunktionen eingesetzt werden.

Die Abweichung EA zwischen dem Richtbedarf an Instandsetzungslohnstunden M_{Richt} und dem ursprünglichen Planbedarf M_{Plan} gehen auf kurzfristige Umdispositionen der Erzeugungsmengen in den Fertigungsbetrieben durch die Unternehmensleitung zurück. Die Abweichung BA zwischen dem Ist-Bedarf M_{Ist} und dem Richtbedarfs M_{Richt} an Instandsetzungsstunden, bewertet mit dem Plan-Verrechnungs-

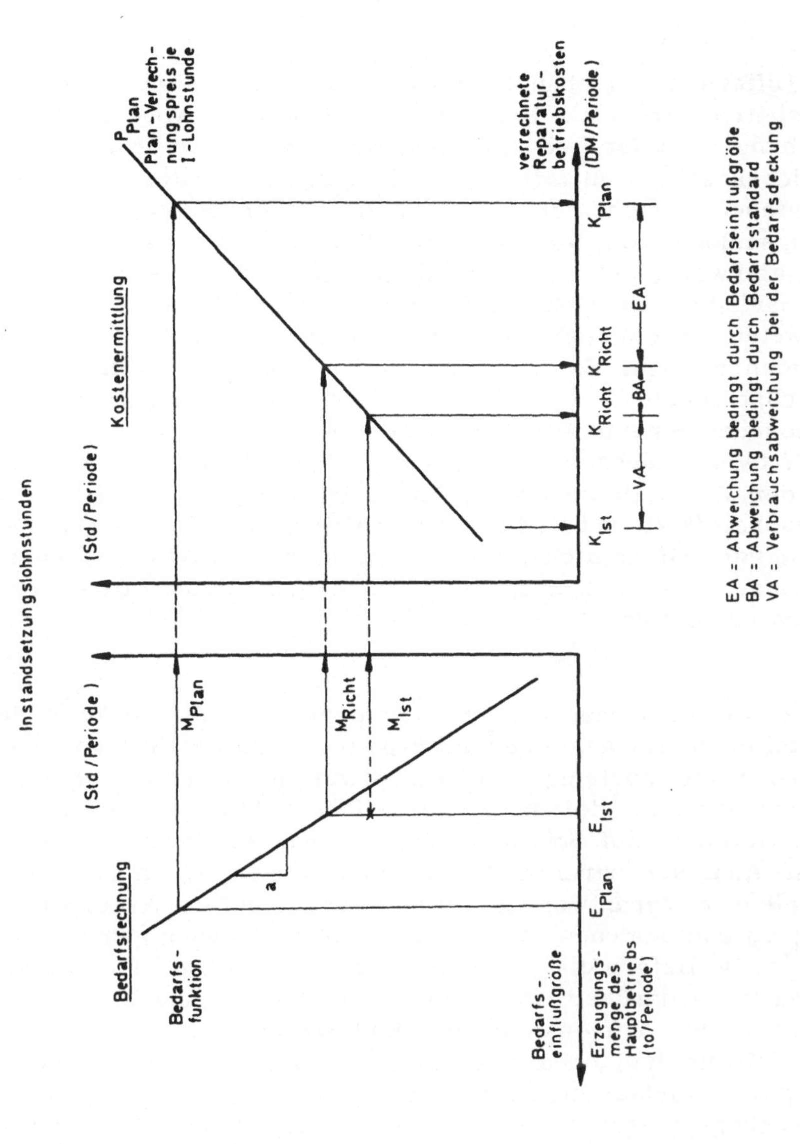

Grafische Darstellung der Planungs - und Kontroll-möglichkeiten

Abb. 31

preis je Instandhaltungslohnstunde wird verursacht durch unvorhergesehene Störungen oder Unzulänglichkeiten in der Bedienung der Fertigungsanlagen einerseits oder ungenaue Erfassung des technischen Verbrauchsverhaltens durch den Bedarfsstandard andererseits.

Die Differenz zwischen Richtkosten und Ist-Kosten im Instandhaltungsbetrieb wird als Basis für die Erklärung von Verbrauchsabweichungen bei der Bedarfsdeckung verwendet. Die Richtreparaturbetriebskosten resultieren aus Maßnahmen, die unter den in der aufgelaufenen Periode herrschenden Produktionsbedingungen der Fertigungsanlage und der gegebenen Personalkapazität und -struktur normalerweise anfallen dürfen. Die globale Abweichung zwischen den periodischen Richt- und Ist-Reparaturbetriebskosten kann kostenarten- oder kostenartengruppenweise weiter differenziert vorgenommen werden. So kann z. B. für die Kostenart Strom die verbrauchsbedingte Abweichung ermittelt werden, indem der Ist-Verbrauch der Strommenge (kWh) dem Richt-Verbrauch (Ist-Einflußgröße x Verbrauchsstandard) gegenübergestellt wird. Preisänderungen der Einsatzfaktoren können durch Vergleich von Ist-Verrechnungspreis/kWh und Richt-Verrechnungspreis/kWh getrennt ermittelt werden. In ähnlicher Weise kann man die wirtschaftlichen Auswirkungen bei tariflichen Lohnerhöhungen für die Kostenart Lohnkosten errechnen.

Durch die Tatsache, daß sich nur periodenbezogene Abweichungen und keine arbeitsgang- oder auftragsweisen Abweichungen berechnen lassen, ist es problematisch, Verantwortlichkeiten aus entstandenen Abweichungen abzuleiten. Die periodischen Abweichungen können jedoch Hinweise auf Schwachstellen geben, so daß gezielt auftragsweise Analysen durchgeführt werden können. Wenn auch keine unmittelbaren Verantwortlichkeiten in bezug auf die Arbeitsdurchführung mit entstandenen Abweichungen in Verbindung gebracht werden können, so liefern die globalen periodischen Abweichungen doch Informationen darüber, inwieweit der Instandhaltungsleitung eine bedarfsgerechte Dimensionierung und Strukturierung der Personalkapazität im Instandhaltungsbetrieb gelungen ist. Ebenso kann man die vom Instandhaltungsbetrieb wenig beeinflußbaren Größen wie die Erzeugungsmengen der Fertigungsanlagen oder die Entwicklung der Faktorpreise in ihrer Wirkung auf die Höhe der originären und verrechneten Instandhaltungskosten erfassen. Damit lassen sich Teilabweichungen einzelnen Verantwortungsbereichen im Instandhaltungsbetrieb zuordnen. Zur weiteren Erklärung dieser Abweichungen sind jedoch zusätzliche Informationen aus einer gezielten Schwachstellenforschung notwendig.

IV. Zusammenfassung

In dieser Untersuchung wurde ein Ermittlungsmodell zur kurzfristigen Planung und Kontrolle der Instandhaltungsleistungen auf der Basis von Plankosten aufgebaut. Der Kern des Rechenmodells besteht aus mathematischen Funktionen, mit denen die Abhängigkeiten zwischen den Instandhaltungskosten und ihren wesentlichen Einflußgrößen erfaßt und in rechenbare Beziehungen gebracht sind.

Um quantifizierbare Abhängigkeiten zwischen den Instandhaltungskosten und ihren Einflußgrößen zu finden, wurde zunächst das allgemeine Verbrauchsverhalten des Potentialfaktors Fertigungsanlage untersucht. Die bisherigen methodischen Ansätze der Produktions- und Kostentheorie zur Ermittlung von Verbrauchsfunktionen bildeten die theoretische Grundlage dieser Überlegungen.

Der Potentialfaktorverbrauch umfaßt in dieser Untersuchung den gesamten anlagenbezogenen Werteverzehr, d. h. den technischen Verbrauch im Sinne des Anlagenverschleißes und den wirtschaftlichen Verbrauch als Folge einer abnehmenden Konkurrenzfähigkeit zu anderen Fertigungsanlagen. Alle Maßnahmen, die zur Verminderung oder Beseitigung der Verbrauchserscheinungen dienen, werden im weitesten Sinne als Investition bezeichnet. Hierzu gehören sowohl Instandhaltungsmaßnahmen als auch Modernisierungs- oder Rationalisierungsmaßnahmen bis hin zu Erweiterungsmaßnahmen. Diese Maßnahmen werden einerseits durchgeführt, um technischen oder wirtschaftlichen Verbrauch zu beseitigen. Andererseits dienen sie zur gleichzeitigen Beseitigung beider Verbrauchsarten. Eine wissenschaftlich fundierte Zuordnung von Kostenarten als ökonomische Auswirkungen der einzelnen Verbrauchsarten kann daher nicht vorgenommen werden. Es wird daher vorgeschlagen, den gesamten anlagenbezogenen Werteverzehr durch die Kostenart Anlagenkosten zu berücksichtigen.

Die Kostenart Anlagenkosten ist besonders für langfristige Untersuchungszwecke wie z. B. Investitionsüberlegungen geeignet, da sie die hohen Wechselbeziehungen zwischen unterschiedlichen Ausgaben bei der Herstellung einer Fertigungsanlage und den daraus resultierenden unterschiedlichen Instandhaltungsausgaben während der Nutzungsphase berücksichtigt. Für die Zwecke der kurzfristigen Periodenerfolgsrechnung und der Instandhaltungsplanung ist jedoch die Einbeziehung des gesamten anlagenbezogenen Werteverzehrs in eine Kostenart Anlagenkosten nicht zweckmäßig. Unter kurzfristigen Gesichtspunkten können gewisse Bestandteile der Anlagenkosten als Datum behandelt werden und andere Bestandteile als von kurzfristig variablen Einflüssen abhängige Größen. Zum anderen werden für diejenigen Bereiche im Unternehmen, die laufend mit der Beseitigung des anlagenbezogenen Verbrauchs beschäftigt sind, Steuerungsgrößen benötigt. Aus diesem Grund wird für die Zwecke der kurzfristigen Erfolgsrechnung und Instandhaltungsplanung eine pragmatische Trennung in Abschreibungen und Instandhaltungskosten vorgenommen.

Die Anlageneinheit als produktionstechnische Einheit, die zur Erzeugung selbständig bewertbarer Leistungen dient, ist die Grundlage für die Abgrenzungsdiskussion. Als Abschreibungen werden diejenigen Kosten bezeichnet, die auf die Anschaffungsausgabe der Fertigungsanlage zurückzuführen sind. Alle Maßnahmen, die während der Nutzungsphase vom Instandhaltungsbetrieb erbracht werden, ohne die ursprünglichen Merkmale der Fertigungsanlage wie z. B. Kapazität oder Elastizität zu verändern, führen zu Instandhaltungskosten. Als Abgrenzungskriterien werden neben der Anlageneinheit die Periodizität oder Wirksamkeitsdauer der Maßnahmen sowie der Umfang der vorgenommenen Veränderungen an der Anlageneinheit herangezogen.

Für die Entwicklung des gestaltungstheoretischen Ansatzes zur Planung und Kontrolle der Instandhaltungsleistungen auf der Basis von Plankosten wurde zwischen der Bedarfsermittlung der Instandhaltungsleistungen für die Fertigungsanlagen und der Bedarfsdeckung durch die Instandhaltungsbetriebe unterschieden. Auf diese Weise konnten die verschiedenartigen Einflüsse auf die Höhe der Instandhaltungskosten berücksichtigt werden wie z. B. die produktionsbedingte und zeitliche Inanspruchnahme sowie die konstruktive Gestaltung der Fertigungsanlagen, die Kapazitätsstruktur der Instandhaltungsbetriebe, insbesondere das Verhältnis zwischen Eigen- und Fremdleistung, und das Preisniveau der Einsatzfaktoren zur Durchführung der Instandhaltungsleistungen. Die Bedarfsermittlung der Fertigungsanlagen sollte durch Einflußgrößenfunktionen verbessert werden. Bisher wurde in der betriebswirtschaftlichen Literatur versucht, den Ursache-Wirkungszusammenhang zwischen dem Instandhaltungsbedarf und seinen Einflüssen durch detaillierte Kausalanalysen in mathematische Gesetzmäßigkeiten zu bringen. Die gegenwärtig noch unzureichenden Möglichkeiten der Informationsbeschaffung und -verarbeitung in bezug auf diesen methodischen Ansatz wurden ausführlich erläutert. In Anbetracht der aufgezeigten Grenzen wurde versucht, eine globale (anlagenbezogene) Erfassung der Ursache-Wirkungsbeziehungen im Sinne von statistisch abgesicherten Regelmäßigkeiten vorzunehmen. Auf der Grundlage von Bedarfsfunktio-

nen, hinter denen technologisch plausible Zusammenhänge stehen,
soll eine anlagenbezogene Bedarfsermittlung periodenbezogener Instandhaltungsleistungen vorgenommen werden.

Zu diesem Zweck werden die Instandhaltungsleistungen entsprechend
ihrem unterschiedlichen Einwirkungsgrad auf die Fertigungsanlagen
nach Wartung, Inspektion und Instandsetzung unterschieden. Die
Heterogenität der einzelnen Instandhaltungsmaßnahmen macht weiterhin die Aufteilung in die Leistungsarten Reparaturbetriebsleistungen und auftragsspezifische Hilfs- und Betriebsstoffe sowie Reserveteile notwendig. Durch unterschiedliche Wirksamkeitsdauern
der einzelnen Instandhaltungsmaßnahmen wird zusätzlich zwischen
ordentlichen bzw. laufenden und außerordentlichen Instandhaltungsmaßnahmen unterschieden. Die Bedarfsermittlung auf der Basis
von Funktionen wird ausschließlich für den ordentlichen Anteil (ca.
80 % - 85 %)[1] der Instandhaltungskosten durchgeführt. Die Bedarfsermittlung für die außerordentlichen Instandhaltungsleistungen (ca.
15 % - 20 %)[1] erfolgt auftragsweise.

Durch die Bedarfsfunktionen sollten Einflüsse, wie die produktionsbedingte Inanspruchnahme der Fertigungsanlage, die technologische
Struktur der Anlagen mit ihren Materialeigenschaften und Gestaltungsmöglichkeiten und das normalerweise geübte Verhalten bei der
Disposition der Instandhaltungsleistungen anlagenweise statistisch
erfaßt werden. Um zu überprüfen, daß mit den quantifizierbaren
Einflußgrößen die wesentlichen Einflüsse auf den periodischen Instandhaltungsbedarf berücksichtigt sind, wurden von einem Exper-
tenkreis aus Instandhaltungsbetrieben der Eisenhüttenindustrie und
anderen Branchen quantifizierbare und nicht quantifizierbare Einflußarten zueinander gewichtet. Die Befragungsergebnisse bestäti-
gen, daß mit den in den Bedarfsfunktionen berücksichtigten Einflußarten die wesentlichen Einflüsse erfaßt sind.

Der periodische Bedarf an ordentlichen und außerordentlichen Instandhaltungsleistungen stellt das Leistungsprogramm für die Bedarfsdeckung durch die Instandhaltungsbetriebe dar. Im Zusammenhang mit der Bedarfsdeckung wirken weitere Einflüsse auf die Höhe
der periodischen Instandhaltungskosten. Die bedarfsgerechte Dimensionierung und Strukturierung der Personalkapazität in Normal-,
Mehrarbeits- und Unternehmerstundenanteile oder die Preise der
zur Bedarfsdeckung erforderlichen Einsatzfaktoren sind Beispiele
für diese Einflüsse. Zur Erfassung dieser Einflußarten in ihrer
Wirkung auf die Höhe der periodischen Instandhaltungskosten in den

---

1) Die %-Werte beziehen sich auf die Verhältnisse im untersuchten
   Eisenhüttenwerk.

Instandhaltungsbetrieben wird ein theoretisches Konzept für ein
Funktionensystem im Instandhaltungsbetrieb entwickelt. Das Funktionensystem ist so konzipiert, daß z. B. für alternative Bedarfsentwicklungen, alternative Stundenstrukturen und Faktorpreise periodenbezogene Plankosten im Instandhaltungsbetrieb errechnet und
als Beurteilungsgröße für die jeweilige Handlungsalternative verwendet werden können. Die errechenbaren Plankosten sind auf periodenbezogene Größen beschränkt. Auftrags- oder arbeitsgangbezogene Vorgabegrößen auf der Basis von entsprechenden Plankostenfunktionen können nicht vorgenommen werden. Das Rechenmodell
ist vielmehr als globales Steuerungsinstrument konzipiert. Auf der
Grundlage der Jahresplanung können Informationen zur bedarfsgerechten Dimensionierung und Strukturierung der Personalkapazität
im Instandhaltungsbetrieb geliefert werden. Hiervon ausgehend können Budgetvorgaben sowohl für die leistenden Verantwortungsbereiche im Instandhaltungsbetrieb als auch für die leistungsempfangenden Fertigungsanlagen ermittelt werden. Im Rahmen kürzerfristiger
Anpassungsmaßnahmen der geplanten Instandhaltungskapazität als
Folge saisonaler oder konjunkturbedingter Veränderungen der Erzeugungsmengen in den Fertigungsbetrieben ist es möglich, die im
Rahmen der Jahresplanung ermittelten Budgetvorgaben dem jeweiligen Instandhaltungsbedarf anzupassen.

Nach der Darstellung der erklärungs- und gestaltungstheoretischen
Grundlagen zum Aufbau des Ermittlungsmodells wurde die Anwendbarkeit der Aussagen auf die Probleme der betrieblichen Praxis
überprüft. Zu diesem Zweck wurde der Verbrauch der Instandhaltungsstunden einzelner Fertigungsanlagen über einen Beobachtungszeitraum von ca. 5 Jahren in einem gemischten Hüttenwerk analysiert. Auf der Basis der zusammengestellten Daten wurden für die
wesentlichen Betriebe dieses Hüttenwerkes Leistungsbedarfsfunktionen mit Hilfe der Regressionsanalyse empirisch ermittelt und als
Bausteine eines Funktionensystems zur Bedarfsermittlung verwendet. Die Bedarfsermittlung der Instandhaltungsleistungen für die
Fertigungsanlagen und das theoretische Konzept für ein Funktionensystem als Dispositionsgrundlage bei der Bedarfsdeckung bilden das
Ermittlungsmodell. Das methodische Vorgehen für den Aufbau und
die Anwendungsmöglichkeiten des Rechenmodells hat allgemeingültigen Charakter. Die betriebsspezifisch ermittelten Daten und Funktionen sind in ihrer Gültigkeit auf den individuellen Erhebungsbereich beschränkt.

Ein Ermittlungsmodell auf der Basis der empirisch überprüften Bedarfsfunktionen und des theoretischen Konzepts zur Bedarfsdeckung
durch die Instandhaltungsbetriebe kann für folgende wesentliche Entscheidungen im Instandhaltungsbetrieb Informationen liefern:

- Für die Ermittlung eines periodischen Bedarfs an Instandhaltungsleistungen der Fertigungsanlagen in Abhängigkeit ihrer produktionsbedingten Inanspruchnahme.

- Für die Dimensionierung und Strukturierung der Personalkapazität im Instandhaltungsbetrieb (d. h. Festlegung der Anteile an
  Normal-, Mehrarbeits- und Unternehmerstunden) für einen erwarteten Instandhaltungsbedarf auf der Grundlage der Jahresplanung.

- Für die Beurteilung von kürzerfristigen Anpassungsmaßnahmen
  (zeitliche Verschiebung außerordentlicher Instandhaltungsleistungen in andere Perioden, Veränderung der Normal-, Mehrarbeits-
  oder Unternehmerstundenanteile) an konjunkturbedingte oder sai-
  sonale Bedarfsschwankungen der Fertigungsanlagen auf der Basis
  von Plankosten.

- Für die Erklärung von periodischen Plan-/Ist-Abweichungen mit
  Hilfe der Kontrollrechnung.

Damit wurde ein wesentliches Instrument zur globalen Steuerung von
periodenbezogenen Instandhaltungsleistungen auf der Basis von Plankosten geschaffen. Durch die Berücksichtigung unterschiedlicher
Einflußgrößen bei der Bedarfsermittlung und Bedarfsdeckung können
gegenüber der herkömmlichen pauschalen Budgetierung von Instandhaltungskosten im Rahmen von Planungsrechnungen realistischere
periodenbezogene Budgetvorgaben als Zielgröße für die Verantwortungsbereiche im Instandhaltungsbetrieb ermittelt werden. Ebenso
können für Kontrollzwecke aussagefähigere Vergleichsgrößen berechnet werden.

Daneben wirkt sich vorteilhaft aus, daß durch die bedarfsgerechte
Weiterverrechnung der in den Instandhaltungsbetrieben angefallenen
originären Instandhaltungskosten auf die Fertigungsanlagen auch hier
realistischere Vorgabegrößen für die zu erwartenden Instandhaltungskosten berechnet werden können. Dies trägt dazu bei, daß

- die Aussagefähigkeit der kurzfristigen Erfolgsrechnungen für die
  Fertigungsbetriebe gesteigert und

- damit eine objektivere Entscheidungsbasis zur Beurteilung alternativer Handlungsweisen für diese Fertigungsbetriebe gelegt werden.

Anhang 1

Abkürzungen im Anhang:

ME/Monat = Mengeneinheiten/Monat

GE/Monat = Geldeinheiten/Monat

ZE/Monat = Zeiteinheiten/Monat

Einflußarten auf die Höhe der benötigten lfdn. Instandhaltungsleistungen einer Fertigungsanlage	In Relation zur Bezugsgröße ist das Gewicht der jeweiligen Einflußart													
	genauso groß													unbedeutend
	13	12	11	10	9	8	7	6	5	4	3	2	1	0
– Produktionsbedingte Inanspruchnahme (z.B. Erzeugungsmenge) *)	X													
– Bedienungsweise der Anlage durch das Bedienungspersonal														
– Technologischer Charakter der Anlage (Materialeigenschaften, Konstruktion, Alter)														
– Umwelteinflüsse (z.B. Temperatur, Feuchtigkeit)														
– Handlungsspielraum bei der Durchführung von Inspektionen oder Instandsetzungen														
– Sonstige, nicht genannte Ursachen (welche ?)														

*) Bezugsgröße, Orientierungsanker

Name: Betrieb:

Fragebogen zur Gewichtung der Einflußarten auf die Höhe der laufenden monatlichen Instandhaltungsleistungen einer Fertigungsanlage

Abb. 6

Einflußarten auf die Höhe der benötigten lfdn. Instandhaltungsleistungen einer Fertigungsanlage

In Relation zur Bezugsgröße ist das Gewicht der jeweiligen Einflußart → (13 = genauso groß ······→ 0 = unbedeutend)

Einflußart	13	12	11	10	9	8	7	6	5	4	3	2	1	0
– Produktionsbedingte Inanspruchnahme (z.B. Erzeugungsmenge) *)	||||/ ||||/ ||||/													
– Bedienungsweise der Anlage durch das Bedienungspersonal								||	||||/	||||	||	||		
– Technologischer Charakter der Anlage (Materialeigenschaften, Konstruktion, Alter)						|| ||||							
– Umwelteinflüsse (z.B. Temperatur, Feuchtigkeit)											|||	||||/|	||		
– Handlungsspielraum bei der Durchführung von Inspektionen oder Instandsetzungen						||				||||	||||/|	|||		
– Sonstige, nicht genannte Ursachen (welche ?)													||||/	||||/|

*) Bezugsgröße, Orientierungsanker

Name: Betrieb:

Ergebnisse einer Expertenbefragung zur Gewichtung der Einflußarten auf die Höhe der laufenden monatlichen Instandhaltungsleistungen einer Fertigungsanlage — Abb. 7

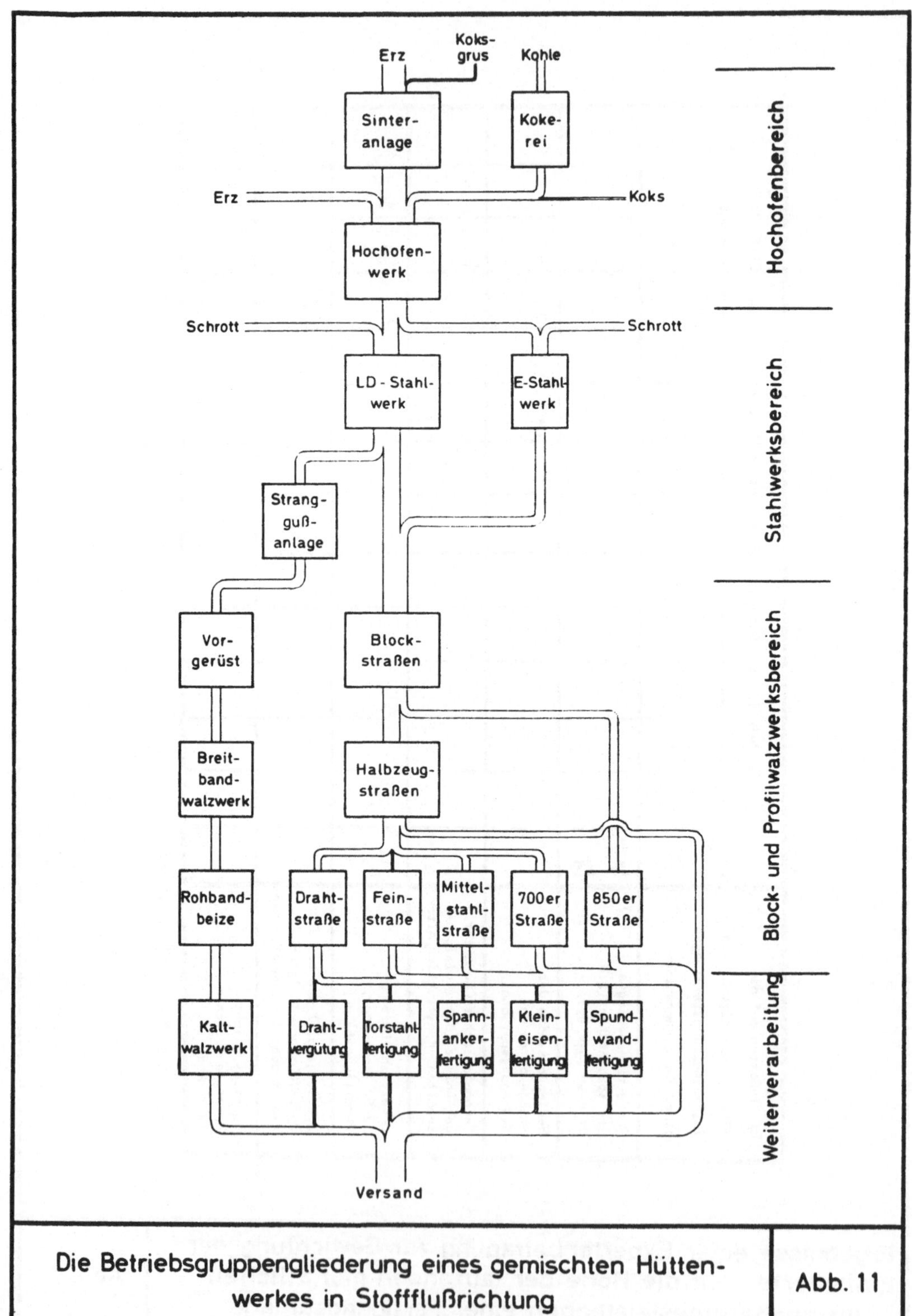

Die Betriebsgruppengliederung eines gemischten Hütten-werkes in Stoffflußrichtung

Abb. 11

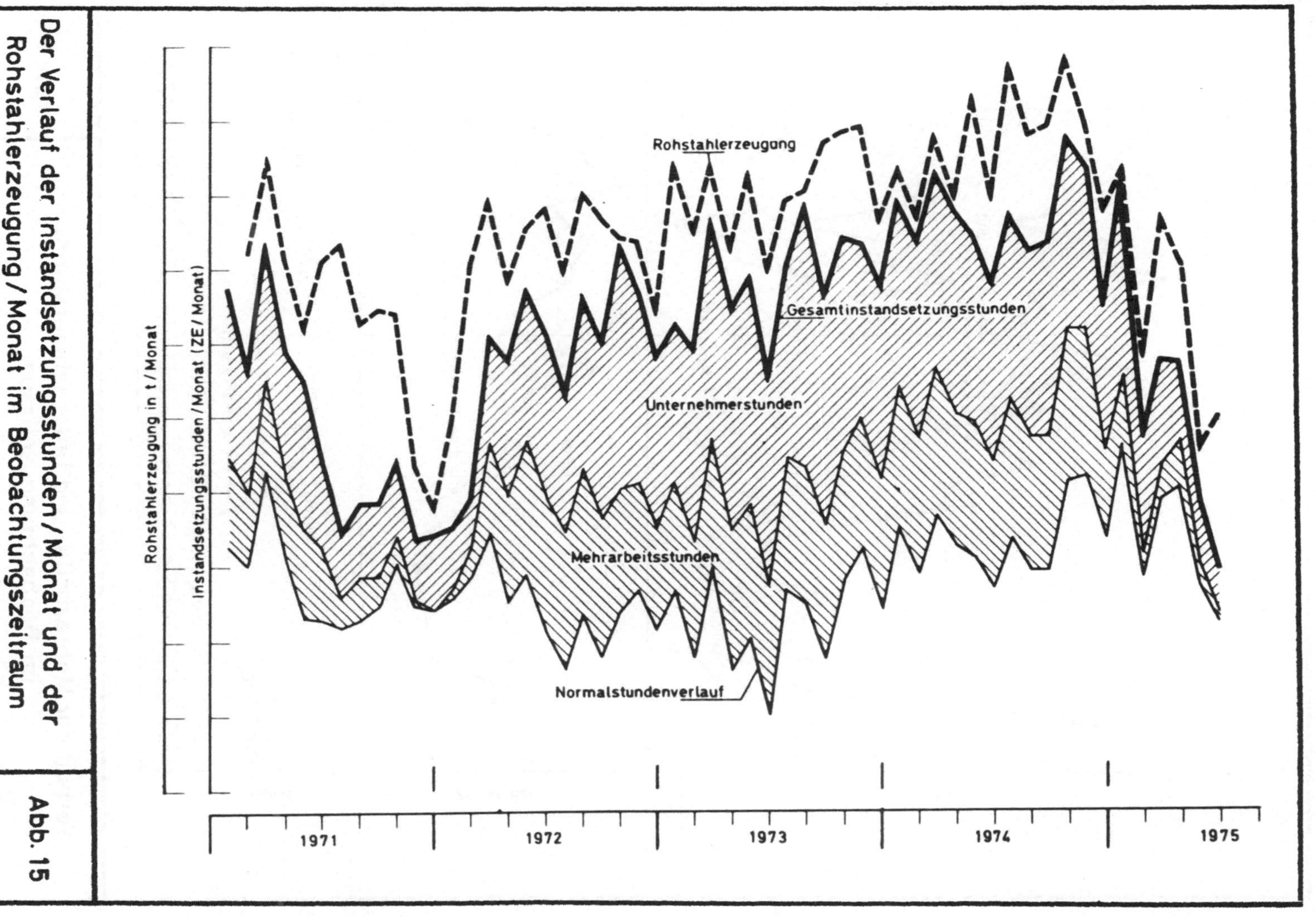

Der Verlauf der Instandsetzungsstunden/Monat und der
Rohstahlerzeugung/Monat im Beobachtungszeitraum
Abb. 15
Rohstahlerzeugung in t/Monat
Instandsetzungsstunden/Monat (ZE/Monat)
Rohstahlerzeugung
Gesamtinstandsetzungsstunden
Unternehmerstunden
Mehrarbeitsstunden
Normalstundenverlauf
1971
1972
1973
1974
1975

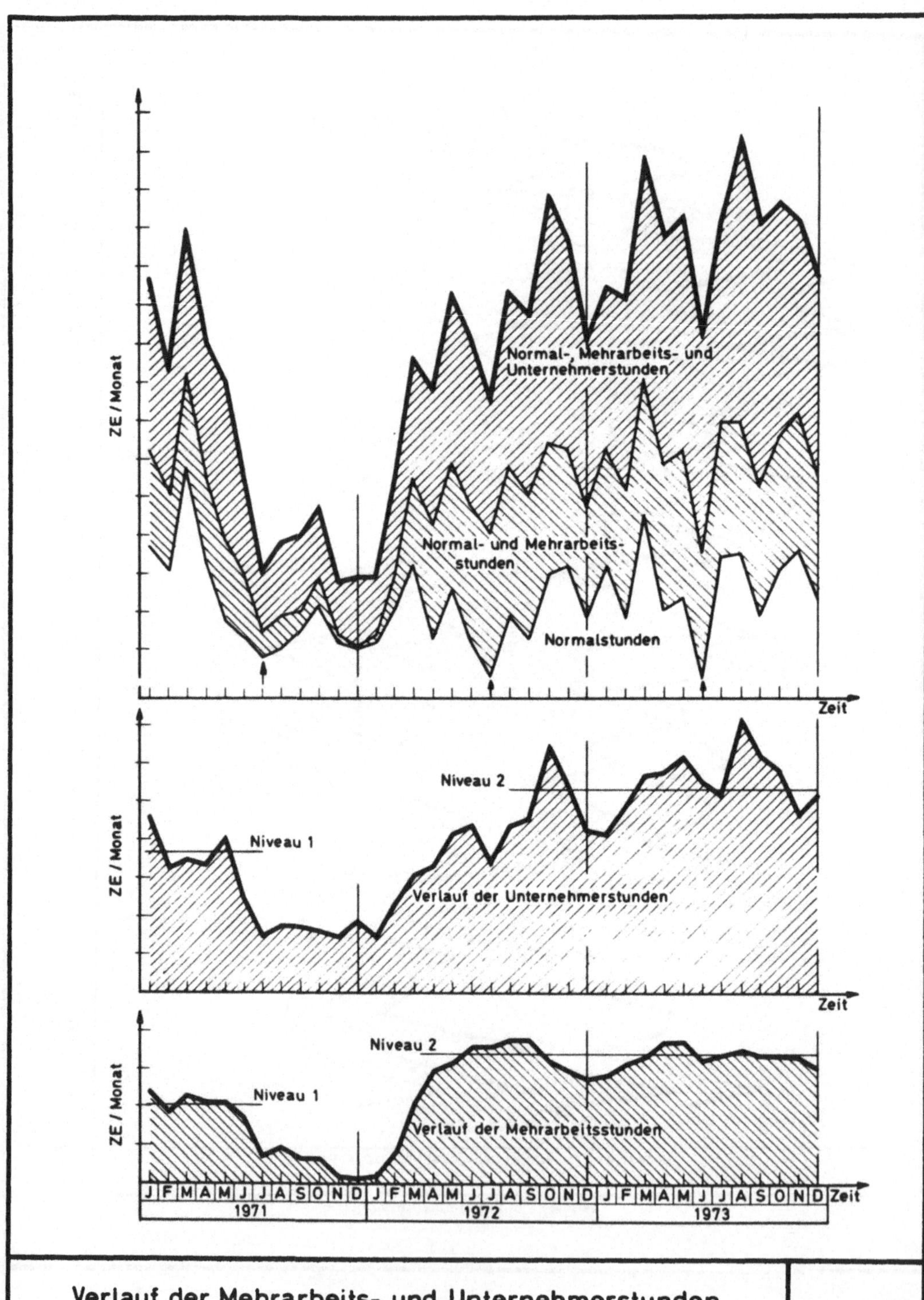

Verlauf der Mehrarbeits- und Unternehmerstunden im Beobachtungszeitraum

Abb. 16

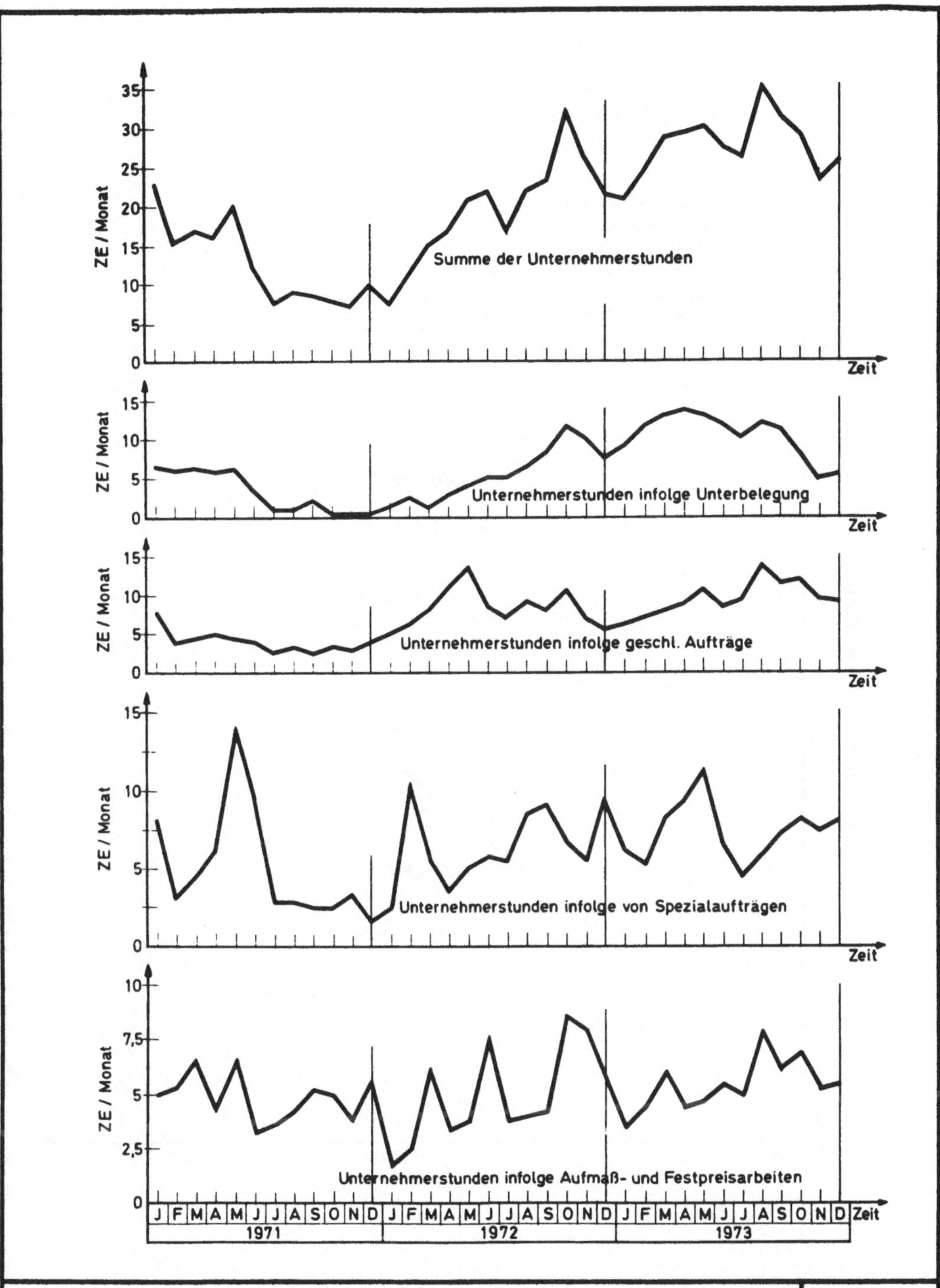

Die Zusammensetzung und der Verlauf der Unternehmerstunden im Beobachtungszeitraum

Abb. 17

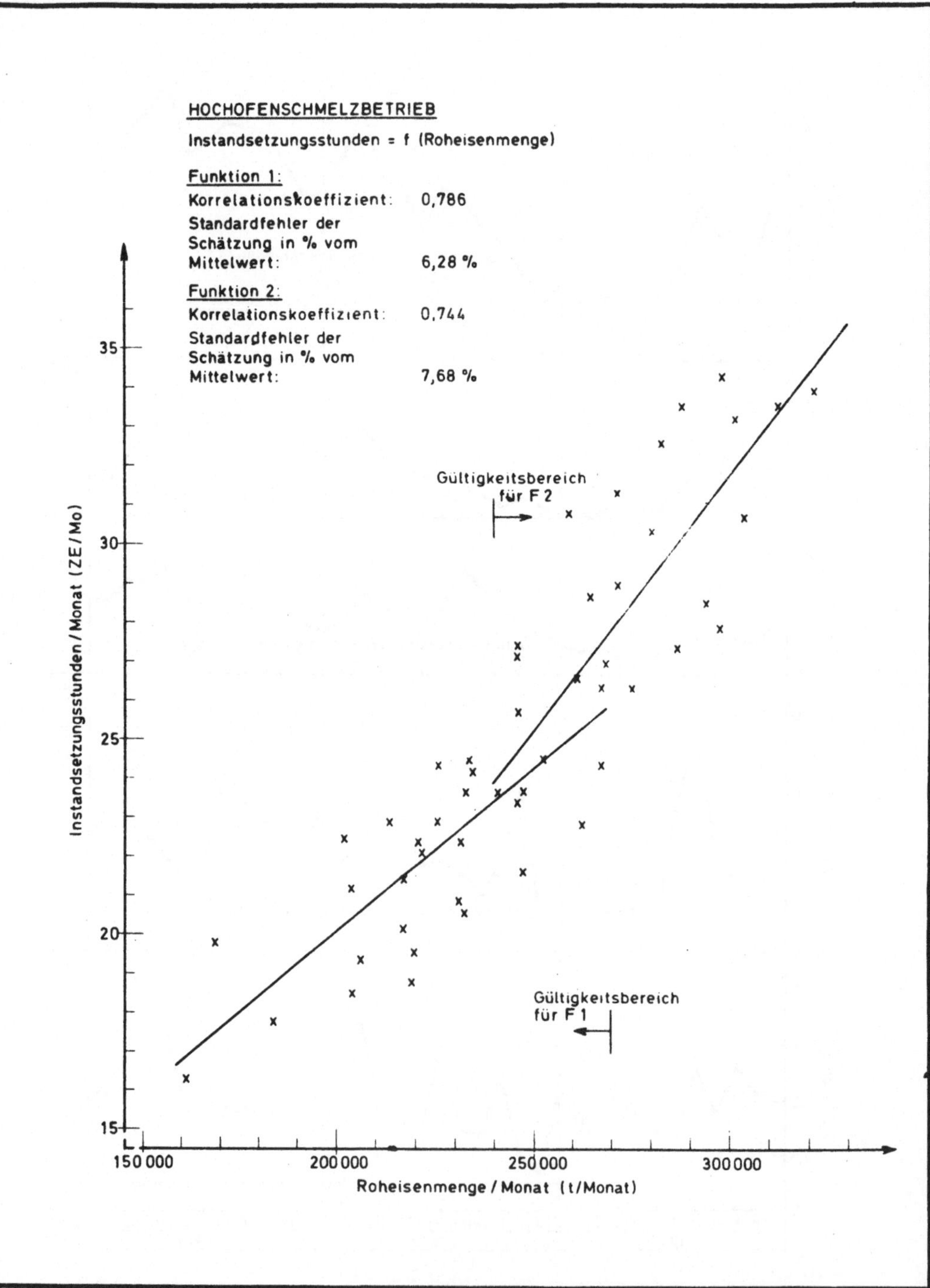

Der funktionale Zusammenhang zwischen den Instandsetzungsstunden /Monat und der Roheisenerzeugung / Monat für den Hochofenschmelzbetrieb

Abb. 18

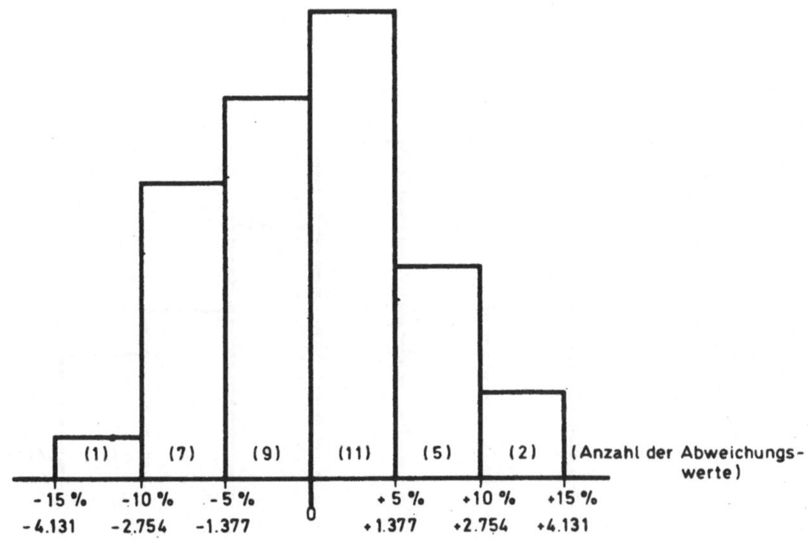

Die Verteilung der Restwertabweichungen
für die Funktion F 1

Abb. 19

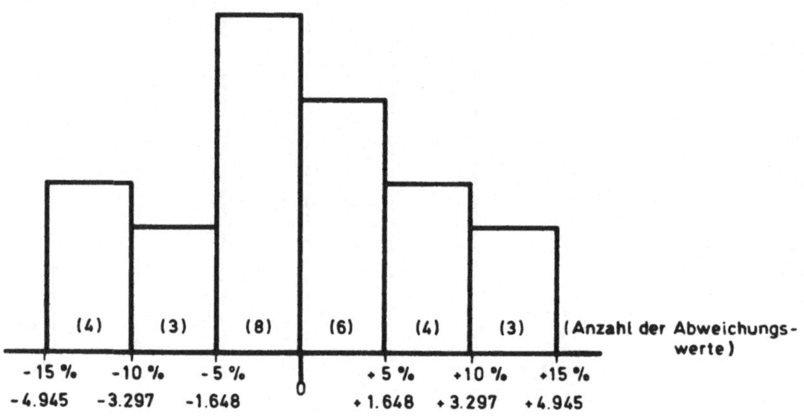

Die Verteilung der Restwertabweichungen für die Funktion F 2

Abb. 20

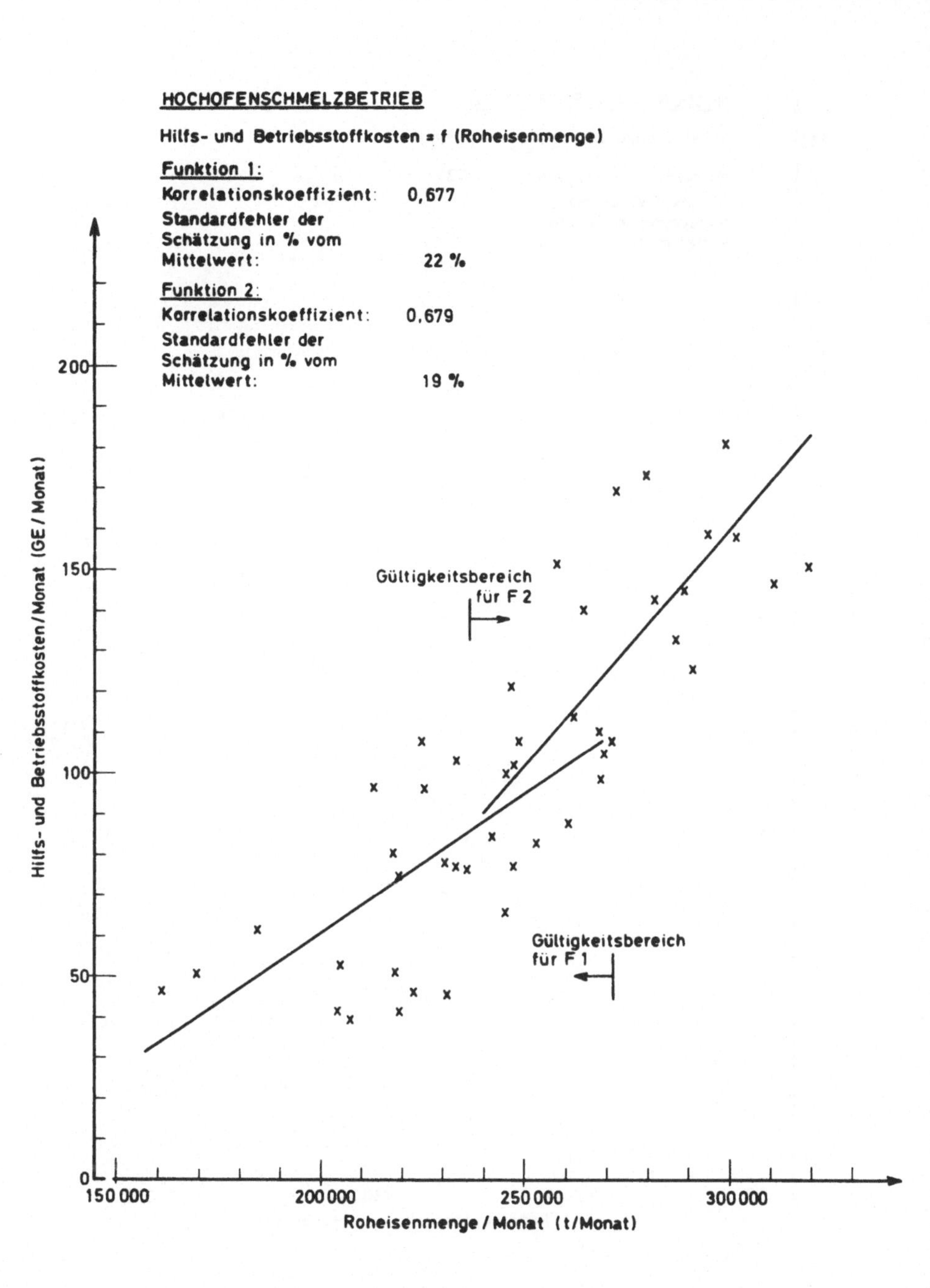

Der funktionale Zusammenhang zwischen den Hilfs- u. Betriebsstoffkosten / Monat und der Roheisenmenge / Monat für den Hochofenschmelzbetrieb

Abb. 21

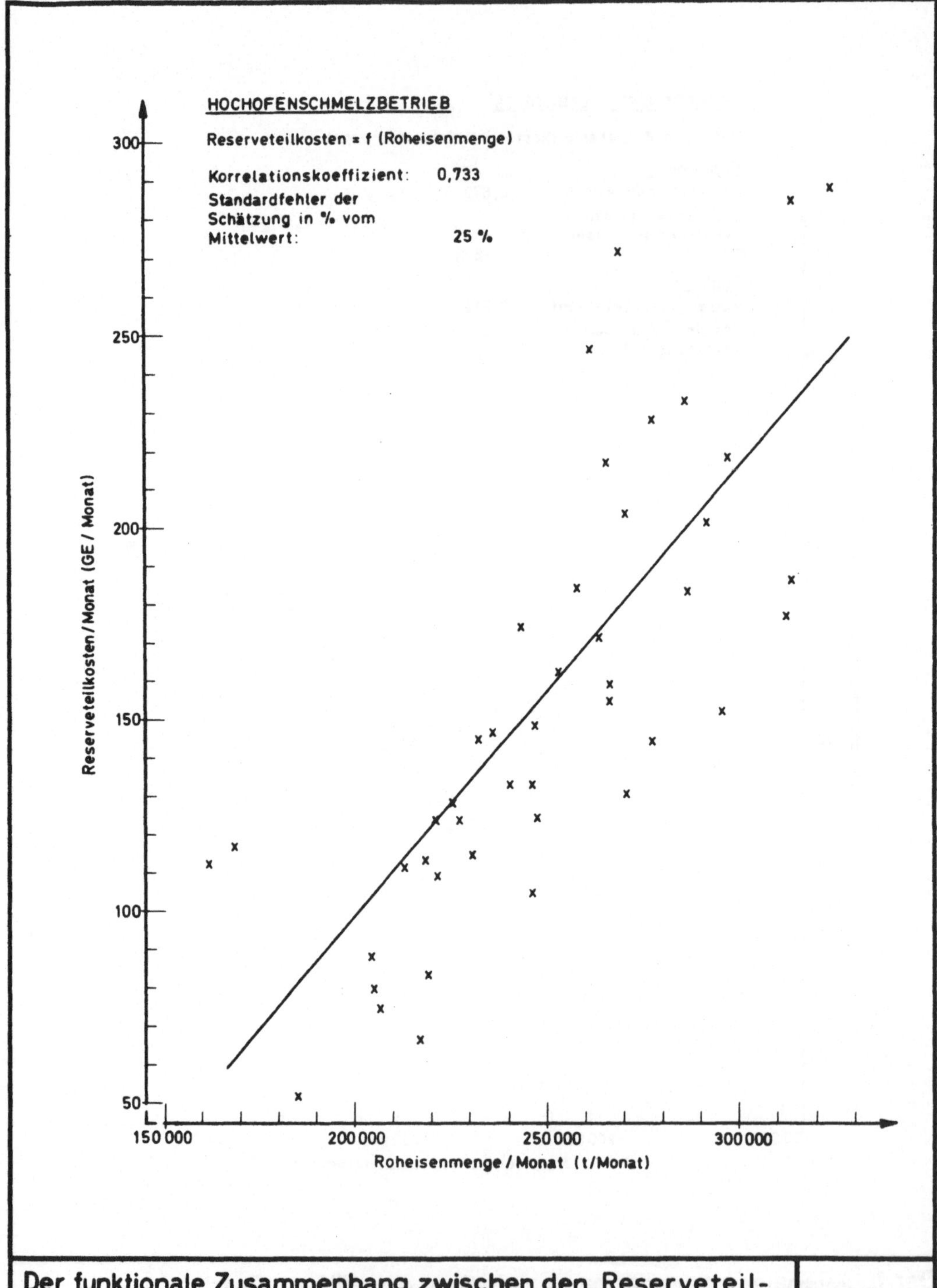

Der funktionale Zusammenhang zwischen den Reserveteil-kosten / Monat und der Roheisenmenge / Monat für den Hochofenschmelzbetrieb

Abb. 22

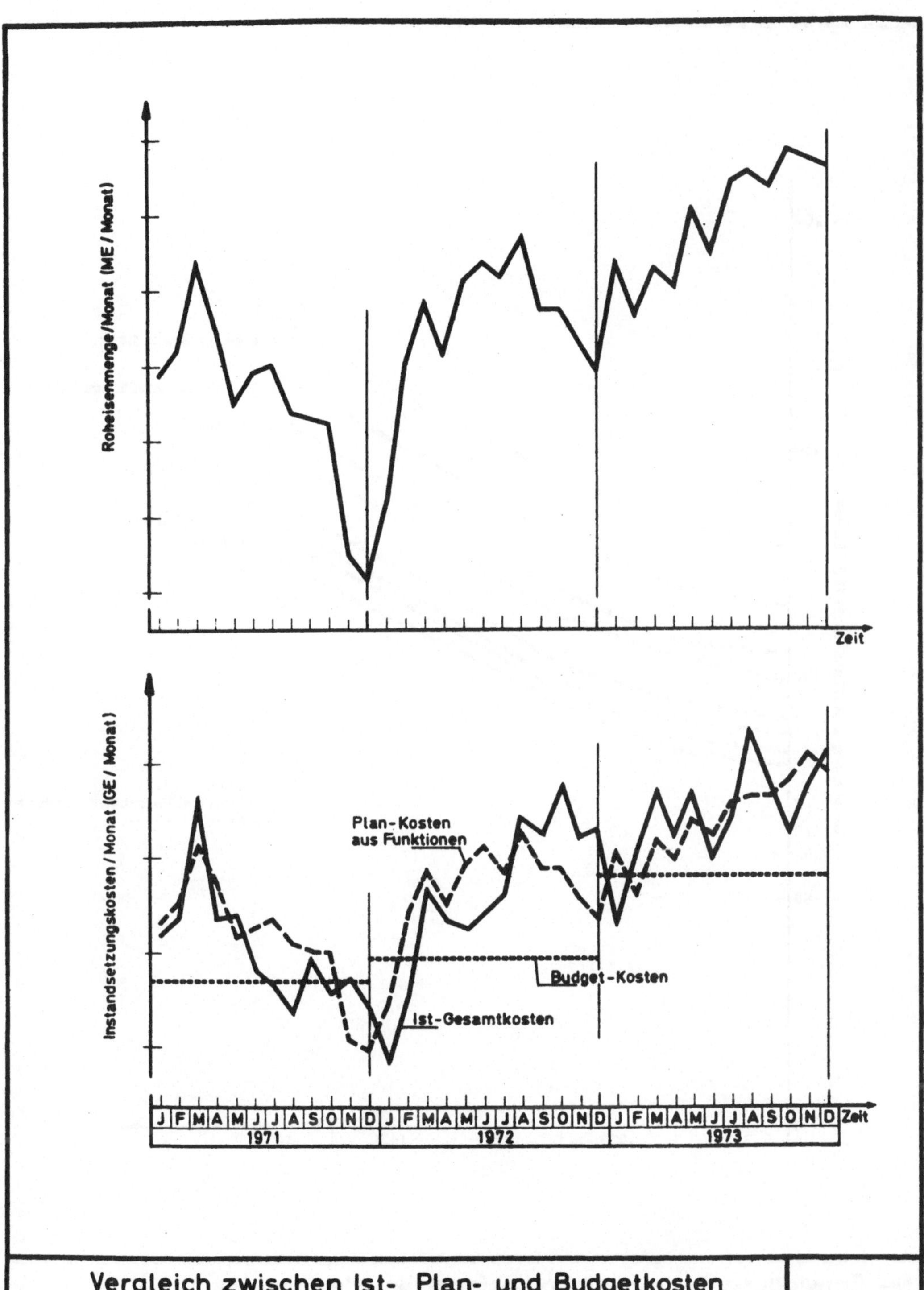

Vergleich zwischen Ist-, Plan- und Budgetkosten
im Beobachtungszeitraum
Hochofenschmelzbetrieb

Abb. 23

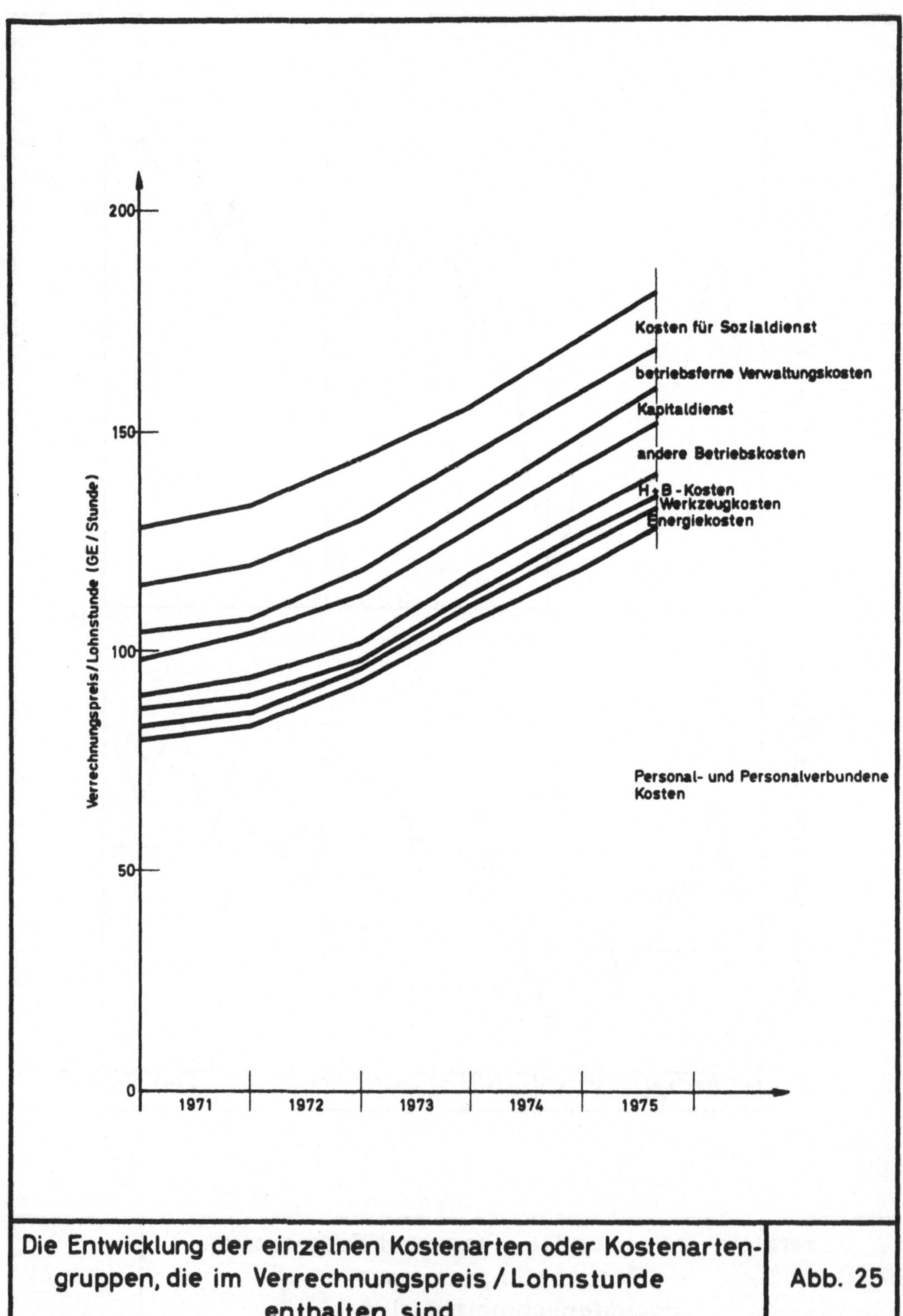

Die Entwicklung der einzelnen Kostenarten oder Kostenartengruppen, die im Verrechnungspreis / Lohnstunde
enthalten sind

Abb. 25

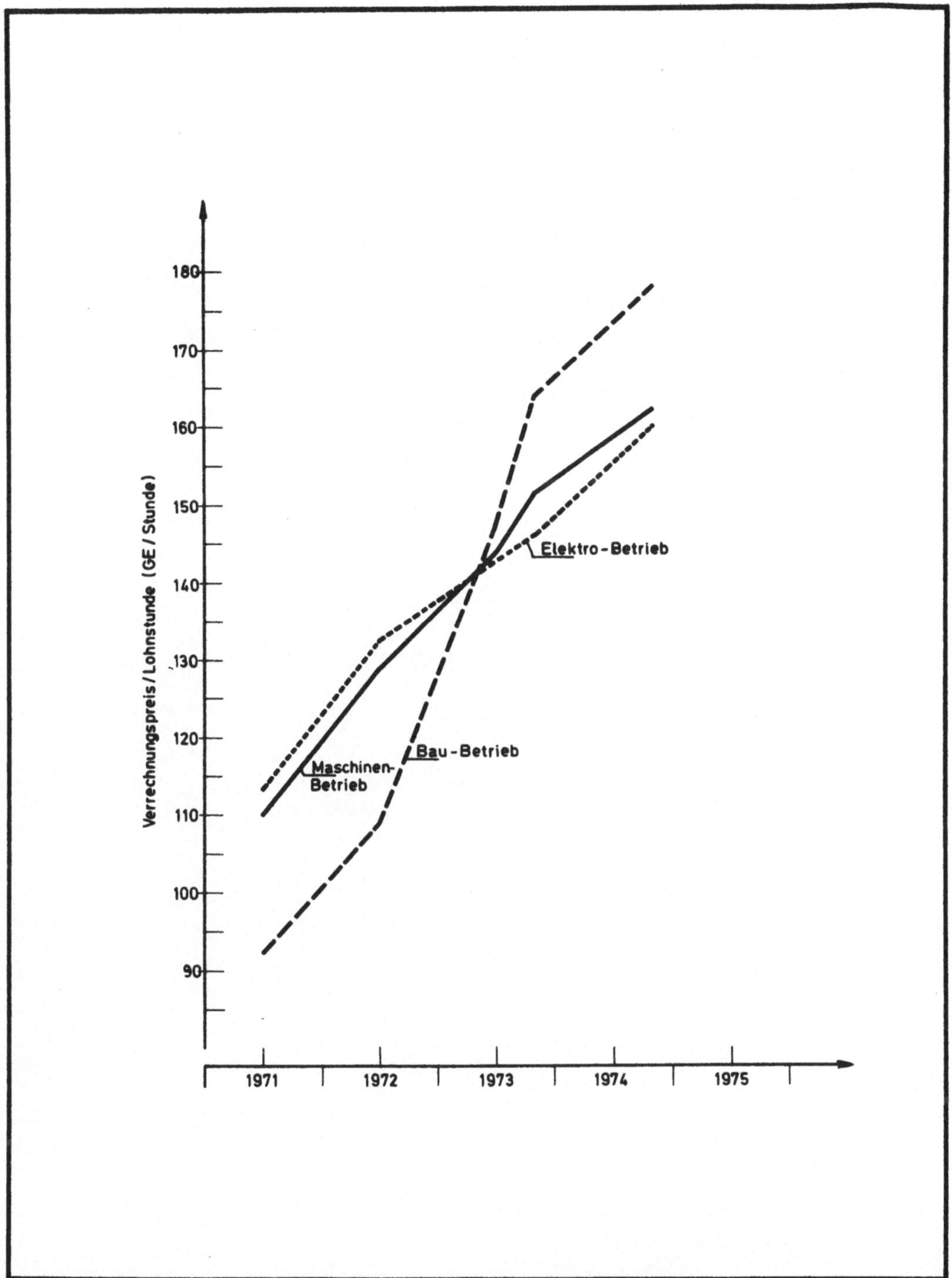

Die Entwicklung der Verrechnungspreise pro Lohnstunde der Maschinen-, Elektro- und Baubetriebe im Beobachtungszeitraum

Abb. 26

Anhang 2

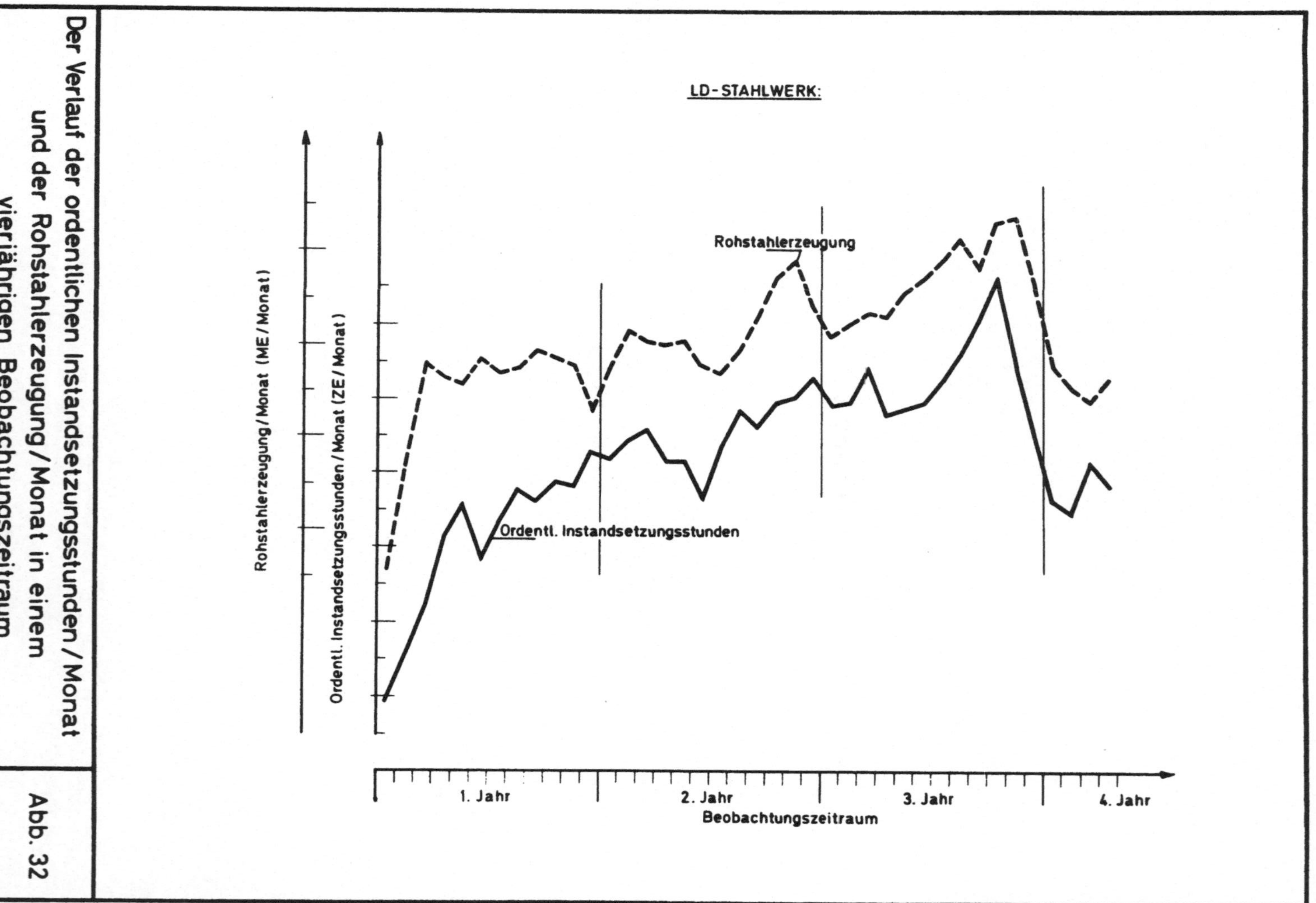

Der Verlauf der ordentlichen Instandsetzungsstunden / Monat und der Rohstahlerzeugung / Monat in einem vierjährigen Beobachtungszeitraum

Abb. 32

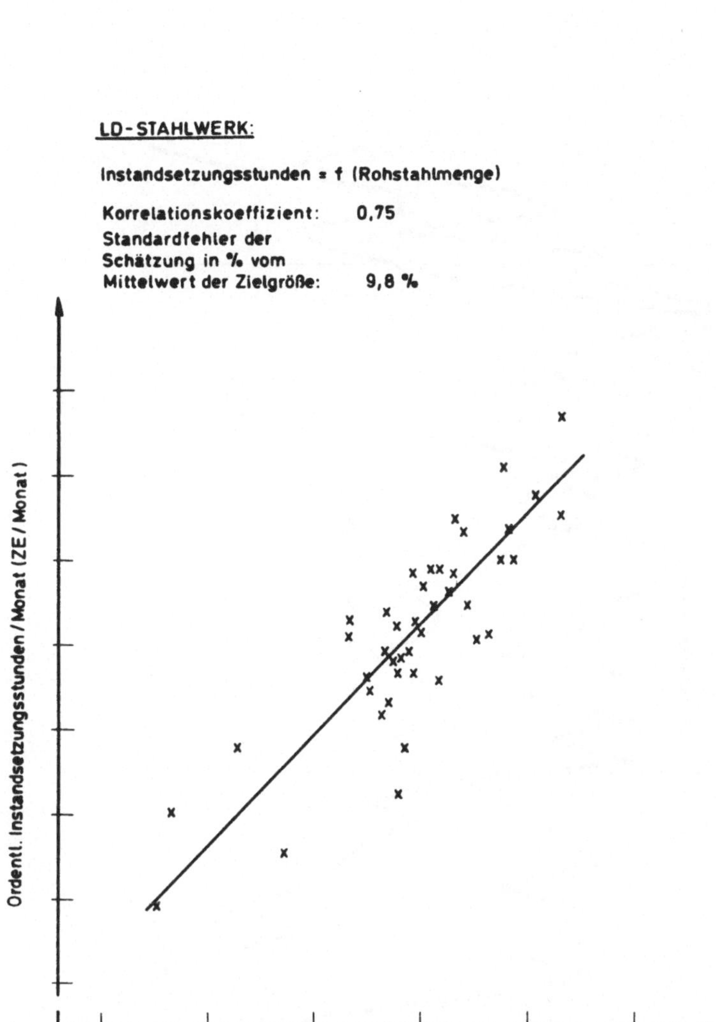

Der funktionale Zusammenhang zwischen den Instandsetzungsstunden / Monat und der Rohstahlerzeugung / Monat

Abb. 33

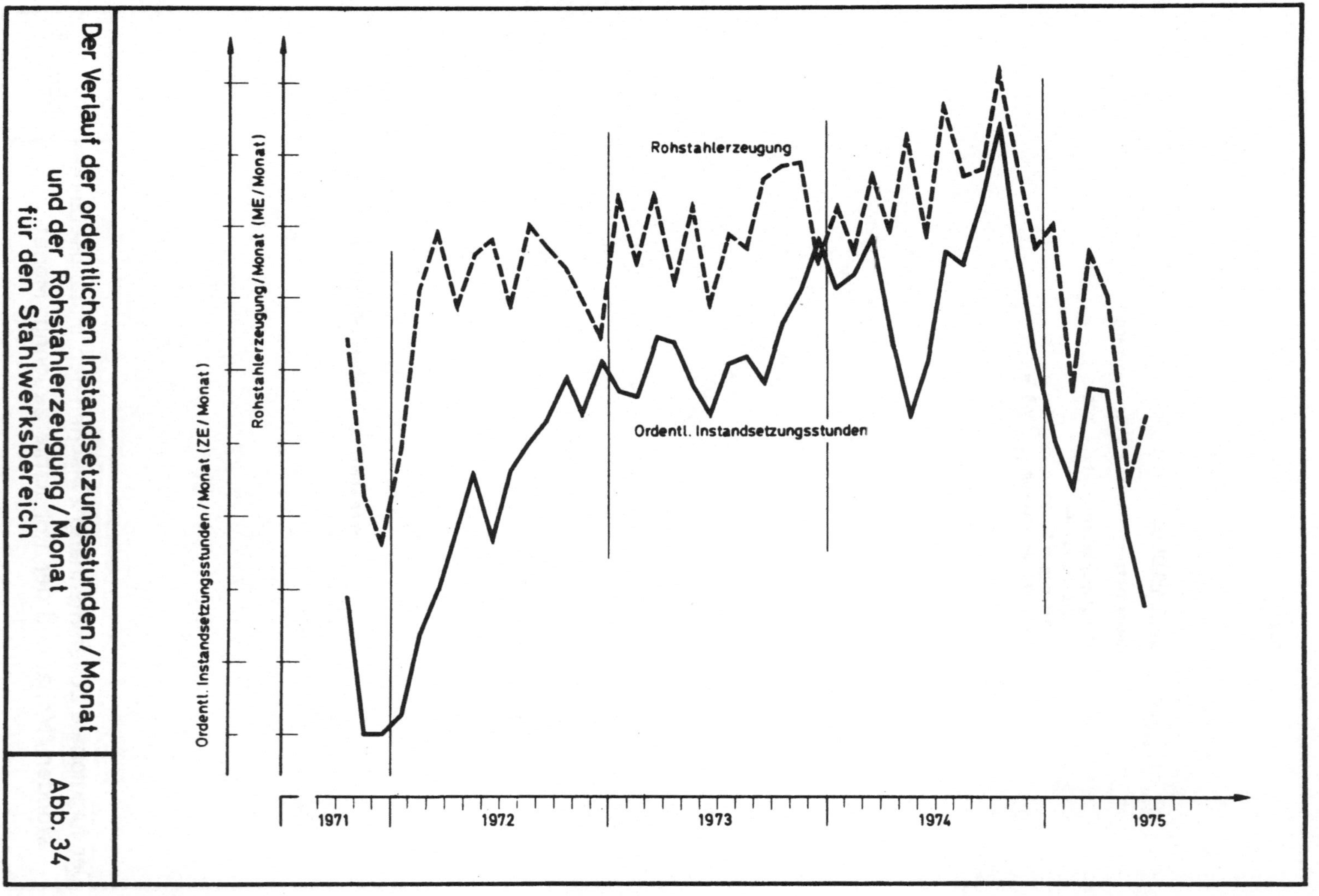
Der Verlauf der ordentlichen Instandsetzungsstunden/Monat
und der Rohstahlerzeugung/Monat
für den Stahlwerksbereich
Abb. 34
Ordentl. Instandsetzungsstunden/Monat (ZE/Monat)
Rohstahlerzeugung/Monat (ME/Monat)
Rohstahlerzeugung
Ordentl. Instandsetzungsstunden
1971
1972
1973
1974
1975

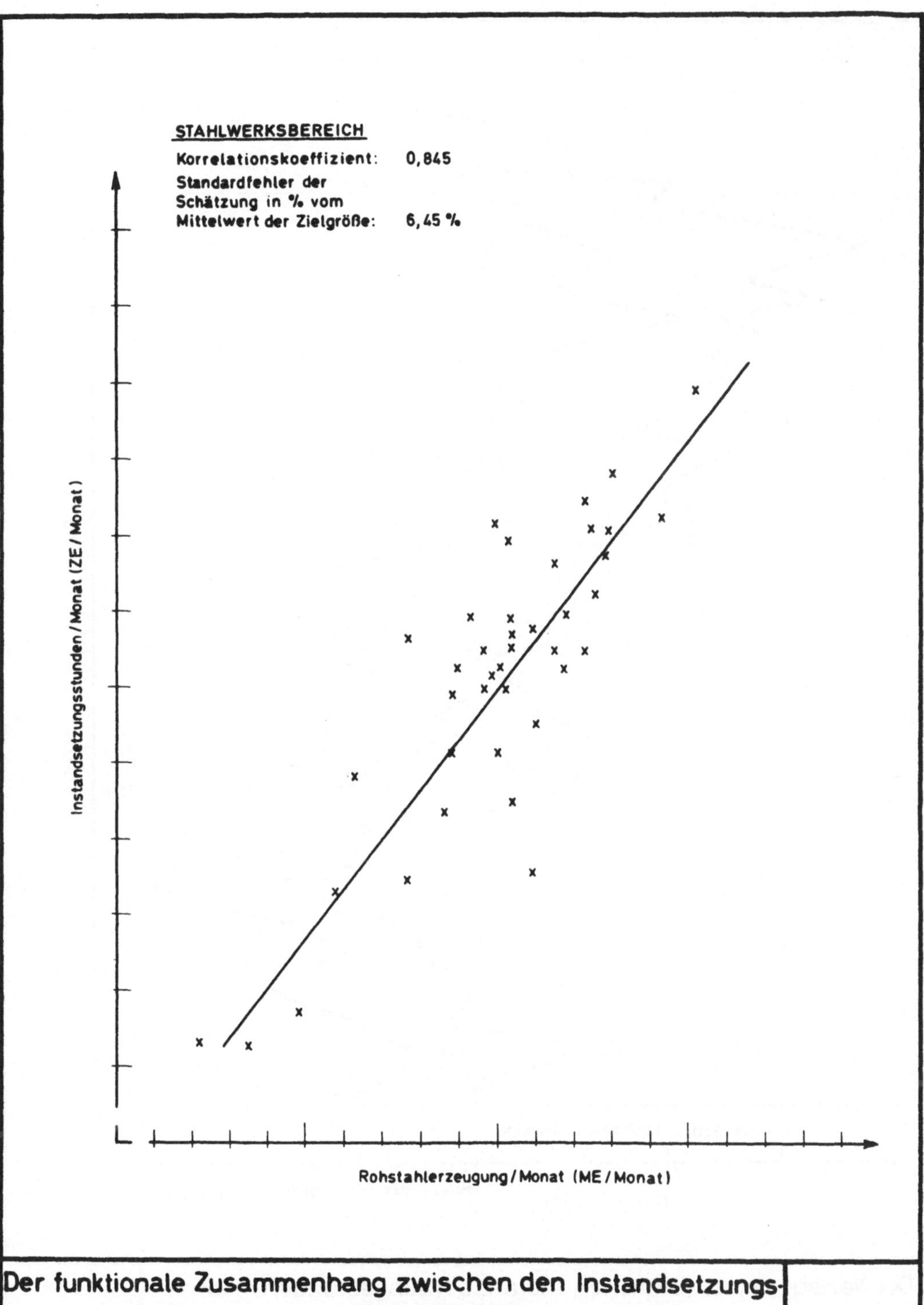

Der funktionale Zusammenhang zwischen den Instandsetzungsstunden / Monat und der Rohstahlerzeugung / Monat für den Stahlwerksbereich

Abb. 35

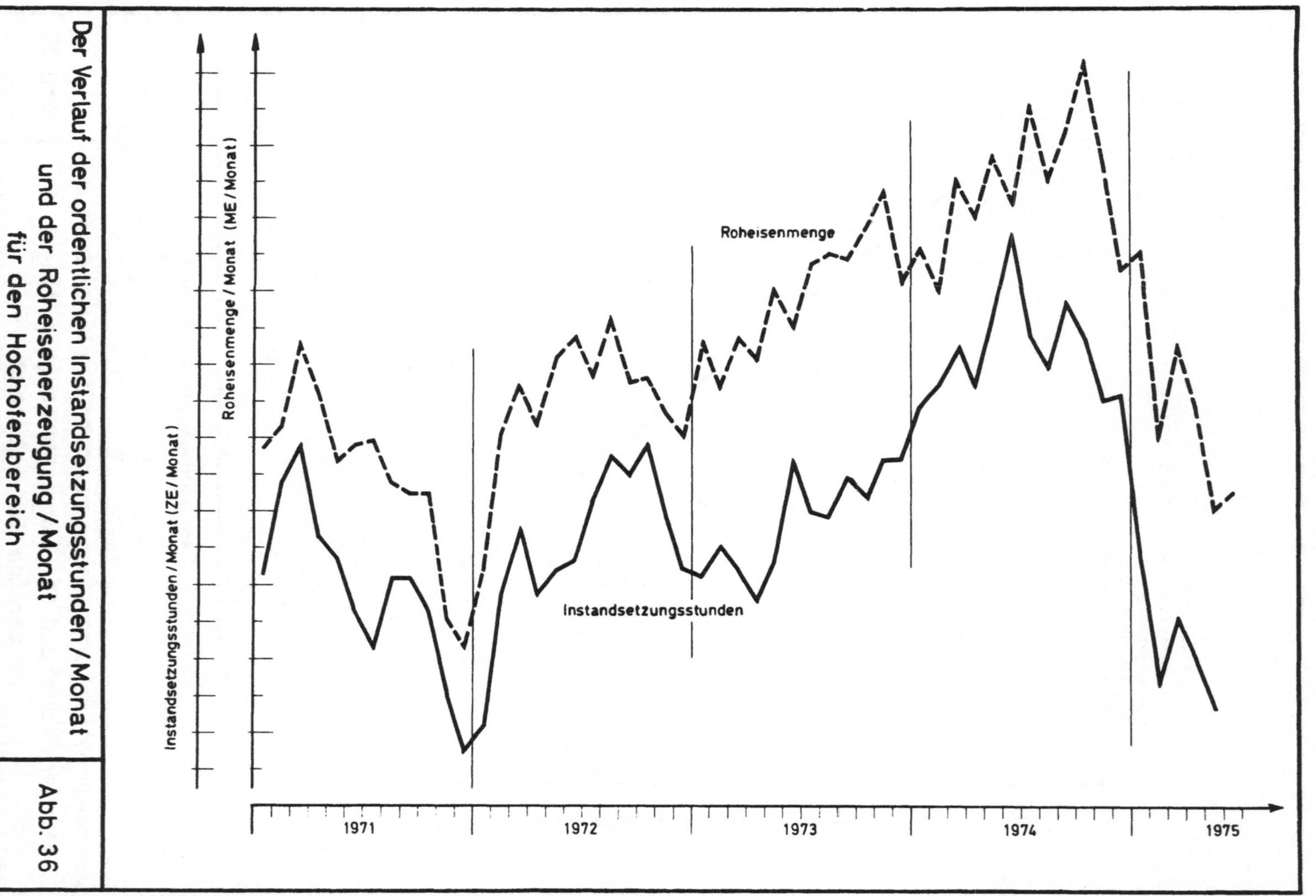

Der Verlauf der ordentlichen Instandsetzungsstunden / Monat und der Roheisenerzeugung / Monat für den Hochofenbereich

Abb. 36

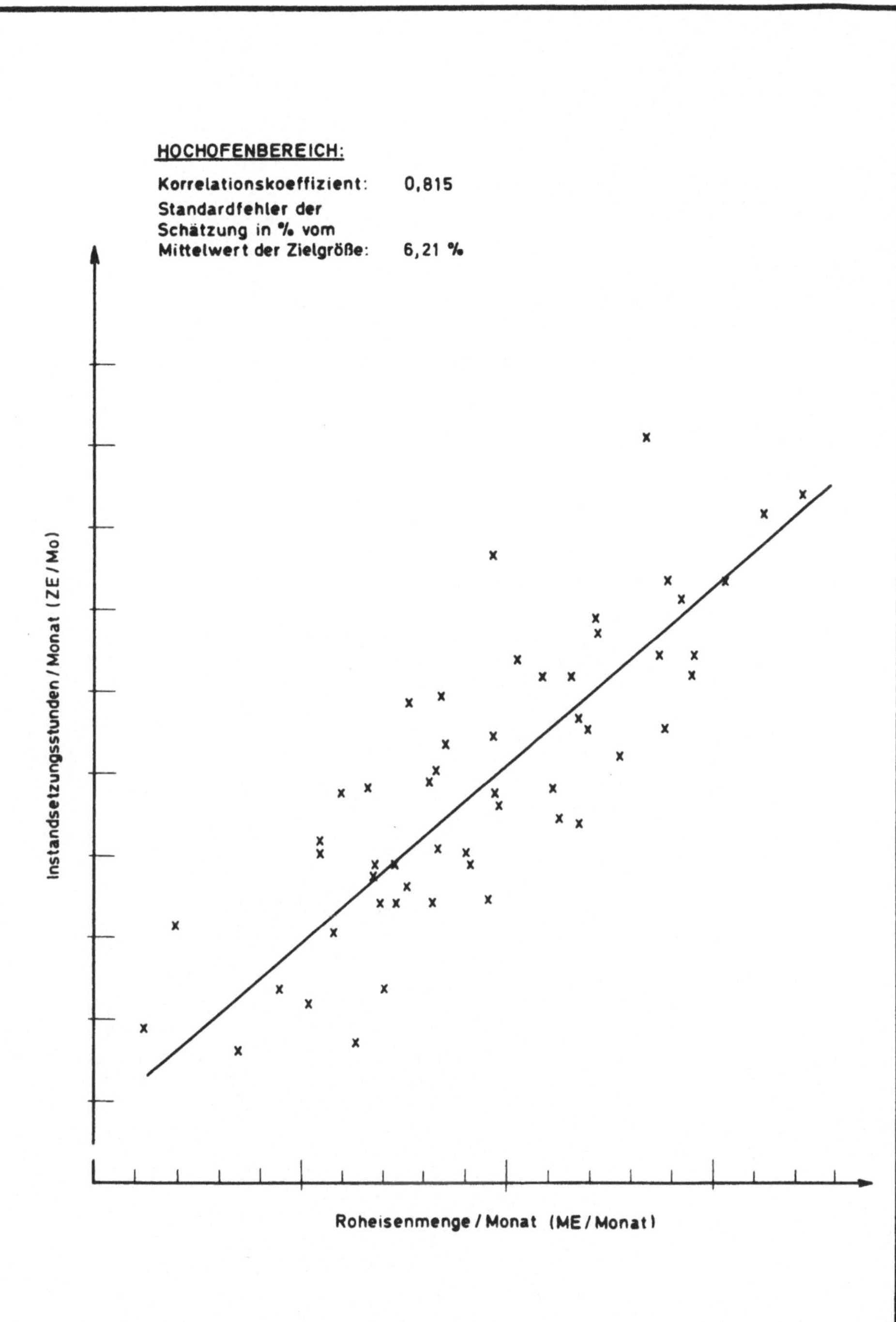

Der funktionale Zusammenhang zwischen den Instandsetzungs-stunden / Monat und der Roheisenerzeugung / Monat für den Hochofenbereich

Abb. 37

Literaturverzeichnis

Albach, H. , Informationsgewinnung durch strukturierte Gruppenbe-
befragung, in: ZfB, 40. Jg. (1970), S. 11-26

Albach, H. , Zur Verbindung von Produktionstheorie und Investitionstheorie, in: Zur Theorie der Unternehmung, Festschrift
zum 65. Geburtstag von Erich Gutenberg, hrsg. von Helmut
Koch, Wiesbaden 1962, S. 137-203

Baetge, J. , Betriebswirtschaftliche Systemtheorie, Moderne Lehr-
texte Wirtschaftswissenschaften, Band 6, Opladen 1974

Baumann, G. , Dahl, W. , Gieseking, W. R. , Schäfer, G. , Theisen, A. ,
Schank, H. , Methodisches Berechnen der Stabsbelastung-Gieß-
anlage, in: Stahl und Eisen, 95. Jg. (1975), S. 183-188

Becker, E. , Netzplantechnik im Erhaltungsbetrieb eines Hüttenwerkes, in: Stahl und Eisen, 69. Jg. (1969), S. 872-877

Beer, S. , Kybernetik und Management, 3. Auflage, Hamburg 1967

Berka, B. , Wirtschaftliche Instandhaltung, Vortrag in der Berichtsreihe: Die Anlagentechnik in der Stahlindustrie, Veranstaltung
Nr. 693-73 im Haus der Technik Essen 1973, S. 1-20

Berthel, J. , Zur Operationalisierung von Unternehmungs-Zielkonzeptionen, in: ZfB, 43. Jg. (1973), S. 29-58

Betriebswirtschaftliches Institut der Eisenhüttenindustrie (bearb.),
Allgemeine Richtlinien für das betriebliche Rechnungswesen
der Eisen- und Stahlindustrie, Hrsg. Wirtschaftsvereinigung
Eisen- und Stahlindustrie, Düsseldorf 1976

Betriebswirtschaftliches Institut der Eisenhüttenindustrie (bearb.),
Besondere Richtlinien für das Betriebliche Rechnungswesen
der Eisen- und Stahlindustrie, Hrsg. Wirtschaftsvereinigung
Eisen- und Stahlindustrie, Besondere Richtlinien für Stahlwerke, Düsseldorf 1976

Bidlingmaier, J. , Zielkonflikte und Zielkompromisse im unternehmerischen Entscheidungsprozeß, Wiesbaden 1968

Bouché, Ch. , Maschinenteile, in: Dubbels Taschenbuch für den Maschinenbau, Berlin-Heidelberg-New York 1966, S. 678-795

Braun, E. , Bruch der Ankerwelle des Doppelmotors einer Umkehr-
Blockstraße und Berechnungsverfahren für die Lebensdauer von
Antriebswellen, in: Stahl und Eisen, 93. Jg. (1973), S. 1171-1174

Bruhn, E.-E., Die Bedeutung der Potentialfaktoren in der Unternehmenspolitik, Betriebswirtschaftliche Schriften Heft 15, Berlin 1965

Budde, R., Strategische Plan- und Standardkostenrechnung, Die Technik der Budgetierung und Kostenkontrolle, Berlin 1973

Busse von Colbe, W., Laßmann, G., Betriebswirtschaftstheorie, Band 1, Grundlagen, Produktions- und Kostentheorie, Berlin-Heidelberg-New York 1975

Coenenberg, A.G., Möglichkeiten des Wirtschaftlichkeitsvergleichs zwischen Eigenfertigung und Fremdbezug von Vorratsgütern, in: ZfB, 37.Jg. (1967), S.268-284

Danert, G., Praktische Fragen der Gemeinkostenanalyse und -beeinflussung, in: BFuP, 6.Jg. (1954), S.2-11

Dörnenburg, E.-O., Wicklungs- und Kollektorschäden an großen Walzmotoren, in: Stahl und Eisen, 94.Jg. (1974), S.933-938

Eisele, W., Aspekte integrierter Formalziel- und Sachzielplanung im Lichte eines Gewinnplanungssystems, in: BFuP, 25.Jg. (1973), S.593-615

Erdmann, W., Kriterien zur Bestimmung zweckmäßiger Instandhaltungsstrategien, in: Industrial Engineering, 1/1971, Heft 3, S.111-121

FAG-Katalog 41000, Bestimmung der Lagergröße bei dynamischer Belastung, Schweinfurt 1966

Faller, S., Die Eingliederung der Instandhaltung in die Unternehmensorganisation, in: Instandhaltung - Partner der Produktion, Stuttgart 1973, S.4/1-4/9

Felix, Drees, Flick, Krollamnn und Everding, Herstellungs- und Erhaltungsaufwand, Köln 1958

Felscher, A., Kostenerfassung und Budget, Vortrag in der Berichtsreihe: Die Anlagentechnik, Veranstaltung Nr. 693-73 im Haus der Technik, Essen 1973, S.1-24

Ferner, W., Lindner, K., Straesser, H., Eigenfertigung oder Fremdbezug - ein Praxisfall, gelöst mit linearer Programmierung, in: ZfB, 38.Jg. (1968), 1. Ergänzungsheft, S.45-58

Ferner, W., Einige anwendungsorientierte Probleme bei Optimierungssätzen, in: Der Betrieb, 26.Jg. (1973), Nr.24/25

Freiling, C., Die Planungs- und Kontrollrechnung der Rasselstein AG, Neuwied, in: Hahn, D., Planungs- und Kontrollrechnung, Wiesbaden 1974, S.595-638

Franke, R. , Betriebsmodelle, Bd. 9 der Bochumer Beiträge zur Unternehmensführung und Unternehmensforschung, hrsg. von H. Besters, W. Busse von Colbe, A. Jaeger, G. Laßmann, W. Schubert und R. Wartmann, Düsseldorf 1972

Franke, R. , Ein Richtkostenmodell auf der Grundlage von Matrizen für die Zwecke der Planung, Kontrolle und Kalkulation, Diss. , Aachen 1970

Frischmuth, G. , Daten als Grundlage für Investitionsentscheidungen, Berlin 1969

Griese, F. -W. , Über die Bedeutung der lebensdauerorientierten Dimensionierung von Bauteilen, in: Aktuelle Probleme der Instandhaltung, Vorträge der VDI-Tagung Nürnberg 1974, VDI-Berichte Nr. 215, Düsseldorf 1974, S. 13-28

Grothus, H. , Der Anschaffungswert als Bezugsgrundlage für die Instandhaltungskosten, in: Das Industrieblatt, 60. Jg. (1960), Heft 8, S. 545-547

Gutenberg, E. , Grundlagen der Betriebswirtschaftslehre, 1. Band, Die Produktion, 1. Auflage, Berlin, Göttingen und Heidelberg 1951

Gutenberg, E. , Offene Fragen der Produktions- und Kostentheorie, in: ZfhF, 8. Jg. (1956), S. 429-449

Gutenberg, E. , Grundfragen der Betriebswirtschaftslehre, Band I, Die Produktion, 13. Auflage, Berlin-Heidelberg-New York 1967

Hahn, D. , Industrielle Fertigungswirtschaft in entscheidungs- und systemtheoretischer Sicht (1), in: Z für O 1972, S. 269-278

Hahn, D. , Streit, H. , Entscheidung über Eigenfertigung oder Fremdbezug von Produktteilen, in: Entscheidungsfälle aus der Unternehmenspraxis, Bd. 1, hrsg. von K. Alewell, K. Bleicher, D. Hahn, Wiesbaden 1971, S. 329-346

Harbordt, St. , Computersimulation in den Sozialwissenschaften, Band 1, Einführung und Anleitung, Reinbek bei Hamburg 1974

Hax, K. , Die Substanzerhaltung der Betriebe, Köln-Opladen 1957

Heckmann, N. , Das Rechnungswesen der Eisenhüttenindustrie im Wandel seiner unternehmenspolitischen Aufgabe, in: ZfbF, 19. Jg. (1967), S. 163-171

Heilig, H. , Organisation und Aufgaben von Dienstleistungsbetrieben in Hüttenwerken, in: Stahl und Eisen, 90. Jg. (1971), S. 70-79

Heilig, H. , Gerke, S. , Reserveteilwirtschaft in Hüttenwerken, in: Stahl und Eisen, 93. Jg. (1973), S. 1114-1119

Heinen, E. , Der entscheidungsorientierte Ansatz der Betriebswirtschaftslehre, in: ZfB, 41. Jg. (1971), S. 429-444

Heinen, E. , Anpassungsprozesse und ihre kostenmäßigen Konsequenzen, dargestellt am Beispiel des Kokereibetriebes, Köln und Opladen 1957

Heinen, E. , Betriebswirtschaftliche Kostenlehre, Band I, Begriff und Theorie der Kosten, 2. Auflage, Wiesbaden 1965

Heinen, E. , Betriebswirtschaftliche Kostenlehre, Band I, Begriff und Theorie der Kosten, 3. Auflage, Wiesbaden 1970

Höhne, E. , Die Instandhaltungs- und Reparaturkosten, in: Stahl und Eisen, 76. Jg. (1956), Nr. 20, S. 1273-1283

Hölscher, K. , Eigenfertigung oder Fremdbezug, Wiesbaden 1971

Huber, K. und v. Kortzfleisch, B. , Schwachstellenerkennung und Beseitigung ihrer Ursachen in der geplanten Instandhaltung des Hüttenwerkes, in: Stahl und Eisen, 91. Jg. (1971), S. 961-968

Huch, B. , Zur Organisation eines operablen Rechnungswesens im betrieblichen Entscheidungsprozeß, in: ZfB, 42. Jg. (1972), Nr. 11, S. 761-778

Hundhausen, G. , Dauerbruchschäden an den Walzentreffern einer 4, 2-m-Grobblechstraße, in: Stahl und Eisen, 94. Jg. (1974), S. 929-933

Jacob, H. , Produktionsplanung und Kostentheorie, in: Zur Theorie der Unternehmung, Festschrift zum 65. Geburtstag von Erich Gutenberg, hrsg. von Helmut Koch, Wiesbaden 1962, S. 205-268

Käfer, K. , Standardkostenrechnung, 2. Auflage, Zürich 1969

Kern, W. , Kennzahlensysteme als Niederschlag interdependenter Unternehmensplanung, in: ZfbF, 23. Jg. (1971), S. 701

Kilger, W. , Produktions- und Kostentheorie, Wiesbaden 1958

Kilger, W. , Entscheidungskriterien zur Wahl zwischen Eigenherstellung und Fremdbezug, in: Das Rechnungswesen als Instrument der Unternehmensführung, hrsg. W. Busse von Colbe, Bielefeld 1969, S. 75-121

Kilger, W. , Flexible Plankostenrechnung, 5. Auflage, Köln und Opladen, 1972

Kistner, K. -P. , Betriebsstörungen bei Fließbändern, in: Zeitschrift für Operations Research, 19. Jg. (1973), B47-B65

Kilz, K. , Die neuen Richtlinien für das betriebliche Rechnungswesen in der Eisen- und Stahlindustrie, in: Stahl und Eisen, 95. Jg. (1975) Nr. 15, S. 705-709

Kloock, J., Zur gegenwärtigen Diskussion der betriebswirtschaftlichen Produktionstheorie und Kostentheorie, in: ZfB, 39. Jg. (1969), 1. Ergänzungsheft, S. 49-82

Köhler, G., Mechanik, in: Dubbels Taschenbuch für den Maschinenbau, 12. Auflage, Berlin-Heidelberg-New York 1966, S. 192-326

König, R., Handbuch der empirischen Sozialforschung, Grundlegende Methoden und Techniken, Band 3a, 2. Teil, Stuttgart 1974

Kolb, J., Die Erlösrechnung als Bestandteil eines Periodenerfolgsmodells - dargestellt an Beispielen aus dem Bereich der Eisenhüttenindustrie, Diss., Bochum 1975

Kortzfleisch, G. v., Zur mikroökonomischen Problematik des technischen Fortschritts, in: Die Betriebswirtschaftslehre in der 2. industriellen Evolution, Hrsg. G. v. Kortzfleisch, Berlin 1969, S. 323-349

Kosiol, E., Anlagenrechnung, Wiesbaden 1955

Kosiol, E., Modellanalyse als Grundlage unternehmerischer Entscheidungen, in: ZfbF, 13. Jg. (1961), S. 318-334

Kosiol, E., Betriebswirtschaftslehre und Unternehmensforschung, in: ZfB, 34. Jg. (1964), S. 743-762

Kosiol, E., Einführung in die Betriebswirtschaftslehre, Wiesbaden 1968

Kremser, W., Budgetierung der Ausgaben und objektweise Erfassung des Instandhaltungs- und Reparaturaufwandes, in: Lehrgang für Betriebswirte 1966/1967, gesammelte Referate, hrsg. vom Betriebswirtschaftlichen Institut der Eisenhüttenindustrie, Düsseldorf 1966, S. 193-201

Kreyß, G., Einführung und Leitung zum Kolloquium Betriebsfestigkeit, in: Fachausschußbericht Nr. 5016 des Ausschuß für Anlagentechnik im VDEh, Düsseldorf 1974, S. 1-6

Kürpick, H., Die Lehre von den fixen Kosten, Köln und Opladen 1965

Kugler, H., Erfahrungen bei Schadensuntersuchungen und -auswertungen, in: Instandhaltung - Partner der Produktion, Vorträge zur Fachtagung des Deutschen Komitee Instandhaltung, Stuttgart 1973, S. 16/1-21

Kunz, R., Der Instandhaltungsbetrieb aus der Sicht der Unternehmensleitung, in: Stahl und Eisen, 91. Jg. (1971) Nr. 17, S. 959-961

Lange, W., Zielgerichtete Entwicklung und rationeller Einsatz der Konstruktions-Werkstoffe - zentrale Aufgabe der Volkswirtschaft, in: Neue Hütte, 19. Jg. (1974), S. 540-546

Laßmann, G. , Die Produktionsfunktion und ihre Bedeutung für die betriebswirtschaftliche Kostentheorie, Köln-Opladen 1958

Laßmann, G. , Die Kosten- und Erlösrechnung als Instrument der Planung und Kontrolle in Industriebetrieben, Düsseldorf 1968

Laßmann, G. , Gestaltungsformen der Kosten- und Erlösrechnung im Hinblick auf Planungs- und Kontrollaufgaben, in: Die Wirtschaftsprüfung, Heft 1/2, 1973, S. 4-17

Lücke, W. , Selbstanfertigung oder Fremdbezug - was ist billiger? in: Kostenrechnungspraxis (1960), Nr. 2, S. 69-72

Lücke, W. , Finanzplanung und Finanzkontrolle, Wiesbaden 1962

Lücke, W. , Betriebliche Anpassung und Strategie in der Rezession, in: ZfB, 44. Jg. (1974), S. 711-728

Luke, W. R. , Die Ermittlung kalkulatorischer Abschreibungen von Maschinen und maschinellen Anlagen, Berlin 1971

Männel, W. , Wirtschaftlichkeitsfragen der Anlagenerhaltung, Wiesbaden 1968

Männel, W. , Wahl zwischen Eigenfertigung und Fremdbezug nach den Grundsätzen der Vollkosten- oder Deckungsbeitragsrechnung? in: Neue Betriebswirtschaft, 22. Jg. (1969) Nr. 4, S. 1-13

Männel, W. , Grundprobleme der Wahl zwischen Eigenfertigung und Fremdbezug im Industriebetrieb, in: BFuP, 21. Jg. (1969) Nr. 2, S. 76-97

Männel, W. , Anlagen und Anlagenwirtschaft, in: Handwörterbuch der Betriebswirtschaftslehre, 4. Auflage (1975), S. 138-147

Meffert, H. , Zum Problem der betriebswirtschaftlichen Flexibilität, in: ZfB, 39. Jg. (1969) Nr. 12, S. 779-800

Mertens, P. , Die gegenwärtige Situation der betriebswirtschaftlichen Instandhaltungstheorie, in: ZfB, 38. Jg. (1968), S. 805-836

Mertens, P. , Die Auswahl einer Instandhaltungsstrategie, in: Neue Betriebswirtschaft und betriebliche Datenverarbeitung, 1972, Heft 6, S. 9-14

Meyer zur Capellen, W. , Festigkeitslehre, in: Dubbels Taschenbuch für den Maschinenbau, 12. Auflage, Berlin-Heidelberg-New York 1966, S. 328-411

Model, C. , Instandhaltungsproportionale Abschreibung auf der Grundlage normativer Reparaturkostenfunktionen, in: Wissenschaftliche Zeitschrift der Technischen Universität Dresden, 23 (1874) Heft 2, S. 313-317

Oesterer, D. , Auswahl einer optimalen Ersatzstrategie mit Hilfe eines Entscheidungsdiagramms, in: Zeitschrift für Operations Research, 17. Jg. (1973), B39-B46

Ordelheide, D. , Instandhaltungsplanung, Wiesbaden 1973

Ostler, J. , Anwendung der Betriebsfestigkeit in der Anlagentechnik der Hüttenwerke, in: Fachausschußbericht Nr. 5016 des Ausschuß für Anlagentechnik im VDEh, Düsseldorf 1974, S. 1-8

Ott, E. A. , Technischer Fortschritt, in: Handwörterbuch der Sozialwissenschaften, 10. Band, Stuttgart-Tübingen-Göttingen 1959, S. 302-316

Pichler, O. , Kostenrechnung und Matrizenkalkül, in: Ablauf- und Planungsforschung, 2. Jg. (1961), Heft 3/4, S. 29-46

Pressmar, D. B. , Kosten- und Leistungsanalyse in Industriebetrieben, Wiesbaden 1971

Prosi, G. , Technischer Fortschritt als mikroökonomisches Problem, Bern und Stuttgart 1966

Ramser, H. J. , Fremdbezug oder Eigenfertigung als intertemporales Entscheidungsproblem, in: ZfB, 45. Jg. (1975), S. 407-420

Redeker, G. , Planung der Anlagenerhaltung, in: AGPLAN-Handbuch zur Unternehmensplanung, hrsg. in Zusammenarbeit mit der Arbeitsgemeinschaft Planung -AGPLAN- e. V. , von Josef Fuchs und Karl Schwantag, Berlin 1970, 1. Band, S. 2375/1-41

Redeker, G. , Technische und Betriebswirtschaftliche Grundlagen für die Methodenwahl bei der Erhaltung betrieblicher Anlagen, Diss. , Hannover 1969

Renkes, D. , Organisation und Planung der Instandhaltung in Hüttenwerken, in: Stahl und Eisen, 89. Jg. (1970), S. 1226-1231

Renkes, D. , Die Notwendigkeit der Schwachstellenermittlung, in: Preprints 1. Europäischer Kongreß Instandhaltung, Wiesbaden 1972, S. 131-151

Renkes, D. , Reserveteilwirtschaft, in: Stahl und Eisen, 94. Jg. (1974), S. 87-93

Rinne, H. , Strategien der Instandhaltung (Ein Beitrag zur statistischen Theorie der Zuverlässigkeit), Meisenheim 1972

Rohde, W. , Probleme in der Anwendung von Schadensakkumulationshypothesen bei der Konstruktion von Walzwerkseinrichtungen, in: Fachausschußbericht Nr. 5016 des Ausschuß für Anlagentechnik im VDEh, Düsseldorf 1974, S. 1-2

Rohmert, W. , Möglichkeiten der Fortsetzung von Stufen der Mechanisierung und Automatisierung, in: Schriftenreihe "Arbeitswissenschaft und Praxis", Band 4, Berlin 1967

Seitz, U. , Erfahrungen beim Einsatz von Fremdleistungen in der Instandhaltung, in: VDI-Berichte Nr. 215, 1974, S. 79-84

Siemens-Statistik-System SIEST 2. Beschreibung PBD 4004, München, Dezember 1971

Sigwart, H. , Werkstoffkunde, in: Dubbels Taschenbuch für den Maschinenbau, 12. Auflage, Berlin-Heidelberg-New York 1966, S. 491-590

Szyperski, N. , Planungswissenschaft und Planungspraxis, welchen Beitrag kann die Wissenschaft zur besseren Beherrschung von Planungsproblemen leisten?, in: ZfB, 44. Jg. (1974)

Schelo, St. J. , Integrierte Instandhaltungsplanung und -steuerung mit elektronischer Datenverarbeitung. Ein Modell zur computergestützten kostenoptimalen Planung und Steuerung von Instandhaltungsmaßnahmen an Maschinen der industriellen Fertigung am Beispiel der industriellen Werkstattfertigung, Band 14 der Reihe "Betriebswirtschaftliche Studien", Berlin 1972

Schmalenbach, E. , Kostenrechnung und Preispolitik, 8. Auflage, Köln/Opladen 1963

Schmalenbach-Gesellschaft, Arbeitskreis Instandhaltung: Instandhaltung - Ein Managementproblem -, Forschungsbericht Nr. 2383 des Landes Nordrhein-Westfalen, Köln 1974

Schmidt, H. , Schäden an den Motorwellen einer Breitband-Fertigstraße durch mechanische Schwingungen, in: Stahl und Eisen, 94. Jg. (1974), S. 939-942

Schmidt-Sudhoff, U. , Unternehmerziele und unternehmerisches Zielsystem, Wiesbaden 1967

Schneider, D. , Die wirtschaftliche Nutzungsdauer von Anlagegütern als Bestimmungsgrund der Abschreibungen, Köln und Opladen 1961

Schneider, D. , Die Kostentheorie und verursachungsgerechte Kostenverrechnung, in: ZfhF, 13. Jg. (1961), S. 677-707

Schneider, D. , Grundfragen der Verbindung von Produktions- und Investitionstheorie, unveröffentlichte Habil. -Schrift, Frankfurt/Main 1965

Schneider, D. , Grundlagen einer finanzwirtschaftlichen Theorie der Produktion, in: Produktionstheorie und Produktionsplanung, Festschrift zum 65. Geburtstag von Karl Hax, hrsg. von Adolf

Moxter, Dieter Schneider, Waldemar Wittmann, Köln und Opladen 1966, S. 341-382

Schneider, D. , Investition und Finanzierung, 3. Auflage, Opladen 1974

Schneider, D. , Abschreibungsverfahren und Grundsätze ordnungsmäßiger Buchführung, in: Die Wirtschaftsprüfung, 27. Jg. (1974), Nr. 14, S. 365-376

Schneider, D. , Das Problem der risikobedingten Anlagenabschreibung, in: Die Wirtschaftsprüfung, 27. Jg. (1974), Heft 15, S. 402-405

Schneider, E. , Wirtschaftlichkeitsrechnung, 7. Auflage, Tübingen-Zürich 1968

Schulz, C. E. , Die Anlageneinheit, Grundsätze zur Unterscheidung zwischen aktivierungspflichtigem und nicht aktivierungspflichtigem Aufwand, in: Die Wirtschaftsprüfung, 4. Jg. (1951), S. 337-341

Schulz-Mehrin, O. , Die kalkulatorischen Posten (Abschreibung, Verzinsung, Unternehmerlohn, Wagnis) in der Kostenrechnung, Preiskalkulation und Erfolgsrechnung, Berlin 1943

Schweitzer, M. , Küpper, H. -U. , Produktions- und Kostentheorie der Unternehmung, Reinbek bei Hamburg 1974

Staehle, W.H. , Kennzahlen und Kennzahlensysteme als Mittel der Organisation und Führung von Unternehmen, Wiesbaden 1969

Stech, W. , Bien, J. , Wann lohnt sich der Einsatz von Fremdleistungen in der Instandhaltung, in: VDI-Berichte Nr. 215, 1974, S. 73-78

Steffen, R. , Analyse industrieller Elementarfaktoren in produktionstheoretischer Sicht, Berlin 1973

Steffen, R. , Ermittlung von Anlagenkosten auf der Grundlage betriebswirtschaftlicher Instandhaltungsstrategien, in: ZwF, 69. Jg. (1974) Heft 6, S. 303-306

Ullmann, A. , Reliability and Maintenace, in: Preprints 1. Europäischer Kongreß Instandhaltung, Wiesbaden 1972, S. 39-61

Ullmann, R. , Prüfstanduntersuchungen zum Nachweis von Ermüdungserscheinungen in Wälzlagern, in: Wissenschaftliche Zeitschrift der Technischen Universität Dresden, 23. Jg. (1974) Heft 2, S. 471-477

Ulrich, H. , Die Unternehmung als produktives soziales System, 2. Auflage, Bern-Stuttgart 1970

Van der Velde, K. , Wahlmöglichkeiten bei der Aufstellung der steuer-
    lichen Erfolgsbilanz, in: Die Wirtschaftsprüfung, 4. Jg. (1951),
    Nr. 3

Verein Deutscher Eisenhüttenleute, Gemeinfaßliche Darstellung des
    Eisenhüttenwesens, 17. Auflage, Düsseldorf 1971

Voigt, J. -P. , Termin- und Kapazitätsplanung für Instandsetzungs-
    und Montageobjekte durch Netzplantechnik, in: Stahl und Eisen,
    91. Jg. (1971), S. 1121-1129

Voigt, J. -P. , Erfassung, Auswertung und Nutzung von Schadendaten
    in der Eisen- und Stahlindustrie, Diss. , Braunschweig 1973

Vormbaum, H. , Die Produktionsfunktion in betriebswirtschaftlicher
    Sicht, in: Industrielle Produktion, hrsg. von K. Agthe, H.
    Blohm und E. Schnaufer, Baden-Baden und Bad Homburg v. d. H.
    1967, S. 53-63

Wartmann, R. , Steuern, Lenken, Planen. Möglichkeiten in einem
    gemischten Hüttenwerk, in: Hoesch Berichte aus Forschung
    und Entwicklung unserer Werke, Bd. 1, 1966, H. 2, S. 20-24

Wartmann, R. , Steinecke, V. , Sehner, G. , System für Plankosten-
    und Planungsrechnung mit Matrizen-Anwendungsbeschreibung,
    Hrsg. IBM Deutschland GmbH, Düsseldorf 1975

Warnecke, H. J. , Instandhaltungsgerechte Konstruktion, in: Indu-
    strial Engineering, 4/1974, Heft 4, S. 315-324

Wesemann, K. -F. , Kostentransparenz und Anwendung der elektro-
    nischen Datenverarbeitung in der Instandhaltung, in: Stahl und
    Eisen, 91. Jg. (1971) Nr. 20, S. 1130-1135

Wibbe, J. , Arbeitsbewertung, Grundlagen des Arbeits- und Zeit-
    studiums, Band 6, München 1966

Wiegel, H. , Transparenz der Instandhaltungskosten - ein Mittel zur
    Betriebsführung, in: Stahl und Eisen, 88. Jg. (1968), S. 172-176

Wild, J. , Grundlagen der Unternehmensplanung, Reinbek bei Ham-
    burg 1974

Wild, J. , Unternehmerische Entscheidungen, Prognosen und Wahr-
    scheinlichkeiten, in: ZfB, 39. Jg. (1969), II. Ergänzungsheft,
    S. 60-89

Witt, C. D. , Probleme der Reparaturfonds-Planung, in: Fertigungs-
    technik und Betrieb, 23. Jg. (1973), Heft 11, S. 651-653

Wittenbrink, H. , Ein betriebswirtschaftliches Modell zur kurzfri-
    stigen Planung, Dokumentation und Kontrolle eines Feinstahl-
    walzwerkes, Diss. , Bochum 1972

Wolfbauer, W.-J., Wirtschaftliche Instandhaltung und Anlagenerneuerung am Beispiel von Hüttenwerksanlagen, Diss., Leoben
1969

Wolfbauer, W.-J., Entwicklung eines Systems zur auftragsweisen
objektorientierten Aufwandserfassung in der Anlagenerhaltung,
Forschungsbericht 523 des Instituts für Wirtschafts- und Be-
triebswissenschaften an der Montanistischen Hochschule Leoben, Leoben 1973

Wolff, M., Optimale Instandhaltungspolitiken in einfachen Systemen,
Berlin-Heidelberg-New York 1970